Einsatz von Nutzhanf in Deutschland

Jonas Michael Wilhelm Westphal

Einsatz von Nutzhanf in Deutschland

Plädoyer für eine rechtliche, ökonomische und ideologische Neubewertung

Springer Gabler

Jonas Michael Wilhelm Westphal
Trittauerfeld, Deutschland

ISBN 978-3-658-44412-9 ISBN 978-3-658-44413-6 (eBook)
https://doi.org/10.1007/978-3-658-44413-6

Die Deutsche Nationalbibliothek verzeichnet diese Publikation in der Deutschen Nationalbibliografie; detaillierte bibliografische Daten sind im Internet über https://portal.dnb.de abrufbar.

Planung/Lektorat: Vera Treitschke
Springer Gabler ist ein Imprint der eingetragenen Gesellschaft Springer Fachmedien Wiesbaden GmbH und ist ein Teil von Springer Nature.
Die Anschrift der Gesellschaft ist: Abraham-Lincoln-Str. 46, 65189 Wiesbaden, Germany

Vorwort

Als ich in meinem Buch *Die Nachhaltigkeit von Hanf* (J. M.W. Westphal 2022) die enormen Vorteile dieser Pflanze „Cannabis“ für eine Politik der Nachhaltigkeit beschrieb, fragte ich mich, warum wir in Deutschland diese „Wunderpflanze“ (Eves 2023) noch immer so stiefmütterlich behandeln, sodass bei uns etwa im Jahr 2023 der Anbau von Nutzhanf gegenüber dem Vorjahr sogar um 28 % zurückging (BLE 25.09.2023), während Frankreich und China weltweit die Spitze der Nutzhanfproduktion übernahmen.

In diesem Buch, das auf meine Masterarbeit zurückgeht, verfolge ich diese Frage nach den Gründen auf drei Ebenen: auf der Ebene des Rechts, der Wirtschaft und der Kultur.

Rechtlich fällt der Nutzhanf zunächst dadurch auf, dass er als „gefährliche Ausnahme“ in ein internationales Kontrollsystem eingebettet ist, dessen Ziel als „Kampf gegen den illegalen Drogenmissbrauch“ definiert wird. Ein komplexes juristisches System, ein *Law in the Books*, das dann auch praktisch als *Law in Action* durchgesetzt wird, was ich am deutschen Beispiel der umstrittenen Rolle des CBD (Cannabidiol) näher erläutern werde.

Auf der **wirtschaftlichen** Ebene zeigt sich diese Nischenposition des Nutzhanfs in Deutschland sowohl im internationalen Vergleich als auch im Vergleich zu den konkurrierenden THC-gebundenen Hanfmärkten, der etwa im Medizinalbereich besonders gut entwickelt ist. Eine Nischensituation, die auf dem Nutzhanfmarkt vom Anbau bis hin zur Verwertung durch die dabei auftretenden Finanzierungsprobleme weiter verstärkt wird.

Vor allem aber bestimmt der negativ eingefärbte **kulturelle** Hintergrund, also die Art und Weise, wie dieser Nutzhanf wahrgenommen wird, dessen Marktsituation in Deutschland. Eine Perspektive, die den Nutzhanf fast ausschließlich als „riskante Ausnahme“ von einem mit Strafen bewehrten Drogenverbot versteht, anstatt dessen „positive“ Seiten zu fördern. Ein ideologisch fixierter Basiliskenblick, dem an sich durch eine bisher erst schwach entwickelte Nutzhanfforschung zu begegnen wäre.

Abschließend fasse ich das Ergebnis meiner Analyse unter Verwendung der Aussagen der dort führenden Akteure in einem ausführlichen Kapitel zusammen, um zuletzt in zehn konkreten Forderungen die Chancen des Nutzhanfs zu betonen, die sich auch bei uns im Rahmen der jüngsten Cannabisreformbewegung ergeben könnten.

Der gesamte Cannabisbereich ist in den letzten Jahren immer rascher im Umbruch. Das gilt in gleicher Weise für die Neubewertung der „Droge“ Cannabis, also für ihre zunehmende Entkriminalisierung, wie für die Entwicklung seiner wirtschaftlichen Aussichten in der Medizin, als „Genusshanf" und vor allem auch für den in diesem Buch näher behandelten Nutzhanf. In dieser politologisch höchst aufschlussreichen Situation bemühe ich mich, deren Protagonisten – Politiker und Lobbyisten, Richter, Händler und Landwirte – möglichst mit ihren eigenen Worten zu zitieren, um auf diese Weise besser deren „eigentliche" Interessen verständlich zu machen. [Die aktuelle rechtliche Situation zur Zeit der Druckkorrektur (Ende Juli 2024) ist jeweils kursorisch ergänzt].

Mein besonderer Dank gilt Frau Vera Treitschke und Herrn Robin Materne für ihre professionelle verlegerische Betreuung.

Ich widme mein Buch interessierten Landwirten, Umweltschützern, Politikern und Unternehmern sowie Studenten und anderen Akademikern, die etwas über die verblüffende Pflanze Hanf erfahren wollen.

Bei Fragen, Anregungen und Kritik schreiben Sie mir gerne eine E-Mail:
Nutzhanf.Westphal@gmail.com

Trittauerfeld
Jan 2024

Jonas M. W. Westphal LL.M.

Inhaltsverzeichnis

Abkürzungsverzeichnis

ACM	Arbeitsgemeinschaft Cannabis als Medizin e. V.
AELF	Amt für Ernährung, Landwirtschaft und Forsten
AEUV	Vertrag über die Arbeitsweise der Europäischen Union
AG	Amtsgericht
BAG	Schweizer Bundesamt für Gesundheit
BAH	Bundesverband der Arzneimittel-Hersteller e. V. seit 2024 Pharma Deutschland
BDCan	Bund Deutscher Cannabis-Patienten e. V.
BfArM	Bundesinstitut für Arzneimittel und Medizinprodukte
BgVV	Bundesinstitut für gesundheitlichen Verbraucherschutz und Veterinärmedizin
BLE	Bundesanstalt für Landwirtschaft und Ernährung
BMEL	Bundesministerium für Ernährung und Landwirtschaft
BÖL	Bundesprogramm ökologischer Landbau und andere Formen nachhaltiger Landwirtschaft
BPC	Bundesverband pharmazeutischer Cannabinoidunternehmen
BtMG	Betäubungsmittelgesetz
BvCW	Branchenverband Cannabiswirtschaft e. V.
BVL	Bundesamt für Verbraucherschutz und Lebensmittelsicherheit
BzGA	Bundeszentrale für gesundheitliche Aufklärung
BZL	Bundesinformationszentrum Landwirtschaft
CanG	Cannabisgesetz
CBD	Cannabidiol
CD	Canadian Dollar
CDR	Carbon Dioxide Removals
CHCx3	Centre for High Carbon Capture Cropping
CHTA	Canadian Hemp Trade Alliance
CND	Commission on Narcotic Drugs
CO_2	Kohlenstoffdioxid
CRM	Customer Relation Management
CSCD	Dachverband deutscher Cannabis Social Clubs

DE	Bundesrepublik Deutschland
Defra	Department for Environment, Food & Rural Affairs
DGNB	Deutsche Gesellschaft für Nachhaltiges Bauen
DGPPN	Deutsche Gesellschaft für Psychiatrie und Psychotherapie, Psychosomatik und Nervenheilkunde
DHV	Deutscher Hanfverband
ECDD	Expert Committee on Drug Dependence
ECOSOC	Wirtschafts- und Sozialrat der Vereinten Nationen
EFSA	European Food Safety Authority
EGFL	Europäischer Garantiefonds für die Landwirtschaft
EIHA	European Industrial Hemp Association
EIP	Europäische Innovationspartnerschaften
ELER	Europäischer Landwirtschaftsfonds für die Entwicklung des ländlichen Raumes
EMCDDA	European Monitoring Centre for Drugs and Drug
EU	Europäische Union
EuGH	Europäischer Gerichtshof
EuHb	Europäischer Haftbefehl
FAQ	Häufig gestellte Fragen
FDA	Food and Drug Administration
FDFE	Foundation for Drug Free Europe
FIB	Forschungsinstitut für Bergbaufolgelandschaften
FIHO	Federation of International Hemp Organization
FNR	Fachagentur für nachwachsende Rohstoffe
FOPH	Federal Office of Public Health
FRD	Fibres Recherche Développement
FuE	Forschung und Entwicklung
GAPDZG	GAP-Direktzahlungen-Gesetz
GAPDZV	Verordnung zur Durchführung der GAP-Direktzahlungen
GAPInVeKoSV	Verordnung zur Durchführung des Integrierten Verwaltungs- und Kontrollsystems
GAPKondV	Verordnung zur Durchführung der im Rahmen der Gemeinsamen Agrarpolitik geltenden Konditionalität
GAP-Programm	Gemeinsame Agrarpolitik
G-BA	Gemeinsamer Bundesausschuss
GCDP	Global Commission on Drug Policy
GDP	Gewerkschaft der Polizei
GKV	Gesetzliche Krankenversicherung
GLÖZ	Standards für den guten landwirtschaftlichen und ökologischen Zustand von Flächen
h. L.	herrschende Lehre
HIA	Hemp Industries Association

HSWT	Hochschule Weihenstephan-Triesdorf
IACM	Gemeinnützige Internationale Arbeitsgemeinschaft Cannabis als Medizin
INCB	International Narcotics Control Board
IPWC	Institute of Plant and Wood Chemistry
ISD	Integrierte Sucht- und Drogenpolitik
IVKS	Integriertes Verwaltungs- und Kontrollsystem
KCanG	Konsumcannabisgesetz
LCA	Life Cycle Assessment
LPV	Landschaftspflegeverband
MdB	Mitglied des Deutschen Bundestages
MedCanG	Medizinal-Cannabisgesetz
MLUK	Ministerium für Landwirtschafts- und Klimaschutz
N/ha	Stickstoff pro Hektar
NFC	Nettle Fibre Company
NFK	thermoplastisch umformbare naturfaserverstärkte Kunststoffe
NGO	Nichtregierungsorganisation
NIAB	National Institute of Agricultural Botany
NpSG	Neue-psychoaktive-Stoffe-Gesetz
NSW	New South Wales, Australien
Ph. Eur.	European Pharmacopoeia
PKV	Private Krankenversicherung
PyCCS	pyrogene Kohlenstoffabscheidung und -speicherung
Reitox-Zentren	European Information Network on Drugs and Drug Addiction
Rn.	Randnummer
SC	Single Convention
Slub-Katalog	Sächsische Landesbibliothek – Staats- und Universitätsbibliothek Dresden
StMELF	Bayerisches Staatsministerium für Ernährung, Landwirtschaft und Forsten und Tourismus
TFZ Bayern	Technologie- und Förderzentrum im Kompetenzzentrum für nachwachsende Rohstoffe
THC	Tetrahydrocannabinol
TITK	Thüringisches Institut für Textil- und Kunststoff-Forschung Rudolstadt e. V.
TMIL	Thüringer Ministerium für Infrastruktur und Landwirtschaft
Tsdev	Tuberöse Sklerose Deutschland e. V..
Übk. 1988	Convention against Illicit Traffic in Narcotic Drugs and Psychotropic Substances
UN	Vereinte Nationen
UNGASS	United Nations General Assembly Special Session
UNODC	United Nations Office on Drugs and Crime

USDA	Landwirtschaftsministerium der Vereinigten Staaten
VCA	Verband der Cannabis versorgenden Apotheken e. V.
WHO	Weltgesundheitsorganisation
ZürCan	Zürcher Modellprojekt

Abbildungsverzeichnis

1 Einleitung: Fünf Hanfprodukte und das Potenzial von Nutzhanf

1.1 Fünf Hanfprodukte

Bei der Verwendung der Hanfpflanze (Cannabis) unterscheidet man **fünf Produktfelder** (Abb. 1.1). Das sind zwei künftig stärker miteinander konkurrierende Produkte – der die legale Praxis dominierende Medizinalhanf und der zurzeit vehement diskutierte Genusshanf –, bei denen die grundsätzlich verbotene Droge THC (Δ9-Tetrahydrocannabinol) im Mittelpunkt steht. Für die drei weiteren Produktlinien, die zusammen als Nutzhanf im

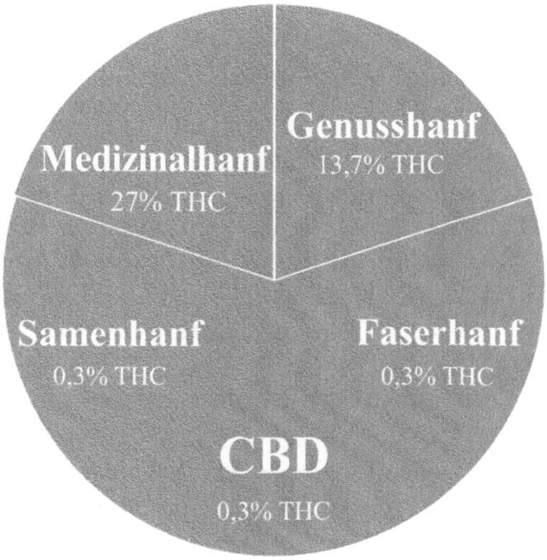

Abb. 1.1 Fünf Hanfsektoren mit ihren THC-Grenzen (eigene Darstellung)

J. M. W. Westphal, *Einsatz von Nutzhanf in Deutschland*,
https://doi.org/10.1007/978-3-658-44413-6_1

weiteren Sinne (i. w. S.) bezeichnet werden sollen, ist dagegen eine sehr niedrige THC-Grenze von 0,3 % THC vorgeschrieben.

Im Umfeld des in dieser Arbeit untersuchten Nutzhanfs (i. e. S. *Industrial Hemp*)[1] sind dies:

(1) der grundsätzlich erlaubte, doch ausführlich geregelte **Medizinalhanf** mit einem THC-Gehalt um die 27% (Schoesslers 2022), der heute das Schwergewicht der legalen Hanfwirtschaft bildet,
(2) der – neuerdings so bezeichnete – **Genusshanf** (*Marihuana, Haschisch*) mit entsprechend hohen THC-Gehalten, der heute noch im verbotenen Schwarzmarkt mit durchschnittlich 13,7 % THC (Elemente Bd. 21: 5) die Hauptmenge des angebauten Cannabis stellt und der das Zentrum der in dieser Arbeit nicht näher bearbeiteten Legalisierungsdiskussion beherrscht. Während dieser Genusshanf u. a. in Uruguay, in mehr als 15 Bundesstaaten der USA und in Kanada weithin legalisiert[2] und in Portugal, der Schweiz und in der Tschechischen Republik bedingt zugelassen ist[3], kann bisher in Deutschland das Gericht oder die Staatsanwaltschaft lediglich bei einer „geringen Menge zum Eigenverbrauch" das Strafverfahren einstellen (§§ 29 Abs. 5, 31a BtMG). Dieser Genusshanf bildet zurzeit den nahezu ausschließlichen Schwerpunkt der laufenden **Legalisierungs-**Bemühungen der Bundesrepublik,[4] die inzwischen in ihrem Referentenentwurf (2023) und dem darauf aufbauenden, leicht revidierten Gesetzentwurf (2023) – der inzwischen als Konsum-Cannabisgesetz (KCanG) in Kraft getreten ist (BGBL I, 109 vom 27.3.2024) – unter sehr engen Kautelen einen beschränkten Eigenanbau (3 Pflanzen) bzw. Anbauvereinigungen mit bis zu 500 Mitgliedern vorsieht.[5]
(3) Als drittes Cannabisprodukt drängt das **CBD** (*Cannabidiol*), ein weiteres Cannabinoid, jedoch ohne psychoaktive Wirkung, seit den letzten Jahren verstärkt auf den

[1] EIHA (2023) befürwortet: „[P]erspektivisch sollte der Begriff ‚Nutzhanf' durch ‚Industriehanf' ersetzt werden. Wenn Cannabis Sativa L. in Deutschland angebaut wird, wird er in der Regel auch industriell weiterverarbeitet. Der Begriff Industriehanf ist insoweit umfassender und prägnanter, und auch international gebräuchlicher (‚industrial hemp')."

[2] Am 14.11.2023 hat die Nationalversammlung in Südafrika den privaten Gebrauch von Hanf im Eigenanbau für Erwachsene zugelassen, doch bleiben Kauf und Verkauf weiterhin verboten (Le Roux 2023).

[3] Einen Überblick über diese Legalisierungen bei: Schulz (2022); ZDF Heute (2023), Coffeeshop (2023).

[4] Eckpunktepapier, das im Mai 2023 durch den „Referentenentwurf des Bundesministeriums für Gesundheit" ersetzt wurde und das am 16.08.2023 in Auswertung von 57 eingereichten Stellungnahmen vom Bundeskabinett als Gesetzentwurf verabschiedet wurde, sodass nunmehr der Bundestag am Zug ist.

[5] Zur Kritik und Gegenkritik s. Suliak (2023). S. auch den offenen Brief von 20 NGOs aus 10 Ländern an die Europäische Kommission: „As NGOs that work in the prevention, treatment, rehabilitation, and recovery of substance use, we strongly object to the legalisation of cannabis. We believe it will lead to increased cannabis use and harm in Germany, but it will also undermine other EU members' efforts to prevent drug use and harm in their own countries" (FDFE 2023).

Markt, und zwar zunächst in der Kosmetikbranche, dann aber auch als Nahrungsmittel und als bisher kaum näher erforschtes Naturheilmittel (Grotenhermen et al. 2018, S. 35–57). Seine bisherige rechtlich umstrittene Zuordnung wird als Beispiel in Abschn. 2.5 näher behandelt.

(4) **Cannabissamen** bilden den vierten Schwerpunkt. Reich an essenziellen mehrfach ungesättigten Fettsäuren und frei von psychoaktiven Wirkstoffen wie THC oder CBD (Pharmawiki 2022) können aus ihnen jedoch, je nach Züchtung, THC-haltige Cannabispflanzen gezogen werden, was „Missbrauch" im Sinne der Single Convention wäre. Man unterscheidet daher zwischen keimfrei behandelten Samen für den **Konsum,** den besonderen Regeln unterworfenen Samen zur Züchtung und Samen für den **Anbau**.

(5) Der **Nutzhanf** i. e. S. (*Industrial Hemp*) ist das zentrale Thema dieses Buchs. Er repräsentiert das seit jeher eingesetzte Naturprodukt für industrielle Zwecke (wie etwa Seile, Segel, Stoffe oder Papier), das im letzten Jahrhundert durch die Baumwolle, Jute und Sisal sowie durch die Plastikindustrie verdrängt wurde und das von 1982 bis 1996 in Deutschland verboten war. Seine heute verwendeten Sorten dürfen nicht mehr als 0,3 % THC in der Trockenmasse enthalten und in Deutschland grundsätzlich nur von besonders qualifizierten Landwirten angebaut werden. Er kann als reiner Faserhanf oder in Kombination mit Samen sowie im Winter als Zwischenfrucht angebaut werden. Von der in 100 Tagen bis zu 4 m hoch wachsenden Pflanze werden hauptsächlich deren strapazierfähige Fasern sowie, sekundär, deren holzartiges Inneres (*Schäben*) verwendet.

1.2 Die Vorteile des Nutzhanfs

Die lange verkannten „nachhaltigen" Vorteile des Nutzhanfs liegen auf drei Gebieten: Landwirtschaft, industrielle Produkte und klimaschonende CO_2-Reduktion (Westphal 2022).

Üblicherweise betont man vor allem die landwirtschaftlichen und industriellen Vorteile, doch liegen seine eigentlichen Zukunftschancen vor allem auf dem Gebiet dieser klimatisch so wichtigen CO_2-Reduktion.

(1) **Landwirtschaftlich** dient der Anbau von Nutzhanf u. a. der Bodenverbesserung, dem Nitratabbau, ohne Pflanzenschutzmittel (Pestizide, Fungizide) – eventuell sogar als alternatives Pestizid (Hemp Today 2023) –, besserer Fruchtfolge, erhöhter Biodiversität sowie der Förderung einer kleinräumigen Landwirtschaft (vgl. BLE 2021).[6]

[6] Ein gefördertes, informatives Beispiel aus der landwirtschaftlichen Praxis bietet das Projekt: Veitshöchheimer „Hanfmix", „Wildpflanzenmischungen als Ergänzung zu den Energiehauptkulturen" (Bayerische Landesanstalt o. J.).

(2) Bei der **industriellen** Produktion dient Nutzhanf in der Papier-, Kunststoff-, Kfz-,[7] Textil- und Modeproduktion als vielseitig einsetzbares Biokomposit,[8] das insbesondere in der Baustoffindustrie als natürliches und zudem recyclebares Dämmmaterial oder als Hanfkalk und Hanfstein anstelle etwa von Steinwolle oder Beton eingesetzt wird (Drewes und Pauli 2023).[9] Eine Alternative, die angesichts der am 01.08.2023 in Kraft getretenen *Ersatzbaustoff-Verordnung*[10] ganz unmittelbar an Bedeutung gewinnen wird.

(3) Künftig wird vor allem die „negative" **CO_2-Bilanz** des Nutzhanfs entscheidend ins Gewicht fallen, und zwar in **dreifacher Hinsicht**: Zunächst pflanzlich durch die CO_2-Bindung in der Pflanze und unterirdisch im Boden, als Biodiesel aus der ganzen Pflanze oder aus deren Schäben (Dogby und Revoredo-Giha 2022, S. 19) sowie als verminderter CO_2-Aufwand im Verkehrswesen, sofern ein forcierter nationaler Anbau die heute noch dominierenden Importe ersetzen und ein möglicher kleinräumiger Verarbeitungsverbund an die Stelle konzentrierter Massenproduktion treten könnte.

(4) Vor allem kann, viertens, der **industrielle Einsatz** von Nutzhanf an stelle von seiner CO_2-aufwendigen Alternativen etwa in der Plastik- und in der Bauindustrie seinen CO_2-Vorteil ausspielen. Um hier im Bereich der Dämmung und als Betonersatz das von der Hanfpflanze der Luft entzogene CO_2 längerfristig zu speichern. Eine ökologisch-ökonomische Marktchance, deren Wert sich u. a. daraus ergibt, dass: „Gebäude einer der CO_2-Hauptverursacher in Deutschland [sind] … Allein bei der Herstellung von Baustoffen zur Errichtung und Modernisierung von Gebäuden werden etwa acht Prozent der deutschen Treibhausgas-Emissionen produziert. Das entspricht bereits etwa den CO_2-Emissionen des durchschnittlichen jährlichen Flugverkehrs aller Deutschen" (Nabu 2020). Und zwar ganz abgesehen von den zusätzlichen Ersparnissen bei Heizung und Kühlung, die durch eine Hanfdämmung erreicht werden kön-

---

[7] Möglicherweise sogar als Ersatz für die derzeitige Lithiumbatterie (Ely 2023) S. auch Hemp Today 22.01.2024: „Will investors make a $1 billion bet on this hemp carbon battery company?"

[8] „Biokomposite, auch Bioverbundwerkstoffe genannt, bestehen aus Naturfasern und Harz. Die Fasern sorgen für Festigkeit, das biobasierte Harz schafft den Verbund untereinander. Die hohe Festigkeit und das geringe Gewicht ermöglichen es, sowohl strukturell optimierte als auch ressourceneffiziente Konstruktionen zu realisieren" (Dahy et al. 2021).

[9] Weitere Literaturempfehlungen in: Hanfingenieur Henrik Pauly (o. J). Zur aktuellen Situation s. Interview mit Steve Allin (2023).

[10] Bundesgesetzblatt Jahrgang 2021 Teil I Nr. 43 S. 2598, ausgegeben zu Bonn am 16.07.2021. „Die Ersatzbaustoffverordnung (EBV) enthält erstmalig bundeseinheitliche und rechtsverbindliche Anforderungen an die Herstellung und den Einbau mineralischer Ersatzbaustoffe. Darunter fallen auch Recycling-Baustoffe aus Bau- und Abbruchabfällen … Sie gibt zum einen für die jeweiligen Ersatzbaustoffe beziehungsweise für deren Materialklassen Grenzwerte in Bezug auf bestimmte Schadstoffe vor, deren Einhaltung durch den Hersteller im Rahmen einer Güteüberwachung zu gewährleisten ist. Zum anderen sieht sie an diese Materialklassen angepasste Einbauweisen vor, die vom Verwender beim Einbau in das technische Bauwerk entsprechend den örtlichen Gegebenheiten zu beachten sind" (Baustoff-Recycling Bayern 2021).

nen: „Nimmt man die Bereitstellung von Gebäudewärme und Warmwasser hinzu, ist der Gebäudebereich insgesamt für etwa 30 Prozent der Treibhausgas-Emissionen in Deutschland verantwortlich“ (Nabu 2020).

Wird diese Negativbilanz der Pflanze – Kohlenstoffspeicherung ober- und unterirdisch abzüglich der gesamten CO_2-Aufnahme im Lebenszyklus der Pflanze (LCA: Life Cycle Assessment) – dauerhaft, etwa als Pflanzenkohle oder im Bausektor, dem Verkehr entzogen, könnten zertifizierte **Emissionsgutschriften** (Carbon Dioxide Removals, CDR) erworben und an die CO_2-produzierende Industrie verkauft werden in einer Höhe, die Hemp Connect[11] für 2027 weltweit auf 114 Mio. Euro schätzt.[12] „Yet there has not been any report on a single credibly traded high-integrity certificate from Hemp“ (Hemp Connect 2023, S. 9). Ein künftiger Anreiz, den auch Florian Pröbstle (Bayerisches Staatsministerium) in seiner E-Mail-Antwort auf meine entsprechende Frage vom 18.08.2023 sieht, sofern das Problem des Nachweises der Dauerhaftigkeit gelöst sei: „Der Einsatz von CO_2-Zertifikaten für die Kultivierung von Nutzhanf könnte eine Möglichkeit sein, um nachhaltigen Anbau zu fördern. Landwirte könnten Zertifikate erhalten, die ihre Bemühungen zur Kohlenstoffbindung und CO_2-Reduzierungen anerkennen. Jedoch muss ein valider Nachweis über eine gewisse Laufzeit von Seiten des Landwirts garantiert werden.“

Diese klimatisch-ökologische Marktchance wird besonders deutlich, wenn man das Ausmaß der durch den Nutzhanf möglichen CO_2-Speicherung mit dem Speicherwert von Holz vergleicht. Dieser „Sequestrierungs“-Wert der Hanfpflanze pro Hektar und Jahr entspricht ziemlich genau dem **Speicherwert von Baumholz** (Fichte, Douglasie, Buche). Beide Anbauarten erbringen jeweils etwa 7–9 t $CO_{2\text{äquivalent per ha*Jahr}}$,[13] wie dies die Abb. 1.2 des Nova-Instituts eindrucksvoll belegen kann. Wobei die Möglichkeit, auf demselben Feld auch noch Winterhanf als Zwischenfrucht anzubauen, nicht berücksichtigt ist.

[11] HempConnect (2022), ein Hamburger Start-up „bietet intelligentes landwirtschaftliches Carbon Management von der Saat bis zur Senke. Wir konzentrieren uns auf einen natürlichen Kohlenstoffkreislauf mit Industriehanf und pyrogener Kohlenstoffabscheidung und -speicherung (PyCCS), der die simultane klimapositive Erwirtschaftung von pflanzlichen Proteinen, Naturfasern und erneuerbarer Energie ermöglicht. Die HempConnect-Plattform erlaubt es uns, den Anbau zu koordinieren, Daten zu erheben, Emissionen zu berechnen, die langfristige CO_2-Bindung zu kontrollieren und unsere Projekte konsekutiv zu zertifizieren.“

[12] „With certificate prices of 139,00 EUR for biochar and 20,00 EUR for construction materials the hemp sector could create an additional carbon reduction market value of min 114 MM p.a.“ (HempConnect 2022).

[13] Errechnet aus dem C-Gehalt der Pflanzen addiert mit 2 × O („äquivalent“). (Beus et al. 2023, dem auch die Abb. 1.2 entnommen ist).

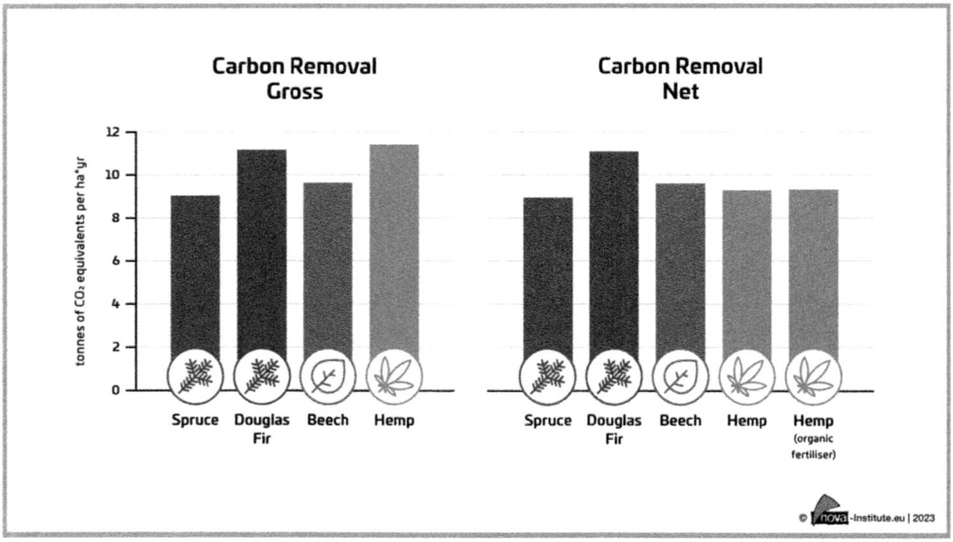

Abb. 1.2 Vergleich der CO_2-Speicherung von Fichte/Douglasie/Buche mit der von Hanf. Brutto und netto (abzüglich der CO_2-Abgabe insbes. durch Düngung). Entnommen aus de Beus et al. (2023)

Literatur

Allin, Steve (5.12.2023): Interview: To expand hemp construction, combine latest materials and quick-build-systems. In: Hemp Today (5.12.2023). https://hemptoday.net/to-expand-hemp-construction-combine-latest-materials-and-quick-build-systems

Arbeitsgemeinschaft Cannabis als Medizin e. V, Das Portal rund um Cannabis und Medizin, www.arbeitsgemeinschaft-cannabis-medizin.de/, (letzter Aufruf: 20.1.2023, 18:00).

Baustoff-Recycling Bayern (20.07.2021): Mantelverordnung: in: Baustoff-Recycling Bayern. https://www.baustoffrecycling-bayern.de/newsarchiv/mantelverordnung-ab-01082023-kraft, (letzter Aufruf: 23.03.2023, 13:12).

Bayerische Landesanstalt (o. J.): für Weinbau und Gartenbau Energie gewinnen + Artenvielfalt fördern: Der Veitshöchheimer „Hanfmix". https://www.lwg.bayern.de/mam/cms06/landespflege/dateien/hanfmix_artenzusammensetzung.pdf, (letzter Aufruf: 15.1. 2023, 14:30).

de Beus, Niels; Stratmann, Matthias; Carus, Michael (2023): Carbon Storage in Hemp and Wood raw materials for Construction Materials. Final report, 06-2023. In: https://eiha.org/wp-content/uploads/2023/07/Carbon-Storage-in-Hemp-and-Wood-raw-materials-for-Construction-Materials.pdf, (letzter Aufruf: 10.10.2023, 18:01).

BLE (16.9.2021): Bundesanstalt für Landwirtschaft und Ernährung. Ökologischer Hanfanbau. https://www.oekolandbau.de/landwirtschaft/pflanze/spezieller-pflanzenbau/oelfruechte/oekologischer-hanfanbau/, (letzter Aufruf 21.12.2022, 21:05).

Brand, Jürgen (20.09.2021): Universität Hohenheim. Mit Hanf die Welt ein bisschen retten. https://www.stuttgarter-nachrichten.de/inhalt.universitaet-hohenheim-mit-hanf-die-welt-ein-bisschen-retten.3933f77e-3776-4b9d-8f16-1d34721e5cef.html, (letzter Aufruf: 15.2.2023, 17:30).

Bundesgesundheitsministerium, Cannabisgesetz (CANG): in: Bundesgesundheitsministerium, 2023, https://www.bundesgesundheitsministerium.de/service/gesetze-und-verordnungen/detail/cannabisgesetz.html (letzter Aufruf: 05.10.2023, 23:17).

Coffeshop Niederlande (9.11.2023): https://de.wikipedia.org/wiki/Coffeeshop_(Niederlande)

Dahy, Hanaa; Teuffel, Patrick; Prösler, Martin (2021): Biokomposite in der Architektur. In DBZ 07/08/2021, https://www.dbz.de/artikel/dbz_Biokomposite_in_der_Architektur-3662917.html, (letzter Aufruf: 10.10.2023, 18:48).

Deutsche Epilepsievereinigung (o. J.), https://www.epilepsie-vereinigung.de/wp-content/uploads/2020/01/Cannabisprodukte-in-der-Epilepsiebehandlung.pdf, (letzter Aufruf: 19.1.2023, 23:20).

Dogby, Wisdom; Revoredo-Giha Cesar (2022): Current and Potential Market Opportunitys for Hempseed and Fibre in Scotland. https://sefari.scot/document/potential-market-opportunities-for-hempseed-and-fibre-in-scotland, (letzter Aufruf: 20.1.2023, 13:00).

Drewes, Felix; Pauli, Hendrik (2023): Bauen mit Hanf. Hintergründe, Planung, Umsetzung, Beispiele. Ökobuch Verlag

EIHA (04.2020): European Industrial Hemp Association: Manifest, Das Hanf-Manifest für einen grünen Aufschwung. https://eiha.org/wp-content/uploads/2020/04/The-Hemp-Manifesto_DE.pdf, (letzter Aufruf: 20.1.2023, 13:38).

EIHA (24.7.2023): European Industrial Hemp Association: S. Stellungnahmen (2023)

Ely, Henry (20.7.2023): Zukunft der E-Autos: Sind Hanf-Batterien stärker als Lithium? Finanzen at, News, , (letzter Aufruf: 10.10.2023, 19:19). https://www.finanzen.at/nachrichten/aktien/zukunft-der-e-autos-sind-hanf-batterien-starker-alslithium-1028706967

FDFE (28.7.2023): Foundation for Drug Free Europe HYPERLINK „https://fdfe.eu/"Home HYPERLINK „https://fdfe.eu/category/actuality-fdfe-drug-free-europe/"Actuality. Open Letter to the European Commission on Germany's plans to legalise Cannabis, https://fdfe.eu/open-letter-to-the-european-commission-on-germanys-plans-to-legalise-cannabis/, (letzter Aufruf: 10.10.2023, 19:35).

Gesetzentwurf der Bundesregierung (16.8.2023): Entwurf eines Gesetzes zum kontrollierten Umgang mit Cannabis und zur Änderung weiterer Vorschriften. (Cannabisgesetz – CanG), https://www.bundesgesundheitsministerium.de/fileadmin/Dateien/3_Downloads/C/Cannabis/Gesetzentwurf_Cannabis_Kabinett.pdf, (letzter Aufruf: 10.10.2023, 19:46)

Grotenhermen, Franjo/Berger, Markus/Gebhardt, Kathrin (2018): Cannabidiol CBD, Ein cannabishaltiges Compendium, Nachtschatten Verlag.

Hanfingenieur Henrik Pauly (o. J.): Literaturempfehlungen. https://www.hanfingenieur.de/know-how/literatur/ (letzer Aufruf: 02.10.2023, 09:21)

HempConnect GmbH (17.03.2022): Hamburg Startups: in: Hamburg Startups, https://www.hamburg-startups.net/hempconnect-gmbh/, (Letzter Aufruf: 04.10.2023 21:46).

Hemp Connect (Knodel, Nando; Künzel Tim) (20.7.2023): Carbon in Hemp Explained. A summary on the intersection of Industrial Hemp and Carbon Dioxide Removal. Report Version 1.6 In: https://docsend.com/view/tf4gjw5mffexc27z (letzter Aufruf: 10.10.2023, 20:31).

Hemp Today (4.12.2023): Research shows hemp-derived cannabinoids could be basis for natural pesticides. https://hemptoday.net/research-shows-hemp-derived-cannabinoids-could-be-basis-for-natural-pesticides/ (letzter Aufruf: 5.12.2023 14.00).

Le Roux, Cornelia (15.11.2023): High alert: National Assembly finally gives Cannabis Bill the green light. The Cannabis for Private Purposes Bill which has been gathering dust since 2018, was adopted by the National Assembly on Tuesday. In: The Citizen News (15.11.2023). https://www.citizen.co.za/news/national-assembly-adopts-cannabis-private-purposes-use-bill-what-to-know-latest-14-november-2023/

Nabu (2020): Klimaschutz beim Bauen, (letzter Aufruf: 10.10.2023, 21:30) https://www.nabu.de/umwelt-und-ressourcen/energie/energieeffizienz-und-gebaeudesanierung/29050.html

Pharmawiki (18.9.2022): Medikamente und Gesundheit, Hanfsamen, https://www.pharmawiki.ch/wiki/index.php?wiki=Hanfsamen, (letzter Aufruf: 20.1.2023, 23:13).

Referentenentwurf des Bundesministeriums für Gesundheit (2023): Entwurf eines Gesetzes zum kontrollierten Umgang mit Cannabis und zur Änderung weiterer Vorschriften (Cannabisgesetz – CanG), https://www.bundesgesundheitsministerium.de/fileadmin/Dateien/3_Downloads/Gesetze_und_Verordnungen/GuV/C/Cannabisgesetz-CanG_RefE.pdf, (letzter Aufruf: 12.11.2023, 12:20).

Schoesslers (28.10.2022): https://schoesslers.com/demecan-launcht-bisher-staerkste-cannabisblue-te-im-portfolio/, (letzter Aufruf: 21.1.2023, 08:44).

Schulz, Sven Christian (26.10.2022): Überblick: In diesen Ländern ist Cannabis schon legal, https://www.rnd.de/politik/cannabis-legalisierung-in-welchen-laendern-ist-marihuana-legal-und-wie-viel-gramm-sind-erlaubt-VES2MUVKRRHHJDNSHPXVEJDSQE.html, (letzter Aufruf: 21.1.2023, 08:57).

Suliak, Hasso (25.07.2023): Bundestagsgutachten gibt der Ampel Rückenwind. In: Legal Tribune Online (LTO), https://www.lto.de/recht/hintergruende/h/cannabis-gesetz-legalisierung-entkriminalisierung-referentenentwurf-gutachten-bundestag-wissenschaftlicher-dienst-csu-union-pilsinger/, (letzter Aufruf 11.11.2023, 23:01).

Westphal, Jonas M. W (2022): Die Nachhaltigkeit von Hanf: Ein Überblick über Produkt und Nutzung in der Wirtschaft Springer, (essentials).

ZDF heute (15.8.2023): Panorama: Ampel plant Legalisierung: So regeln Länder weltweit den Cannabis-Umgang, https://www.zdf.de/nachrichten/panorama/cannabis-legalisierung-regierung-konsum-verkauf-weltweit-100.html, (letzter Aufruf: 01.10.2023, 10:44).

Die juristische Basis

2

Auf der juristischen Ebene werden derselben natürlichen Pflanze, *Cannabis sativa L.,* mit ihren Blüten, Blättern, Samen, Bast, Schäben und Wurzeln die anfangs aufgezählten fünf Qualitäten zugewiesen. Man konstruiert damit auf dieser biologisch-realen Basis eine **Wirklichkeit**, in der diese Pflanze, *Cannabis sativa L.*, die ihrer Natur nach sowohl als Nutzhanf wie auch als THC-Droge dienen kann, zunächst nicht primär als „Nutzhanf" begriffen und behandelt wird, sondern zusammen mit den drei anderen „gefährlichsten Drogen" – Opium, Heroin, Kokain – als besonders strafwürdige Droge definiert wird. Um diese Cannabispflanze dann nur ausnahmsweise für „medizinische, wissenschaftliche bzw. gewerbliche und gärtnerische Zwecke" unter ganz besonderen Kautelen freizugeben, da auch dort jederzeit missbräuchlich als „gefährliche Droge" entarten könnte. Weswegen ich im Folgenden zunächst dieses Drogenkontrollsystem insgesamt anspreche, das den allgemeinen punitiven Rahmen setzt, um im Anschluss daran jeweils auf dessen zugelassene Ausnahmen einzugehen.

2.1 Zum allgemeinen drogenpolitischen Hintergrund

Eine **juristische Konstruktion**, die in Deutschland – widerwillig und durch Art. 295 des Versailler Vertrags erzwungen – erst seit dem *Opiumgesetz* vom 10.12.1929 „Wirklichkeit" wurde (Glose 2018). Zuvor baute man „Hanf" an, rauchte seinen „Knaster" (Auf dem Hövel 2018), gewann aus den Samen Öl, nahm ihn als Schmerzmittel (Cannabis Apotheke 2023) oder drehte daraus Hanfseile, ohne daran zu „denken", dass man das eine bestrafen, das andere durch Panzerglas schützen und durch die „zuständige Behörde" kontrollieren müsste.

J. M. W. Westphal, *Einsatz von Nutzhanf in Deutschland*,
https://doi.org/10.1007/978-3-658-44413-6_2

Um alleine schon durch die – mental so wirksame – **Wortwahl**: „Droge“, „Bundesopiumstelle“, „Opiumgesetz“, „Betäubungsmittelgesetz (BtMG)“, „Rauschgiftdezernat“, sowie durch die „familiäre“ Bindung an die drei „harten“ Drogen[1] – Opium, Heroin, Kokain –, die man dann später in der (jüngst geänderten s. u.) Anlage IV der internationalen *Single Convention* von 1961 wiederfinden konnte, diejenige **kulturell ideologische Perspektive** zu fixieren, aus der heraus man heute noch immer „Nutzhanf“ als gefährdete Schwester des THC-reichen „Cannabis“ wahrzunehmen hat.

Im Laufe der darauf folgenden einhundert Jahre „Drogen“-Geschichte errichtete man – nach diversen internationalen Vorläufern zu Beginn des 20. Jahrhunderts – auf dieser auch international noch schmalen Vorkriegsbasis nach dem zweiten Weltkrieg eine immer weiter ausufernde **internationale Kontrollkonstruktion** (Abb. 2.1), in der auch der an sich nicht strafbare Nutzhanf als **Ausnahme** in ein komplexes, internationales, Strafsystem eingebettet wird, dessen Ziel das Ausmerzen der sog. harten Drogen sein soll (UNGASS 1998). Ein in doppelter Weise **dreifach abgesichertes System,** dessen Vorgaben Deutschland folgen muss, will es am einschlägigen innereuropäischen Handel teilnehmen – woher etwa auch die Probleme des aktuellen deutschen Legalisierungsvorhabens rühren.

Und zwar einerseits, **drogenpolitisch**, von der völkerrechtlich bindenden UN-Ebene über die durch Gemeinschaftsverträge verbindliche EU-Ebene (Europäische Kommission 2023) bis hin zum deutschen Betäubungsmittelgesetz (BtMG). Und andererseits, **juristisch konstitutiv**, als juristisch fixierte Regelung – *Law in the Books* – mitsamt den dazugehörigen Apparaturen – rechtsetzend, beratend, kontrollierend – und schließlich als konkret sanktionierende Durchsetzungspraxis eines *Law in Action.* Ein international abgesicherter Kontrollapparat, den wir sonst für die „normalen Gefahren“, etwa der Gewaltkriminalität, nur höchst ungern akzeptieren, wie etwa beim umstrittenen europäischen Haftbefehl, der jährlich etwa 17.000 mal erlassen und 6000 mal vollstreckt wird.[2]

Eine insgesamt komplex ausgefeilte **Drogenkontrollmatrix**, in der unser „Nutzhanf“ in seinen verschiedenen Varianten zwar nicht als „Droge“ sanktioniert/bestraft wird, doch als gefahrenträchtige Ausnahme umso mehr „beschränkt“ wird, je akuter diese Gefahr wahrgenommen wird. Relativ „selbstverständlich“ auf der internationalen **UN-Ebene**, die keine formalen Sanktionen kennt; breiter eingehegt auf der **EU-Ebene**, auf der die

[1] In der ursprünglichen Fassung des deutschen Opiumgesetzes vom 10.12.1929 (RGBl. I S. 215) listet § 1 Abs. 1 die fraglichen Präparate auf: „Stoffe im Sinne dieses Gesetzes sind Rohopium, Opium für medizinische Zwecke, Morphin, Diacetylmorphin (Heroin), Kokablätter, Rohkokain, Kokain, Ekgonin, Indischer Hanf sowie alle Salze des Morphins, Diacetylmorphins (Heroins), Kokains und Ekgonins.“

[2] „Der Europäische Haftbefehl (EuHb) ist ein vereinfachtes grenzüberschreitendes justizielles Verfahren für die Übergabe gesuchter Personen zwecks Strafverfolgung oder Vollstreckung einer Freiheitsstrafe oder einer freiheitsentziehenden Maßregel der Sicherung. Ein EuHb, der von einer Justizbehörde eines EU-Landes ausgestellt wurde, gilt im gesamten Gebiet der Europäischen Union. Der Europäische Haftbefehl kann seit dem 1. Januar 2004 verwendet werden. Er hat die langwierigen Auslieferungsverfahren ersetzt, die bis dahin von den EU-Ländern innerhalb der Europäischen Union angewendet wurden“ (European Justice 2023).

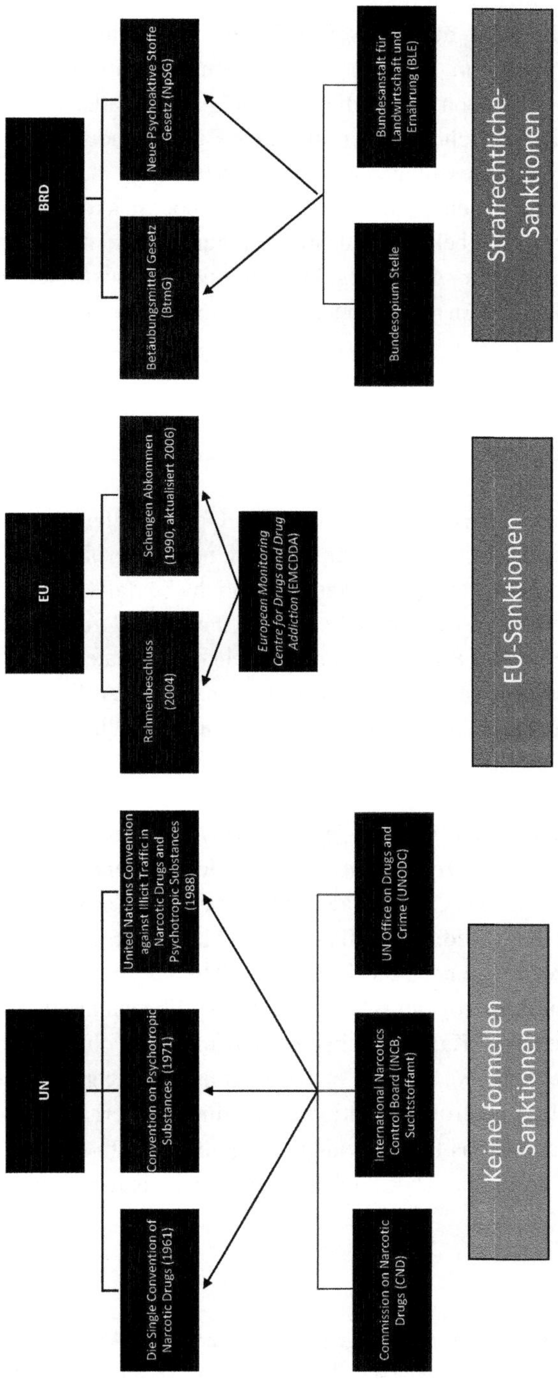

Abb. 2.1 Das dreistufige Kontrollsystem (eigene Darstellung)

0,3%-THC-Grenze festgelegt, der Sortenkatalog verbindlich vorgeschrieben und die nationalstaatliche Strafbarkeit verlangt und ggf. auch durch finanzielle Sanktionen durchgesetzt wird. Die dann auf der **deutschen Ebene** im Rahmen des Betäubungsmittelgesetzes (BtMG) – bzw. im Rahmen der jüngsten Einführung des Cannabisgesetzes (CanG) –, auch bei Verstößen gegen die ausgeprägt bürokratische Kontrollregulierung, seitens der „zuständigen" Behörden der einzelnen Bundesländer entsprechende Sanktionen – Strafen, Bußgelder, Beschlagnahme[3] – vorsehen.

Insofern berührt die gegenwärtig wieder einmal höchst aktuelle **Legalisierungsdiskussion** den in dieser Arbeit behandelten Nutzhanf nur indirekt, da dieser ja an sich „legal" ist. Gleichwohl könnte eine solche Legalisierung sich indirekt auch auf dessen starres Regelsystem auswirken, sofern sie die im Kap. 4 angesprochene „negative Denkperspektive" lockert.

2.2 Die UN-Ebene

International wurde **Cannabis erstmals** auf der 2. Opiumkonferenz von 1925, die bereits unter dem Dach des Völkerbunds in Genf stattfand, neben Heroin und Kokain hauptsächlich auf Drängen Ägyptens und Südafrikas schließlich ebenfalls international geächtet. In den USA kämpfte **Harry Anslinger,** Leiter des *Federal Bureau of Narcotics*, dessen eigentliche Aufgabe es war, Produktion und Verkehr von Opiaten zu überwachen, erfolgreich für ein Cannabisverbot. Indem er, vor allem nach der Aufhebung der Alkoholprohibition (1933), in Zusammenarbeit mit dem Medienmogul William Randolph Hearst unsägliche *Fake News* produzierte, die dankbar von der Presse übernommen wurden (Baykal 2022).

Ein Kampf, in dem es ihm gelang – nach seiner Abordnung an das neu eingerichtete UN-Büro *Commission on Narcotic Drugs* (CND), dessen Leiter er später wurde –, auch auf internationaler Ebene das Cannabisverbot in der **Single Convention** von 1961 zu verankern (Cannabinus 2006; Aldick und Ilka aus der Mark 2016).

Eine Verbotsstrategie, die noch die **UNGASS 2016** auf höchster politischer Ebene als notwendig ansah, um den Drogenmissbrauch auf allen Ebenen möglichst effektiv („effective law enforcement" im 3. Kapitel) zu bekämpfen, und zwar ohne zwischen den diversen Drogen zu unterscheiden: „We reaffirm our commitment to the goals and objectives of the three international drug control conventions, including concern with the health and welfare of humankind as well as the individual and public health-related, social and safety problems resulting from the abuse of narcotic drugs and psychotropic substances" (CND 2016).

[3] Vgl. etwa §2 IV CanG: „Bei Verstößen gegen das Verbot nach Absatz 1 wird das jeweils aufgefundene Cannabis von den zuständigen Behörden nach den §§ 47 bis 50 des Bundespolizeigesetzes und den Vorschriften der Polizeigesetze der Länder sichergestellt, verwahrt und vernichtet."

Doch unterstrich die Commission (CND) schon in ihrem 2. Kapitel die Notwendigkeit den medizinischen und wissenschaftlichen Einsatz voranzutreiben, um dann im 4. Kapitel auf die Beachtung der Menschenrechte zu drängen: „[R]especting, protecting and promoting all human rights, fundamental freedoms and the inherent dignity of all individuals and the rule of law in the development and implementation of drug policies“ (CND 2016), ohne jedoch auf die noch immer weit verbreitete Anwendung der Todesstrafe für Drogendelikte einzugehen.[4]

Eine „politisch ausgewogene“ UN-Deklaration, die vom **UN Human Rights Council** (2021) in einer ausführlichen Stellungnahme der *Working Group on Arbitrary Detention* – noch immer allgemein auf alle Drogen bezogen – jedoch höchst kritisch hinterfragt wird, und zwar nicht nur hinsichtlich der Todesstrafe, sondern für sämtliche Ebenen des Kriminal-Justiz-System einschließlich fehlender oder missbräuchlicher Behandlungsansätze, weswegen es in der *Conclusion* ihrer 17 höchst lesenswerten Forderungen damit beginnt: „Decriminalize the use, possession, acquisition or cultivation of drugs for personal use, including the possession of associated paraphernalia. Positive, evidence-based messaging through the media and other publicly accessible resources may assist in reducing stigmatization and promote better understanding of the health and other benefits of decriminalization“ (Human Rights Council 2021).

2.2.1 Das Regelsystem

Auf der UN-Ebene regeln **drei Konventionen** die Grundzüge der internationalen Drogenpolitik: die *Single Convention of Narcotic Drugs* (**Single Convention**), das sog. Einheitsabkommen über die Betäubungsmittel von 1961 in der Fassung von 1972; die in unserem Zusammenhang wichtige *Convention on Psychotropic Substances* von 1971 (hier: **Übk. 1971**), die vor allem die „behördlichen“ Vorschriften für den Umgang einer weiteren Zahl psychotroper – inclusive Tetrahydrocannabinol (Dronabinol, THC in Anhang 1) – Drogen erweiterte; und die *United Nations Convention against Illicit Traffic in Narcotic Drugs and Psychotropic Substances* (hier: **Übk. 1988**) von 1988, die vor allem den Strafbarkeitsrahmen erweiterte und konkretisierte (Lessmann 2017).

Die Einhaltung und Fortentwicklung dieser Konventionen wird durch drei in Wien ansässige **Institutionen** kontrolliert: das *UN Office on Drugs and Crime* (**UNODC**), das jährlich in einem Drug World Report über das weltweite Ausmaß, Folgen und Verfolgung des Drogenkonsums und Handels berichtet; das *International Narcotics Control Board* (**INCB**, Suchtstoffamt), in dem ausgewählte Experten die Umsetzung der drei Konventionen kontrollieren und in jährlichen Reports kritisieren; und die *Commission on*

[4] „35 Länder halten noch immer an der Todesstrafe für Drogendelikte fest, 285 Menschen wurden im Jahr 2022 für Drogendelikte hingerichtet, 303 Menschen wurden im Jahr 2022 zu Tode verurteilt, 3700 Menschen befinden sich derzeit weltweit wegen Drogendelikten im Todestrakt“, referiert Mybrainmychoice (2023) aus der Publikation von Harm Reduction International (2023).

Narcotic Drugs (**CND**), in der 53 nationalstaatliche Vertreter die UN bei der Fortschreibung der drei Konventionen beraten. Sie unterstehen ihrerseits dem Wirtschafts- und Sozialrat der UNO (**ECOSOC**) und werden ggf. durch eine auf Drogen ausgerichtete Spezialsitzung der UN Generalversammlung (**UNGASS**) evaluiert, die erstmals 1998 und sodann wieder 2016 dafür – mit keineswegs erfreulichen Evaluationsbefunden – zusammenkam (Klein und Stothard 2018). Die Weltgesundheitsorganisation (**WHO**), in der die eigentlichen Fachleute arbeiten, besitzt einen beratenden Status (Art. 3 Single Convention), doch keine Entscheidungsbefugnis, während die *Commission on Narcotic Drugs* (**CND**) vor allem die in den Anhängen genannten Drogen ergänzen und verändern kann, sofern keine Einsprüche erfolgen (Art. 8 Single Convention und Art. 21 Übk. 1988).

In diesem Sinne beschloss die Suchtstoffkommission CND (mit einem Stimmenverhältnis von 27:25 bei 1 Enthaltung) in ihrer Sitzung vom 02.12.2020 – in einem ersten sehr vorsichtigen Legalisierungsschritt – Cannabis und Cannabisharz aus der Anlage IV der Single Convention (SC) zu entfernen und der Anlage I zu unterstellen, dessen dort genannte Drogen auch zu medizinischen Zwecken verwendet werden dürfen: Die CND hat also „Cannabis zwar Ende 2020 aus Anhang IV herausgenommen, doch die prohibitive Position bezüglich nichtmedizinischem und -wissenschaftlichem Gebrauch beibehalten" (Ambos 2022). Die Kommission folgte insoweit einem Vorschlag der WHO in deren Schreiben vom 24.01.2020, während deren weitergehende Vorschläge – Cannabisextrakte und -tinkturen aus der Anlage I SC herauszunehmen, Dronabinol (THC) aus der Convention 1971 (Übk. 1971) in diese Anlage I SC zu überführen, sowie CBD bedingt zuzulassen – entsprechend knapp abgelehnt wurden (CND 2020; Riboulet-Zemouli et al. 2021).

Die Single Convention (SC), die von 183 Staaten ratifiziert wurde (Stand 2012) und das Übk. 1988, das von 87 Staaten unterzeichnet wurde, erlauben prinzipiell ein **Kündigungsrecht** (Art. 46 Single Convention Art. 30 Übk. 1988).[5]

Die Konventionen enthalten gegenüber Staaten, die gegen sie verstoßen, **keine echten Sanktionen**, erlauben es jedoch, in unterschiedlichen Formen abzumahnen und auch solche Abmahnungen zu veröffentlichen (Art. 14 SC bzw. 22 Übk. 1988) – mit den entsprechenden internationalen „„indirekten" Reaktionen, für die vor allem die USA bekannt war. Doch unterblieben solche Reaktionen bei der „Legalisierung" von Cannabis in Kanada oder Uruguay, während die analogen Legalisierungen in einigen Gliedstaaten der USA „irrelevant" seien, da sie nicht von den USA als Signatarstaat getragen würden.

2.2.2 Ausnahmen in der Single Convention

In Art. 2 Abs. 5b Single Convention wird die **medizinische** und **wissenschaftliche Forschung** einschließlich klinischer Versuche straffrei gestellt, wenn sie „unter unmittelbarer

[5] Zu den vier Möglichkeiten, im Rahmen einer Cannabislegalisierung die Single Convention zu verändern – Kündigung, Wiedereintritt, Inter-se-Modifikation, Verstoß – s. Schema in: SanityGroup (2022).

Aufsicht und Kontrolle der betreffenden Vertragspartei" durchgeführt wird – eine „wissenschaftliche Ausnahme" auf die sich das Schweizer Pilotprojekt beruft.[6] Doch ist in diesen Fällen „das in Artikel 23 für den Opiummohn vorgesehene Kontrollsystem [anzuwenden]" (Art. 28 Abs. 1 Single Convention).

Im engeren **Nutzhanfbereich**, der zwar nicht als solcher benannt ist, gilt zunächst (Art. 1 Abs. 1 (1 b) SC), dass die „nicht mit den Blütenständen vermengten **Samen und Blätter"** nicht vom Ausdruck „Cannabis" erfasst werden. Dementsprechend werden **Samen** und **Fasern**, „zu ausschließlich gärtnerischen und gewerblichen Zwecken" freigestellt (Art. 28 Abs. 2). Doch verlangt dessen Abs. 3 für diese Blätter entsprechende Kontrollen: „Die Vertragsparteien treffen die erforderlichen Maßnahmen, um den **Missbrauch** der Blätter der Cannabispflanze und den unerlaubten Verkehr damit zu verhindern" (fett J.M.W. Westphal). Damit bleibt sowohl der private („nichtgewerbliche") Anbau, wie auch die Verwendung der **ganzen Pflanze** (nur: „Fasern und Blätter") ebenso verboten, wie der auf dem verbotenen THC aufbauende **Genusshanf**.

Inwieweit sich aus Art. 3 Abs. 2 Übk. 1988 eine Straffreiheit für den **Eigengebrauch** – „Kauf oder Anbau für den persönlichen Gebrauch" – aus unserer „Verfassung oder den Grundzügen der Rechtsordnung" ableiten lässt, ist umstritten (Ambos 2022). Auch das – nicht explizit genannte – **CBD**, das aus dieser **ganzen Pflanze** gewonnen wird, gilt in formaler Auslegung selbst dann als verboten, wenn diese Pflanze neben dem CBD nur noch minimale THC-Mengen (0,3 %-THC-Regel) enthält (s. Abschn. 2.5).

2.3 Die EU-Ebene

Die EU, ein Verbund von 27 souveränen Staaten, muss mit ihren Organen – Europäischer Rat (in dem die 27 Staaten entscheiden), Kommission (mit ihrer Kommissarbürokratie) und dem Europäischen Parlament drogenpolitisch in zweifacher Weise vermittelnd aktiv werden: Einerseits horizontal, zwischen den höchst unterschiedlichen Drogenpolitiken ihrer Mitglieder (Raddatz 2022): von den liberalen Ansätzen in den Niederlanden, Portugal, Spanien und Tschechien bis hin zu den deutlicher prohibitionistischen Regulierungen in Schweden, Polen, Griechenland oder Zypern. Und andererseits vertikal zwischen dem noch immer dominant repressiv orientierten Ansatz der UN, den ich soeben behandelt habe, und dem praktischen Bedarf seiner „Nutzhanf i. w. S." produzierenden Wirtschaft. Während man auf der „repressiven" Schiene weithin der UN folgt, entwickelt die EU auf der „wirtschaftlichen" Schiene spezielle europäische Regeln, die den zugelassenen „Nutzhanf i. w. S." fördert, ohne doch dessen „Gefahren" zu erliegen.

[6] Türschmann (2022): Habich (2023) und Hassenkamp (2023) für Basel; Stevens (2023) für Zürich. Ein Gesamtüberblick in Förster (2023).

2.3.1 Der drogenpolitische Rahmen der EU

In diesem Dilemma entwickelte die EU und ihre Mitgliedstaaten eine gemeinsame allgemeine EU-Drogenstrategie. Sie betreiben in Lissabon eine „Europäische Beobachtungsstelle für Drogen und Drogensucht" (EMCDDA).[7] In Zusammenarbeit mit „Europol" koordinieren sie „die Strafverfolgungsmaßnahmen zur Bekämpfung des Drogenhandels ... über die europäische multidisziplinäre Plattform gegen kriminelle Bedrohungen (EMPACT)" (Europäischer Rat 2023).

Die **repressive Seite** dieser **EU-Drogenstrategie 2021–2025** verlangt einen „gemeinsamen Ansatz, um die Auswirkungen des Drogenhandels und des Drogenkonsums auf die Sicherheit und die Gesundheit zu bewältigen." In deren Mittelpunkt „stehen drei wichtige Politikbereiche: Verringerung des Drogenangebots, Verringerung der Drogennachfrage, Vorgehen gegen drogenbedingten Schaden" (Europäischer Rat 2023).

Konkretisiert wird dies in einem **EU-Drogenaktionsplan 2021–2025** in dem in 85 „Maßnahmen" das breite Instrumentarium der klassischen Drogenpolitik aufgelistet wird (EURLex 2021; fett J.M.W. Westphal). Hier geht es – neben der „Zerschlagung und Auflösung der im Bereich der Drogenkriminalität tätigen organisierten kriminellen Gruppen mit hohem Gefahrenpotenzial", und der „Verstärkte[n] Aufdeckung des illegalen Großhandels mit Drogen und Drogenausgangsstoffen an den Ein- und Ausgangsstellen der EU" („Strategische Prioritäten 1 und 2") und vier weiteren „strategischen Prioritäten" zu diversen Präventions- und Gesundheitsaufgaben – vor allem um die „strategischen Prioritäten" 3 und 4. Diese zwei „kämpferischen" Prioritäten werden durch entsprechende Maßnahmen zur **Forschung**, Innovation und Vorausschau (Strategische Priorität Nr. 10) ergänzt.

EU-Drogenaktionsplan 2021–2025

Strategische Priorität Nr. 3: „**Bekämpfung** der Nutzung logistischer und digitaler Kanäle, die für den Vertrieb von mittelgroßen und kleinen Mengen illegaler Drogen genutzt werden, und vermehrte Beschlagnahme der über diese Kanäle geschmuggelten illegalen Substanzen in enger Zusammenarbeit mit dem Privatsektor."

Strategische Priorität Nr. 4: „Unterbindung der **illegalen** Drogenherstellung und Bekämpfung des illegalen Anbaus, Verhinderung der Abzweigung von Drogenausgangsstoffen für die illegale Drogenherstellung und des illegalen Handels mit diesen abgezweigten Drogenausgangsstoffen sowie Bewältigung von Umweltschäden."

---

[7] Verordnung (EG) Nr. 1920/2006.

> Strategische Priorität Nr. 10: „Schaffung von Synergien, um die EU und ihre Mitgliedstaaten mit der umfassenden forschungsgestützten Evidenzbasis sowie den notwendigen Kapazitäten für eine Vorausschau auszustatten, um einen wirksameren, innovativeren und flexibleren Ansatz in Bezug auf die zunehmende Komplexität des Drogenphänomens zu ermöglichen und die Reaktionsfähigkeit der EU und ihrer Mitgliedstaaten im Hinblick auf **künftige Herausforderungen und Krisen** zu stärken."

2.3.2 Das EU-Regelsystem

2.3.2.1 Allgemeines zum EU-Regelsystem

In der EU sind alle **einzelnen** Mitgliedstaaten **Vertragspartner** aller drei Konventionen, während die **EU** kraft ihrer Zuständigkeit für den Handel **nur** der *Convention on Psychotropic Substances* von 1971 (Übk. 1971) insbes. im Hinblick auf dessen Handelsvorschriften in Art. 12 beigetreten ist.[8] Jedoch besitzt die EU in der *Narcotic Commission* (CND) Beobachterstatus. Sie kann überdies auch ihre Mitgliedstaaten, die dieser Commission als Mitglieder angehören, entsprechend verbindlich anweisen.[9] Wie dies beispielsweise auch in der oben erwähnten (Abschn. 2.2.1) Verschiebung von Cannabis aus Anlage IV in Anlage I der Single Convention geschehen ist (EU Proposal 2019), bei der alle europäischen Mitglieder der CND,[10] mit Ausnahme von Ungarn[11] zugestimmt haben.

Im Gegensatz zu den internationalen Konventionen kann die EU die Einhaltung der Vertragspflichten ihrer Mitgliedsländer nicht nur, wie zumeist, durch Verhandlungen, sondern auch in einem komplexen Verfahren durch **finanzielle Sanktionen** erzwingen. Gem. Art. 258 bzw. 259 AEUV können sowohl die EU-Kommission (Art. 258) wie ein anderes Mitgliedsland (Art. 259) den EuGH anrufen,[12] der etwa, auf Antrag Österreichs, am 06.02.2019 die deutsche Einführung einer Autobahnmaut als Verstoß gegen Verpflichtungen aus den Art. 18, 34, 56 und 92 AEUV kostenpflichtig verurteilte (EUR-LEX 62017CJ0591 (2019).

Nach Art. 48 AEUV kann die Regierung jedes Mitgliedsstaats, das Europäische Parlament oder die Kommission dem Rat Entwürfe zur **Änderung der Verträge** vorlegen, über die dann im Rat einstimmig entschieden werden muss. Beschränkt sich die Änderung nur

[8] Beschluss des Rates vom 22.10.1990 (90/611 /EWG) ABL 1990 Nr. L 326/56.

[9] Art. 83 Abs. 1; 3 Abs. 2; 218 AEUV.

[10] S. Riboulet-Zemouli et al. (2021) für die Listen der abstimmenden Mitglieder des CND: Ab März 2022 waren dies die folgenden 11 Länder: Belgien, Deutschland, Frankreich, Italien, die Niederlande, Österreich, Polen, Schweden, Slowenien, Spanien und Ungarn.

[11] Weshalb die Europäische Kommission am 2023 gegen Ungarn vor dem Gerichtshof der Europäischen Union Klage eingereicht hat (Rechtssache C-271/23) (https://op.europa.eu/de/publication-detail/-/publication/9d06fa19-0e40-11ee-b12e-01aa75ed71a1/).

[12] Zum komplexen Ablauf s. Europäische Kommission, Vertragsverletzungsverfahren.

auf das eigene Land, muss es in bestimmten Fällen dies in einem **Notifizierungsprozess** der Kommission zur Beurteilung vorlegen, bevor dieser Akt in Kraft treten kann.[13] Eine Problematik, die angesichts der aktuellen Vorlage des Eckpunktepapiers (2022) der Bundesrepublik für den Bereich des Genusshanfs – nicht des Nutzhanfs – besonders heftig diskutiert wurde (Ambos 2022).

Beraten wird die EU durch das *European Monitoring Centre for Drugs and Drug Addiction* **(EMCDDA)**, das in der EU vergleichsweise die Position der WHO einnimmt, jedoch ganz überwiegend auf die „illegalen Drogen" fixiert ist. Es erhebt und organisiert die drogenrelevanten Daten in den Mitgliedsländern in den dortigen jeweiligen **Reitox**-Zentren (Art. 5) und leitet sie, ggf. mit entsprechenden Änderungsvorschlägen an den Europäischen Rat sowie das EU-Parlament weiter.[14] Dieses EMCDDA (2023), das künftig mit erweiterten Befugnissen zur Drogenagentur ausgebaut werden soll (EUR-Lex 2022), hat für das Jahr 2021 den enormen Aufwand dokumentiert, mit dem die europäischen Mitgliedstaaten versuchen, den illegalen Cannabismarkt in den Griff zu bekommen:

- EU Member States reported 202.000 seizures of cannabis resin amounting to 816 t (588 t in 2020) and 240.000 seizures of herbal cannabis amounting to 256 t (157 t in 2020). In addition, Türkiye reported 9800 seizures of cannabis resin amounting to 33 t and 52.500 seizures of herbal cannabis amounting to 31 t.
- Approximately 566.000 cannabis use or possession offences were reported in the European Union in 2021 (555.000 in 2020), alongside 100.000 supply offences (99.000 in 2020).
- In 2021, the average THC content of cannabis resin in the European Union was 20 %, more than twice that of herbal cannabis, at 9,5 %. However, samples of both forms of the drug can vary considerably.

2.3.2.2 Die drei drogenrelevanten juristischen Grundlagen

Die EU übernimmt die Drogen-Regelung der UN-Konventionen. Sie regelt den Drogenhandel an den Grenzen des Schengenraums und beschränkt nach innen nur ausnahmsweise den grundsätzlich freien Warenverkehr.

- Im **Rahmenbeschluss 2004/757/JI** des Rates vom 25. Oktober 2004 übernimmt die EU das volle internationale Drogenprogramm mitsamt deren jeweiligen Änderungen – wie etwa die bereits erwähnte Verschiebung des Cannabis von Anlage IV in die Anlage I des Art. 1 SC –, um sie innerhalb der EU weiter zu spezifizieren.

  So verlangen seine Artikel 2 bis 4 die **Bestrafung** – bis hin zu „Freiheitsstrafen im Höchstmaß von mindestens fünf bis zehn Jahren …, wenn die Straftat im Rahmen einer kriminellen Vereinigung" begangen wird (Art. 4 (4)) – u. a. für „das Anbauen des

[13] S. Wissenschaftlicher Dienst Bundestag, Notifizierungsverfahren.

[14] Ein Beispiel hierfür ist etwa die Änderung des Rahmenbeschlusses 2004/757/JI hinsichtlich der Neuaufnahme zweier Drogen (Delegierte Richtlinie (EU) 2022/1326).

Opiummohns, des Kokastrauchs oder der Cannabispflanze“ (Art. 2. (1b)). Abweichend von der internationalen UN-Regelung gilt dies jedoch nicht für Täter, die ihre Handlungen „ausschließlich für ihren persönlichen Konsum im Sinne des nationalen Rechts begangen haben“ (Art. 2 (2)).

- Sodann verpflichten sich die „Schengenländer“ (Schengenvisa 2022) im 6. Kapitel Art. 71 des **Schengener Abkommens** (1990, aktualisiert 2006), den unerlaubten Handel mit diesen Betäubungsmitteln zu unterbinden sowie „die unerlaubte Ausfuhr von Betäubungsmitteln aller Art einschließlich Cannabis-Produkten sowie den Verkauf, die Verschaffung und die Abgabe dieser Mittel mit verwaltungsrechtlichen und strafrechtlichen Mitteln zu unterbinden“ (Verordnung (EG) Nr. 562/2006).
- Schließlich erlaubt **Art. 36** des Vertrags über die Arbeitsweise der Europäischen Union **(AEUV)** den **grundsätzlich freien Warenverkehr** – Einfuhr, Durchfuhr und Ausfuhr (Art. 34, 35) – innerhalb der Mitgliedstaaten „aus Gründen der öffentlichen Sittlichkeit, Ordnung und Sicherheit, zum Schutze der Gesundheit und des Lebens von Menschen“ zu **beschränken**, sofern sie „weder ein Mittel zur willkürlichen Diskriminierung noch eine verschleierte Beschränkung des Handels zwischen den Mitgliedstaaten darstellen“.

Hierzu führt das unten (Abschn. 2.5.4.1) näher besprochene CBD-Urteil des **EuGH** vom 19.12.2020 , das von der deutschen Rechtsprechung bisher nicht beachtet wurde, aus:

> „Da Art. 36 AEUV eine – eng auszulegende – **Ausnahme** [fett J.M.W. Westphal] vom Grundsatz des freien Warenverkehrs innerhalb der Union darstellt, haben die nationalen Behörden, die sich hierauf berufen, in jedem Einzelfall unter Berücksichtigung der Ergebnisse der internationalen wissenschaftlichen Forschung darzutun, dass ihre Regelung zum wirksamen Schutz der in dieser Bestimmung erfassten Interessen erforderlich ist, und insbesondere, dass die Vermarktung der in Frage stehenden Erzeugnisse eine tatsächliche Gefahr für die öffentliche Gesundheit darstellt“ (EuGH C-663/18 Rn. 87).[15]

2.3.2.3 Spezialvorschriften zum Nutzhanf, THC-Werte, GAP-Programm

Aus der kaum noch übersehbaren EU-Regelflut zur Cannabisregulierung sind vor allem relevant: die THC-Grenzen für Nutzhanf, der zugelassene Sortenkatalog und die Möglichkeit agrarischer Subventionen (Elemente Bd. 15, 2021).

(1) Hinsichtlich der **Höhe der THC-Werte** ist zunächst zu unterscheiden zwischen dem prozentualen THC-Wert, den anbaubare Nutzpflanzen erreichen dürfen, und dem THC-Gewichtsanteil, mit dem „verunreinigte“ Cannabissamen, die als solche selbst kein THC enthalten, belastet sein dürfen. Dieser **Gewichtsanteil** wurde jüngst für Samen auf 3 mg/kg und für Hanfsamenöl auf 7,5 mg/kg festgelegt (Verordnung (EU) 2022/1393).

[15] EuGH, Urteil v. 19.11.2020 – C-663/18 – B S UND C A (Vermarktung von Cannabidiol [CBD]), ECLI:EU:C:2020:938 (Rn. 87).

Der **prozentuale THC-Anteil**, den anbaubares **Cannabis-Nutzhanf** höchstens erreichen darf, ist an sich Sache der Mitgliedsländer. So liegt er in Italien etwa bei 0,6 %, in Tschechien bei 1,0 %. Lediglich dann, wenn Anbaudirektzahlungen aus dem **GAP-Programm** (Gemeinsame Agrarpolitik) angestrebt werden, durfte er bisher höchstens 0,2 % betragen (Verordnung (EUNr. 1307/2013), ein Wert, den das europäische Parlament – in einem weiteren zaghaften „Legalisierungsschritt" – mit der Verabschiedung der neuen Gemeinsamen Europäischen Agrarpolitik (GAP) mit Zustimmung des europäischen Rats mit Inkrafttreten der neuen GAP-Regel am 02.12.2021 ab 2023 auf 0,3 % erhöht hat: So lautet der die gesamte Nutzhanfregelung dominierende Art. 4 Abs. 4 der Verordnung (EU) 2021/2115: „Zum Hanfanbau genutzte Flächen sind nur förderfähig, wenn der Tetrahydrocannabinolgehalt der verwendeten Sorten nicht mehr als 0,3 % beträgt."

(2) Im Rahmen der Ausnahmen darf **Hanfsamen**, der für den landwirtschaftlichen Anbau vorgesehen ist, „nur in den Verkehr gebracht werden, wenn er als ‚Basissaatgut' oder ‚zertifiziertes Saatgut' amtlich anerkannt worden ist," wofür die Mitgliedsländer ein genau umrissenes **Kontrollsystem** mit entsprechenden Zertifikaten vorsehen müssen, Vorschriften, denen auch Drittländer unterliegen (Richtlinie 2002/57).

Abgesehen vom medizinischen Cannabis (mit höheren THC-Gehalten) dürfen nur (etwa 80) Cannabissorten mit einem geringen (bisher 0,2 %, jetzt 0,3 %) THC-Gehalt angebaut werden, die, auf – einer gründlich überprüften – Basis eingereichter nationaler Sortenkataloge im gemeinsamen Sortenkatalog der Europäischen Union als „Cannabis sativa L. (Hemp)" unter der Nr. 85 – jährlich neu – aufgezählt werden (Common catalogue 2023; BLE 2023).

Einfuhren von Rohhanf und zur **Aussaat bestimmte Hanfsamen** unterfallen gemäß Art. 189 der Verordnung Nr. 1308/2013 dieser 0,3 %-THC-Regel. **Nicht zur Aussaat** bestimmte Hanfsamen müssen durch vom Mitgliedsstaat anerkannte Einfuhrunternehmen eingeführt werden, um sicherzustellen, dass sie nicht zur Aussaat verwendet werden (Verordnung (EU) Nr. 1308/2013).[16]

(3) Die EU sieht im Rahmen des **GAP-Programms** (BMEL 2022) in zwei Säulen **Zuschüsse** für den landwirtschaftlichen Anbau von Nutzhanf unter bestimmten Bedingungen vor,[17] die ab 01.01.2023 aufgrund – von der EU genehmigter – nationaler

[16] Als Beispiel für die Art der Regelungsdichte dieser EU-Verordnungen diene deren Artikel 189: „Folgende Erzeugnisse dürfen in die [Europäische] Union nur eingeführt werden, wenn die nachstehenden Bedingungen erfüllt sind: Rohhanf des KN-Codes 5302 10 00 muss den in Artikel 32 Absatz 6 und Artikel 35 Absatz 3 der Verordnung [Nr. 1307/2013] [genannten Bedingungen] entsprechen."; „Bei zur Aussaat bestimmten Samen von Hanfsorten des KN-Codes ex 1207 99 20 muss nachgewiesen werden, dass der Tetrahydrocannabinolgehalt der betreffenden Sorte nicht über dem gemäß Artikel 32 Absatz 6 und Artikel 35 Absatz 3 der Verordnung [Nr. 1307/2013] [festgelegten] Wert liegt."

[17] Delegierte Verordnung (EU) (2022): So schreibt ihr Art. 2 bis 5 etwa als „Bewirtschaftungsauflagen" vor: „mindestens bis zehn Tage nach Ende der Blüte gepflegt werden, sodass die für die Anwendung dieses Artikels erforderlichen Kontrollen vorgenommen werden können."

Strategiepläne ausgezahlt werden (s. u. 2.4.4). Und zwar sieht eine **erste Säule** – mit Zahlungen aus dem Europäischen Garantiefonds für die Landwirtschaft (**EGFL**) – eine „direkte" Basisprämie pro Hektar vor, die ggf. für einen ökologischen Ausbau oder Junglandwirte aufgestockt werden kann, während eine **zweite Säule** – mit Zahlungen aus dem Europäischen Landwirtschaftsfonds für die Entwicklung des ländlichen Raumes (**ELER**) – Zuschüsse insbesondere auch unter Nachhaltigkeitsaspekten, zum Wissenstransfer oder zur „Förderung einer Organisation der Nahrungsmittelkette und Förderung des Risikomanagements in der Landwirtschaft" bereitstellen kann.[18] Die Mitgliedsländer können im Rahmen **gekoppelter Zahlungen** diese Zahlungen – auch für Hanf – unter bestimmten Bedingungen ergänzen (Art. 33e der Verordnung (EU) 2021/2115).[19]

2.4 Die deutsche Cannabisregelung

2.4.1 Der drogenpolitische Rahmen

In Deutschland ist Cannabis seit fast einhundert Jahren – 1929 mit dem ersten Opiumgesetz – als gefährliche Droge voll in eine **repressiv-punitive Drogenpolitik** integriert. Nutzhanf ist zwar seit 1996 wieder legal, doch vegetiert er praktisch noch immer als „riskante Ausnahme" in seiner gut überwachten Nische, während der Medizinalhanf seit 2017 auch bei uns an Fahrt gewinnt[20] und 2022 die erste bundesdeutsche Ernte einfahren konnte.

Die schwergewichtige Bedeutung dieser Art der Drogenpolitik für die allgemein dominierende **punitive Gesamtperspektive**,[21] die dann auch die „erlaubten" Ausnahmen entsprechend einfärben wird, zeigt sich im Ausmaß der Eingriffe des **Kriminaljustizsystems** – Polizei und Strafgerichte – bei den „harmloseren" Cannabisdelikten in der

[18] S. Verordnung (EU 2021/2116) zu den Einzelheiten dieser Zahlungen, der dafür erforderlichen Administration und den möglichen Sanktionen.

[19] S. auch Europäische Kommission (2022): „Die EU-Länder können unter bestimmten Bedingungen den Hanf anbauenden Landwirten fakultative gekoppelte Stützung gewähren. Dies geschieht derzeit in Frankreich, Polen und Rumänien."

[20] S. dazu die „Begleiterhebung zur Verschreibung und Anwendung von Cannabisarzneimitteln" des BfArM (2022) für die Zeit von 2017 bis 2022.

[21] So schreibt der Bund Deutscher Kriminalbeamter in seiner Stellungnahme (2023) zu den Präventionsvorschlägen des CanG: „Diese Vorschrift wird nie mit Leben zu füllen sein. Sie ist sinnlos, unbestimmt und somit verfassungsrechtlich bedenklich. Die einzig sinnvolle Maßnahme zum Schutz von Kindern und Jugendlichen ist, die Abgabe an diesen Personenkreis als Verbrechenstatbestand im § 36 Strafvorschriften auszuführen. Bei Abgabe an Kindern sollte die Freiheitsstrafe nicht unter drei Jahren liegen." Während die Deutsche Gesellschaft für Suchtforschung und Suchttherapie in ihrer Stellungnahme (2023) verlangt, die Freiheitsstrafe bis zu drei Jahren oder Geldstrafe, die für die Weitergabe an Personen unter 18 Jahren vorgesehen war (§ 36 Absatz 1; im Gesetzentwurf: § 34 III, 3), sollt auf die Weitergabe „an Personen unter 21 Jahren ausgedehnt werden".

<table>
<tr><th colspan="3">Polizeiliche Tatverdächtige 2023</th><th colspan="3">Verurteilte (ohne Straßenverkehr) 2021</th></tr>
<tr><th>Delikte</th><th>Personen</th><th>% (a)</th><th>Delikte</th><th>Personen</th><th>%</th></tr>
<tr><td>Insgesamt</td><td>2.246.767</td><td>100 %</td><td>Insgesamt</td><td>662.100</td><td>100 %</td></tr>
<tr><td>BtMG</td><td>266.280</td><td>11,85 %</td><td>BtMG</td><td>67.188</td><td>10,15 %</td></tr>
<tr><td>Cannabis insg.</td><td>145.051</td><td>54,5 %</td><th colspan="3">Freiheitsstrafen für Erwachsene</th></tr>
<tr><td rowspan="2">Cannabis ohne Handel etc.</td><td rowspan="2">116.014</td><td rowspan="2">80 %</td><td>Delikte insg.</td><td>83.067</td><td>100 %</td></tr>
<tr><td>BtMG</td><td>14.667</td><td>17,66 %</td></tr>
</table>

Abb. 2.2 Vergleich zwischen der Gesamtkriminalität und den Cannabisdelikten bei der Polizeiarbeit (Tatverdächtige) und den Strafgerichten (Verurteilte). *Insgesamt*: sämtliche Delikte; *BtMG*: alle Delikte nach dem Betäubungsmittelgesetz (BtMG), die nur in der Statistik der Kriminalpolizei weiter aufgegliedert werden; *Cannabis ohne Handel etc.*: leichtere Cannabisdelikte ohne Handel, Schmuggel und „unerlaubter Einfuhr in nicht geringer Menge"; *Verurteilte*: nicht enthalten; *Abgeurteilte* (wg. Einstellung, Freispruch etc.); *Freiheitsstrafen für Erwachsene*: also keine Jugendstrafen; (**a**): % jeweils im Verhältnis zur vorherigen Spalte

Tabelle in Abb. 2.2.[22] So wurden der **Polizei** 2023 **rund 141.335 relativ einfache Cannabis-Fälle** bekannt (das waren 81,2 % aller Cannabisdelikte, 40,7 % aller „Drogendelikte" (BtMG) und 1,9 % aller Tatverdächtigen) mit einer „Aufklärungsquote" von 95 % (gegenüber einer Aufklärungsquote von nur 58,4 % bei allen 3.469.752 der Polizei bekannten Fällen).[23] Vor den **Strafgerichten** (Erwachsene und Jugendliche) landete von diesen Tatverdächtigen jeweils nur ein knappes Drittel (31 %),[24] machte dort bei den BtMG-Delikten 10,2 % aller verurteilten Täter aus, die dann jedoch bei den nach Erwachsenenrecht ausgesprochenen Freiheitsstrafen mit 17,6 % bzw. bei den 12,6 % der „Strafgefangenen"[25] noch einmal mit ihrer unverhältnismäßigen Härte das „punitive Gewicht" unserer Drogenperspektive bestätigen (vgl. Abb. 2.2).

---

[22] Siehe BKA. 2022 Bund – Falltabellen; T12 Angaben zum aufgeklärten Fall (V1.0), 2023, Daten für die Polizeistatistik mit den Schlüsselzahlen 110000, 730000, 731100, 731800, 732800; und für die Justizstatistik: S. Statistisches Bundesamt; Strafverfolgung – Fachserie 10 Reihe 3 2021, 2022. Beachte: Im Text werden Fälle (Taten), in der Tabelle werden Personen (Tatverdächtige) genannt.

[23] Nur Böswillige vermuten, dass die Polizei angesichts ihrer geringen allgemeinen Aufklärungsquote von 57,3 % diese Drogendelikte – die ja keine „Anzeigedelikte", sondern fast immer reine „Kontrolldelikte" sind – mit ihrer 95 %-Quote als Legitimationsgrundlage (u.a. für den Personalaufwand) benötigt.

[24] Diese 1/3-Zahl ist nur sehr grob, da einerseits die Strafverfolgung erst zeitlich verzögert nach der der Polizeiarbeit einsetzt und zudem die Zahlen aus den unterschiedlich zur Verfügung stehenden Statistiken von 2022 und 2021 stammen.

[25] „Zum Stichtag 31.03.2017 befanden sich aufgrund von Verstößen gegen das BtMG insgesamt 6506 Personen (12,6 % aller Inhaftierten) in Einrichtungen des Freiheitsentzugs" (Schneider et al. 2018, S. 5).

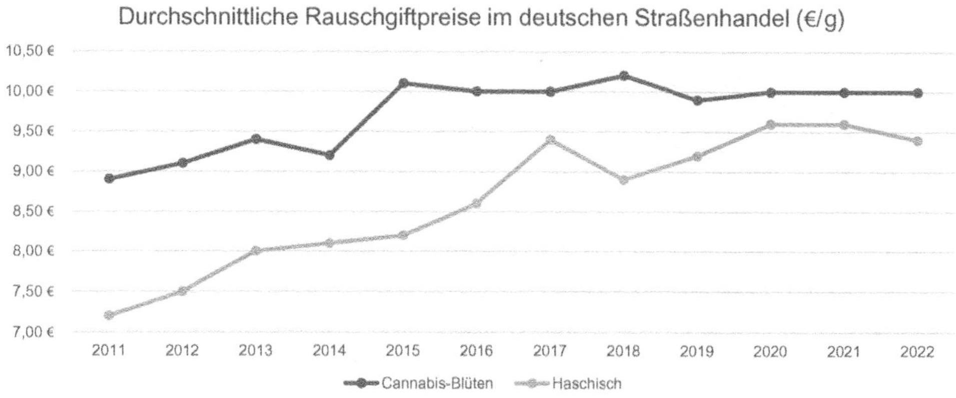

Abb. 2.3 Deutscher Drogenmarkt – Straßenpreise von 2011–2022. (Quelle: REITOX 2022, E-Mail-Auskunft BKA, eigene Darstellung)

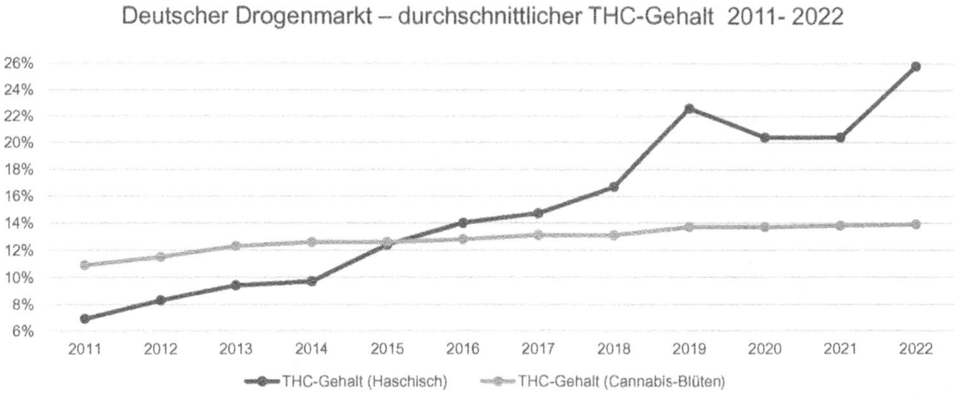

Abb. 2.4 Deutscher Drogenmarkt – durchschnittlicher THC-Gehalt von 2011–2022. (Quelle: E-Mail-Auskunft BKA, eigene Darstellung)

Ein missratenes allgemeines ‚punitives Schwergewicht', das sich auch aus dem Vergleich zwischen den in der Abb. 2.2 aufgeführten Kriminaldaten und den Markt- und Verlaufdaten für das illegale Cannabis in den Abb. 2.3 und 2.4 ergibt. In ihnen wird einerseits der ungeheure Verfolgungsaufwand ersichtlich, der ja das offizielle THC-Cannabis-Bild so zentral bestimmt, und andererseits der gleichwohl relativ gleichbleibende Preis sowie der ebenso gleichbleibende THC-Gehalt des Marihuanas, während allein der THC-Gehalt des Harzes, das bei uns eine eher sekundäre Rolle spielt, also des Haschisch, enorm angestiegen ist. Ein Missverhältnis, das sich schließlich auch im Vergleich mit den **Straßenverkehrsunfällen mit Personenschaden** (2021) widerspiegelt. Hier wurden die (prinzipiell „legalen") „Alkoholisierten" (13.745), etwa 5-mal häufiger auffällig als sämtliche Konsumenten „anderer berauschender Mittel (z. B. Drogen, Rauschgift) mit 2712 Fällen.[26]

Ein „punitives Missverhältnis", das die seit 2021 in Deutschland regierende Koalition aus SPD, Bündnis 90/Die Grünen sowie FDP versuchte, noch immer heftig umstritten,[27] durch eine teilweise **Legalisierung** des Cannabis zumindest aufzulockern.

2.4.2 Das gegenwärtig geltende deutsche Regelsystem und seine Reformvorschläge

Bisher regelt Deutschland seine Drogenpolitik im Rahmen dieser verbindlichen internationalen Vorgaben – UN, EU – primär in einem besonderen **Betäubungsmittelgesetz** (BtMG), das sowohl die erforderlichen **Strafvorschriften** (6. und 7. Abschnitt: §§ 29–38), wie, ausführlicher, die **Grundzüge der Drogenregulierung** (2. bis 4. Abschnitt: §§ 3–25) enthält. Es wird seit 2016 durch das – für die gesamte Stoffgruppe der synthetischen Cannabisprodukte relevante – **Neue Psychoaktive Stoffe Gesetz** (NpSG) ergänzt.

Deren praktische Gestaltung wird **institutionell** verankert: einerseits für das **medizinische** Cannabis bei der *Bundesopiumstelle* und der *Cannabisagentur*, die – für den Vertrieb des medizinischen Cannabis sowie für die „medizinisch-wissenschaftlichen Forschungszwecke" allein zuständig – beim Bundesinstitut für Arzneimittel und Medizinprodukte (BfArM) im Bundesministerium für Gesundheit angesiedelt ist. Und anderseits für den **Nutzhanf** bei der *Bundesanstalt für Landwirtschaft und Ernährung* (BLE), angesiedelt im Geschäftsbereich des Bundesministeriums für Ernährung und Landwirtschaft (BMEL).

2.4.2.1 Die (noch) aktuelle Rechtslage

Gemäß § 1 Abs. 1 BtMG wird der Gesamtbereich der erfassten **Suchtmittel** in drei Anhängen geregelt. Die Bundesregierung kann mit Zustimmung des Bundesrats diese Anhänge – nach Anhörung von Sachverständigen[28] – **ändern**, das Bundesgesundheitsministerium kann deren Inhalt verändern, wenn dies „international" erforderlich ist (§ 1 Abs. 2, 4 BtMG).

In **Anlage 1** werden bisher noch Cannabis (Pflanzen und Pflanzenteile), Cannabisharz und deren stereochemische Verwandte als **nicht verkehrsfähig** aufgeführt, wäh-

---

[26] Siehe Statistisches Bundesamt; Verkehrsunfälle: Unfälle unter dem Einfluss von Alkohol oder anderen berauschenden Mitteln im Straßenverkehr 2021, 2022, S. 35. „Die Antwort der Bundesregierung auf eine kleine Anfrage der Fraktion Die Linke zeigt, dass 2017 lediglich 0,6 % der Unfälle mit Verletzten oder Toten von Fahrern ausgelöst wurden, die unter dem Einfluss von Cannabis oder anderen Drogen standen. Das sind 0,1 Prozentpunkte mehr als 2012. Dagegen wurden 4,2 % der Unfälle mit Personenschaden von alkoholisierten Fahrern verursacht."

[27] S. auch die politologisch besonders interessanten 57 Stellungnahmen zum Referentenentwurf (CanG) in: Bundesgesundheitsministerium, Cannabisgesetz (CanG) 2023 sowie Der Spiegel 33/2023 und dessen „Cannabis-Serie" (2023).

[28] Sachverständige im Ausschuss (2022). Dessen aktuelle stimmberechtigte Mitglieder sind gegenwärtig sämtlich Mediziner.

rend in **Anlage III** das **medizinische** Cannabis als verkehrs- und verschreibungsfähig zugelassen wird.[29]

Von der an sich umfassenden, grundsätzlichen Strafbarkeit kann bei einer geringen Menge zum **Eigengebrauch** das Gericht von der Strafe bzw. die Staatsanwaltschaft von der Verfolgung absehen (§§ 29 Abs. 5, 31a BtMG). Im Übrigen bleibt bisher jeglicher **Genusshanf** verboten.

Cannabidiol (CBD) wird bisher nicht ausdrücklich genannt, bleibt jedoch, soweit es aus der ganzen Pflanze gewonnen wird, verboten (2.5).

2.4.2.2 Der Referenten- und Gesetzentwurf Cannabisgesetz (CanG) 2023

Der im Juli 2023 vorgelegte **Referentenentwurf** 2023 und der im August publizierte Gesetzentwurf 2023[30] wollen zunächst nur den „kontrollierten Umgang mit Cannabis" – insbesondere durch Eigenanbau und Anbauvereinigungen, den gewerblichen Nutzhanfanbau und den medizinischen Hanf – in einem eigenen Cannabisgesetz (**CanG**) regeln und damit völlig aus dem bisherigen BtMG herausnehmen. In zwei sehr ausführlich gestalteten Artikeln 1 und 2 wird zunächst der allgemeine Anbau in einem Cannabisanbaugesetz (**KCanG**) und, davon abgehoben, in Art. 2 der medizinische Anbau in einem Medizinal-Cannabisgesetz (**MedCanG**) geregelt. Sie enthalten im KCanG (Art. 1), Kap. 7 §§ 34–35 und im MedCanG (Art. 2), Kap. 7 §§ 25–26 Strafvorschriften, die weithin dem bisherigen BtmG entsprechen, ersetzen bzw. ergänzen diese jedoch in § 38 bzw. § 36 durch Ordnungswidrigkeiten (mit 36 bzw. 9 Fallgestaltungen), die mit bis zu 100.000 € durch die zuständigen Verwaltungsbehörden bestraft werden können.

Für **Cannabidiol** (CBD) sollten dieselben Regeln gelten wie für THC; CBD-haltiger Nutzhanf darf als solcher angebaut werden, die Extrahierung von Cannabidiol aus der ganzen Pflanze Cannabis sollte jedoch verboten bleiben (CanG, Art. 1, Kap. 1, § 2 Abs. 2). Diese Regelung wurde jedoch im darauffolgenden Gesetzentwurf (KCanG 2023) in § 2 Ziff. 8 b aufgehoben, sodass nunmehr die Gewinnung von CBD aus der ganzen Cannabispflanze – wie in Frankreich – **erlaubt** sein soll, wenn das Gesetz Bundestag und Bundesrat passiert.

[In der Zeit zwischen dem Abschluss der Arbeit und der letzten Druck-Korrektur hat der Bundestag am 2024 in einer heftigen Abschluss-Diskussion (Deutscher Bundestag 2024) das Cannabisgesetz (CanG) – mit seinen beiden Artikeln ‚Gesetz zum Umgang mit Konsumcannabis' (Konsumcannabisgesetz – **KCanG**) und dem ‚Gesetz zur Versorgung mit Cannabis zu medizinischen und medizinisch-wissenschaftlichen Zwecken' (Medizinal-Cannabisgesetz – **MedCanG**) – verabschiedet, das der Bundesrat am 22.3.2024 passieren ließ (BGBL I 109 vom 27.3.2024).

Das Gesetz entspricht weithin dem bisherigen Gesetzentwurf (2023) mit Änderungen vor allem im Bereich des Genusshanf, der in diesem Buch nicht näher behandelt wird. Nach die-

---

[29] Anlage III zu §1 Abs. 1 BtMG: „nur aus einem Anbau, der zu medizinischen Zwecken unter staatlicher Kontrolle gemäß den Artikeln 23 und 28 Absatz 1 des Einheits-Übereinkommens von 1961 über Suchtstoffe erfolgt, sowie in Zubereitungen, die als Fertigarzneimittel zugelassen sind". Regelung in §§3–10 BtMG; Gesetz z. Änderung betäubungsrechtlicher und anderer Vorschriften v. 06.03.2017 (BGBl 2017 I, Nr. 11 v. 09.03.2017); Materialien in: Bundesgerichtshof (2023).

[30] Bundesgesundheitsministerium, Cannabisgesetz (CANG), 2023.

sem Gesetz ist der Besitz und Konsum von Cannabis in bestimmten Grenzen (25 gr/pro Tag bzw. 50gr zu Hause) ab 1.4.2024 und der Eigenanbau bzw. der Anbau in Anbauvereinigungen – unter großen bürokratischen Auflagen und mit gewissen Änderungen (BGBL 207/2024 vom 25.6.24) – ab 1.7.2024 erlaubt. Samen können aus der EU bezogen werden, CBD ist erlaubt (§ 2 II 1 KCanG) und die ‚Missbrauch'-Klausel soll in einem ‚Nutzhanfliberalisierungsgesetz' (NLG) des Bundesministeriums für Ernährung und Landwirtschaft vom 2.7.2024 entfallen. Liberalisierungen, die in einer CDU-geführten Regierung aufgehoben werden sollen. (Doll/Dinger 2024).]

2.4.3 Ausnahmen vom generellen Cannabisverbot in Deutschland

In der Anlage 1 (§ 1 BtMG) werden bisher – also vor den im Juli und August 2023 vorgestellten beiden Entwürfen 2023 – vom generellen Cannabisverbot neben dem in § 1 Abs 1, Anlage 3 geregelten medizinischen Cannabis insbesondere[31] **ausgenommen**: Samen, Einfuhren zu gewerblichen und wissenschaftlichen Zwecken und der Anbau von Nutzhanf.

- **Medizinalhanf**, also Cannabis mit hohem THC-Gehalt, unterliegt besonders strengen Regeln. Diese sollen auch nach den gegenwärtigen Reformvorstellungen (Gesetzentwurf 2023) in einem speziellen Medizinal-Cannabisgesetz (MedCanG) weiterhin gelten. Zwar wird, was zu begrüßen ist, der Medizinalhanf aus dem Betäubungsmittelrecht herausgenommen, doch soll – mit Ausnahme der Abschaffung besonderer BtMG-Rezepte, die, verständlicherweise nicht von allen Beteiligten begrüßt wird[32] – auch im neuen Gesetzentwurf (2023) organisatorisch weitgehend alles beim Alten bleiben. So verwaltet die **Bundesopiumstelle** beim Bundesinstitut für Arzneimittel und Medizinprodukte (BfArM) im Bundesministerium für Gesundheit den Umgang mit Cannabis zu medizinischen und medizinisch-wissenschaftlichen Zwecken sowohl hinsichtlich der Einfuhr wie auch der in Deutschland zugelassenen Anbaumenge. Während der Anbau wie bisher allein von der **Cannabisagentur** kontrolliert werden soll: „Von der Ausschreibung und den Verträgen mit den Anbauern sind insbesondere die Art und Menge

[31] Neben „Schutzstreifen bei der Rübenzucht".

[32] Während die Arbeitsgemeinschaft Cannabis als Medizin (ACM) (2023, S. 11) positiv reagiert: „Dies reduziert die Bürokratie sowie für Betäubungsmittel übliche Sicherungsmaßnahmen bei der ärztlichen Therapie, bei der Abgabe von cannabisbasierten Medikamenten in der Apotheke, bei der Produktion entsprechender Medikamente und ihrem Handel sowie bei der Erforschung ihres therapeutischen Potenzials", befürchten die Krankenkassen (GKV) in ihrer Stellungnahme zum Referentenentwurf 2023 (2023): „So entfallen insbesondere die der Arzneimitteltherapiesicherheit dienenden besonderen Verschreibungsvoraussetzungen der persönlichen Untersuchung und der nicht anderweitigen therapeutischen Zweckerreichung nach § 13 Abs. 1 BtMG. Mit diesen Änderungen droht eine qualitative Verschlechterung der Therapie mit medizinischem Cannabis. Zudem entfällt der mit der Verschreibung auf BtM-Rezept verbundene höhere Fälschungsschutz. Dies birgt die Gefahr, dass häufiger mit in krimineller Absicht gefälschten Verordnungen zu rechnen ist. Neben den negativen gesundheitlichen Auswirkungen kann dies auch eine finanzielle Last für die Solidargemeinschaft zur Folge haben."

des zu medizinischen Zwecken benötigten Cannabis umfasst. Mit den erfolgreich bietenden Personen schließt das BfArM zivilrechtliche Liefer- und Dienstleistungsverträge. Das Cannabis zu medizinischen Zwecken verkauft die Cannabisagentur anschließend unter anderem an Apotheken, Großhändler und Hersteller von Cannabisarzneimitteln zu einem Herstellerabgabepreis" (Referentenentwurf 2023, S. 146).

- Während bisher die Verwendung von **Cannabis für wissenschaftliche Zwecke** einerseits unter die allgemeine Einfuhrregelung in der Anlage 1 zu § 1 Abs. 1 b BtMG und andererseits unter Anlage 3 zu § 1 als Fall des Anbaus von medizinischem Hanf geregelt wurde, behandelt das MedCanG (Art. 2 des CanG) im Referentenentwurf 2023 „medizinische" und „wissenschaftlich-medizinische" Zwecke in gleicher Weise (§ 2 Ziff. 1 und 4 (MedCanG)), um in den Erläuterungen klarzustellen: „Dabei soll Cannabis zu medizinisch-wissenschaftlichen Zwecken nicht nur zur medizinischen Forschung, sondern zu jeglicher Forschung, sei sie pharmazeutisch, biologisch, chemisch oder Grundlagenforschung, eingesetzt werden dürfen."

Die Erlaubnis hierzu erteilt bisher nach wie vor das BfArM (§ 3 Abs. II BtMG): „Eine Erlaubnis für die in Anlage I bezeichneten Betäubungsmittel kann das Bundesinstitut für Arzneimittel und Medizinprodukte nur **ausnahmsweise** zu wissenschaftlichen oder anderen im öffentlichen Interesse liegenden Zwecken erteilen" (fett J.M.W. Westphal); eine Formulierung die der Referentenentwurf (2023) in § 4 Abs. II wörtlich übernahm, die jedoch der MedCanG-Entwurf im entsprechenden § 4 Abs. II das *„nur ausnahmsweise"* um drei Worte verrschob, sodass es nunmehr nicht mehr für die „wissenschaftlichen", sondern nur noch „ausnahmsweise für die anderen im öffentlichen Interesse liegenden Zwecken" gelten soll.[33]

- Keimfähiger **Samen**, „sofern er nicht zum unerlaubten Anbau bestimmt ist"; sowie nichtkeimfähige Samen sind erlaubt:[34] Damit „unterliegen Produkte, die ausschließlich aus Cannabissamen hergestellt werden, nicht den betäubungsmittelrechtlichen Vorschriften" (BfArM FAQ). Weshalb man sich bisher zwar prinzipiell per online Samen bestellen, ihn jedoch nicht „unerlaubt anbauen" darf (KCanG § 4 Abs. I), was jedoch rasch vermutet und bestraft werden konnte (Fachanwalt.de-Redaktion 2022).[35] Doch soll **künftig** nach § 4 II des Gesetzentwurfs (KCanG 2023) diese „unerlaubte" Klausel zwar nicht allgemein, doch für den erlaubten Eigenanbau und für Anbauvereinigungen fortfallen, sodass generell die Einfuhr – nicht jedoch der beliebige Verkauf (!) – von Cannabissamen – nicht jedoch von Stecklingen (!) – gestattet sein

[33] Der Bundesverband der Arzneimittelhersteller (BAH) beklagte in seiner Stellungnahme (2023) zu Recht dieses **ausnahmsweise**, verständlicherweise auf medizinische Belange konzentriert: „Die medizinische-wissenschaftliche Forschung sollte allerdings nicht den Ausnahmefall darstellen. Vielmehr sollten alle Aktivitäten öffentlicher und privater Forschungs- und Entwicklungseinrichtungen gefördert werden". Woraufhin der Gesetzentwurf (2023) im MedCanG §4 Abs. II die erwähnte Wortfolge veränderte: Insoweit ein lobenswerter Erfolg der medizinischen Lobby.

[34] Gem. Verordnung (EU) Nr. 1308/2013, Art. 189 (s. Abschn. 2.3.2).

[35] *Sensiseeds* (2023) verkaufte deshalb bisher keine Samen nach Deutschland.

soll:[36] „Cannabissamen dürfen zu den genannten Zwecken per Post, Kurier- oder Lieferdienst nach Deutschland versendet und eingeführt werden." „Aus dem EU-Landwirtschaftsrecht folgt jedoch, dass ein Import von Cannabissamen aus Staaten außerhalb der Europäischen Union nicht möglich ist. Der Verkehr von Cannabissamen innerhalb der Europäischen Union ist hingegen zulässig."[37] Doch wird „der rechtswidrige Umgang mit Cannabis-Vermehrungsmaterial … als Ordnungswidrigkeit eingestuft. Dies ist vor dem Hintergrund sachgerecht, dass Cannabissamen selbst über keinen Gehalt des psychoaktiven THC verfügen und der Umgang mit Vermehrungsmaterial nur die Vorstufe des Anbaus von Cannabis ist, der – sofern er rechtswidrig ist – nach § 36 strafbewehrt ist" (Referentenentwurf 2023, S. 10 f.).

- Die **Einfuhr** von Cannabispflanzen und Pflanzenteilen[38] aus dem Anbau in europäischen Mitgliedsländern, die deren Bestimmungen gehorchen (0,3 % THC, Sortenkatalog),[39] verlangt in § 1 Nummer 9a KCanG (2023), dass „der Verkehr mit ihnen (ausgenommen der Anbau) ausschließlich gewerblichen oder wissenschaftlichen Zwecken dient, **die einen**

[36] Der Schildower Kreis verlangt in seiner Stellungnahme zum Referentenentwurf 2023 vom 24.07.2023 daher, §4 des Entwurfs wie folgt zu ergänzen: „Der Verkauf von Cannabissamen sowie deren Einfuhr aus Mitgliedstaaten der Europäischen Union …" „Im Übrigen wäre es wünschenswert, wenn es Privatpersonen auch ermöglicht wird, zusätzlich zu Samen auch Cannabis-Stecklinge erwerben zu können, wie es aktuell in Österreich möglich ist", eine Forderung, die auch der ACM in seiner Stellungnahme (2023, S. 9) „[a]ufgrund der Tatsache, dass in anderen europäischen Ländern auch Cannabisstecklinge gehandelt werden", erhebt.

[37] Einmal mehr zeigt hier der Referentenentwurf (2023, S. 6 f.), wie detailliert man Vorsicht walten lassen will, denn es ist „die Menge an Vermehrungsmaterial, die von einer Anbauvereinigung weitergegeben werden kann, auf sieben Samen oder fünf Stecklinge pro Monat pro Person begrenzt. Eine gemischte Weitergabe von Samen und Stecklingen ist möglich, in diesem Fall ist die Gesamtanzahl der weitergegebenen Samen und Stecklingen auf sieben begrenzt." „Der Versand von Cannabissamen durch Anbauvereinigungen innerhalb Deutschlands ist jedoch zulässig: Anbauvereinigungen dürfen das beim gemeinschaftlichen Eigenanbau entstandene Saatgut an Mitglieder, Nicht-Mitglieder oder andere Anbauvereinigungen versenden" (a.a.O., S. 110*)*.

[38] „Bei Rohhanf wird der Nachweis [0,3 % THC] hierfür durch eine entsprechende Warenuntersuchung erbracht. Diese wird durch die Zollbehörden mittels einer Probenentnahme veranlasst. Für jede der vorgenannten Waren [Rohhanf des KN-Codes 5302 10 00 und zur Aussaat bestimmte Samen von Hanfsorten des KN-Codes 1207 99] ist die Vorlage einer Lizenz erforderlich" (Zoll online o. J). Einfuhr von Hanf und Hanfsamen: „Bei der Einfuhr von Rohhanf ist der Lizenzantrag nicht bei der BLE sondern zusammen mit der Zollanmeldung zur Überführung in den zollrechtlich freien Verkehr der hierfür zuständigen Zollstelle vorzulegen" (BLE o. J).

[39] Das Bundeskabinett hat am 15.02.2023 eine Erhöhung auf 0,3 % beschlossen (BMEL 2023). „Neben der generellen Erhöhung auf 0,3 % THC-Gehalt in den Pflanzen werden zum 01.01.2023 auch die THC-Grenzwerte für Ernteprodukte wie Hanfkörner (3 mg/kg) und das daraus gewonnene Hanfsamenöl (7,5 mg/kg) eingeführt" (Eichhoff et al. 2023, S. 21). Das TFZ Bayern (o. J.) führt in seiner Antwort auf häufig gestellte Fragen zum Nutzhanf dazu aus*:* „Besonders in Ernteprodukten der Sorte FINOLA kommt es immer wieder zu hohen Gehalten an Delta-9-Tetrahydrocannabinol (Δ9-THC). Dafür verantwortlich sind Verunreinigungen durch THC-reiches Pflanzenmaterial (Harze, Stäube) und die Übertragung auf die Körner. Die Grenzwerte beschreiben die Summe aus Δ9-THC und der Δ9-THC-Säure, welche mit dem Faktor 0,877 multipliziert wird. Es gilt eine Messunsicherheit von 40 %. Bei einer Überschreitung der Grenzwerte im Korn hat sich in der Praxis eine gründliche Reinigung (auch Bürsten und Polieren) oder das Schälen zur Reduzierung der THC-Gehalte etabliert." Zur Kritik an den Messmethoden für THC-Grenzwerte: Skoczinski et al. (2019).

Missbrauch zu Rauschzwecken ausschließen." „Sobald die vorgenannten Bedingungen zum Verkehr mit Nutzhanf nicht erfüllt sind, fällt der Hanf unter die Begriffsbestimmung von „Cannabis" nach § 1 Nummer 8, sodass dann die Regelungen zu Cannabis im KCanG Anwendung finden" (Gesetzentwurf 2023, S. 149; fett J.M.W. Westphal). Diese „Missbrauchsregelung" soll nach dem jüngsten Entwurf eines Nutzhanfliberalisierungsgesetzes (NLG) vom 2.7.2024 des Bundesministeriums für Ernährung und Landwirtschaft entfallen.

- Der **Anbau von Nutzhanf** darf seit 1996,[40] und der Anbau von Winterhanf als Zwischenfrucht[41] seit 06.03.2017,[42] durch „etablierte" **Landwirte**[43] erfolgen. Dies umfasst auch die Gewinnung und den Handel mit keimfähigen Samen.[44] Es dürfen jedoch nur Pflanzen angebaut werden, die im jeweils aktuellen, gemeinsamen zertifizierten deutschen **Sorten-Katalog** (BLE 2023) genannt sind. Neben Meldepflichten (§ 24a BtMG) bedarf es hierzu **keiner** besonderen **Anbaulizenz**.

Unternehmen der Forstwirtschaft etc., Nebenlandwirte sowie Privatpersonen dürfen als solche keinen Nutzhanf anbauen. Doch können Personen oder Unternehmen bei der Bundesopiumstelle (auch bei 0,3 % THC-Nutzhanf !)[45] eine **befristete Anbauerlaubnis** beantragen, wenn der Anbau wissenschaftlichen und anderen im öffentlichen Interesse liegenden Zwecken dient (§ 3 BtMG).

Der im Juli 2023 vorgelegte Referentenentwurf folgt – ebenso wie der Gesetzentwurf vom 16.08.2023 und das jetzt geltende KCanG – in seinem 5. Kapitel, §§ 31–35 dieser Regelung einschließlich seiner minutiösen Durchführungsregeln, doch erlauben diese Regelungen den Anbau für bis zu drei **Nutzhanf**-Pflanzen beim Eigenanbau (Art. 1 § 9 Abs. 1 Nr. 2),[46] verbieten ihn jedoch eigenartiger Weise für Anbauvereinigungen: „Nutzhanf darf

[40] 7. BtMÄndV v. 29.03.1996 (BGBl 1996, I, Nr. 19 v. 03.04.1996); 2. BtMG-ÄndG v. 06.04.1996 (BGBl 1996, I, Nr. 29 v. 15.04.1996).

[41] Zur Nutzung als „Zwischenfrucht" führt die *EIHA* in ihrer Stellungnahme zum Referentenentwurf 2023 vom 24.7.2023 aus: „[D]er Zwischenfruchtanbau von Nutzhanf sollte keiner weiteren Regulierung unterliegen. Dieser Hanf kann sich auch nicht mehr bis zur vollen Blüte entwickeln. Der Zwischenfruchtanbau dient der Bodenverbesserung, als Kohlenstoffspeicher sowie zur Fixierung von freiem Nitrat/Nitrit in der Pflanze, um der Nitrifizierung der Böden und des Grundwassers entgegenzuwirken." S. ausführlich: Paul/Rinklebe/Sporrer (2021).

[42] Gesetz zur Änderung betäubungsmittelrechtlicher und anderer Vorschriften v. 06.03.2017 (BGBl 2017, I, Nr. 11 v. 19.03.2017). Änderung des § 24a BtMG „Erfolgt die Aussaat von Nutzhanf nach dem 1. Juli des Anbaujahres, sind die amtlichen Etiketten nach Satz 3 Nummer 3 bis zum 1. September des Anbaujahres vorzulegen."

[43] „Landwirt muss bei einer landwirtschaftlichen Alterskasse versichert sein oder von der Versicherungspflicht befreit sein."

[44] Wie z. B. bei der badischen BAFA GmbH (o. J.), die Samenhanf anbaut und verschiedene zertifizierte Sorten in 25-kg-Gebinden mit Anerkennungszertifikat verkauft.

[45] Worauf das BLE in seinem Merkblatt zum Anbau von Nutzhanf (März 2023) ausdrücklich hinweist: „Auch der Anbau von zugelassenen THC-armen Hanfsorten durch wissenschaftliche Institute bedarf der Genehmigung durch die Bundesopiumstelle."

[46] „Der rechtswidrige private Eigenanbau von mehr als drei weiblichen Nutzhanfpflanzen wird nicht als Straftat, sondern als Ordnungswidrigkeit eingestuft (vgl. § 38 Absatz 1 Nummer 3), da Nutzhanfpflanzen nur einen THC-Gehalt von bis zu ca. 0,3 Prozent haben" (Referentenentwurf 2023, S. 129).

in Anbauvereinigungen nicht angebaut werden, da der Zweck der Anbauvereinigungen gemäß § 1 Nummer 11 auf den gemeinschaftlichen Anbau und die Weitergabe von Cannabis und Vermehrungsmaterial zu Konsumzwecken gerichtet ist".[47]

Womit einmal mehr das den ohnehin arg vernachlässigten Clubgedanken[48] sicher förderliche „Experimentieren" bzw. „Züchten" („wissenschaftliche Zwecke") mit THC-geringen, doch CBD-reichen **Nutzhanfsorten** ebenso ausgeschlossen wird, wie die „wissenschaftlich kontrollierte" Untersuchung unterschiedlicher Anbaumethoden, die sämtlich für den THC-reichen **Genusshanf** ja im Rahmen der allgemeinen Zulässigkeitsbedingungen erlaubt wären – sofern man nicht, wortgetreu den Definitionen des § 1 folgend, „Nutzhanfpflanzen" mit mehr als 0,3 % THC als „Cannabis" im Sinne der §§ 11 ff. ansieht. Ein Grund für diese Zurückhaltung könnte im Bedenken des Deutschen Bauernverbands (24.07.2023) liegen: „Mit dem Konstrukt der Anbauvereinigungen kam es bei den deutschen Landwirten allerdings zu einer großen Unsicherheit bezüglich ihrer Einbindung, und so kam es zu einem abnehmenden Interesse am Anbau des Genusscannabis. Auch mit dem nun vorliegenden Entwurf bleiben weiterhin viele Fragen offen. Dies hat zur Folge, dass die Landwirte aktuell eher wenig Augenmerk auf diesen möglichen Betriebszweig legen." Ein Bedenken, das hinsichtlich des existierenden **Nutzhanf**-Anbaus umso größer wäre, würde dieser den Vereinigungen erlaubt werden.

Der Anbau unterliegt einer Fülle von – durch Geldbußen abgesicherten – **Meldungen** und Kontrollen (BtMG §§ 22–24a; Abschn. 3.3.2), die sowohl der Gesetzentwurf 2023 wie das KCanG übernommen hat, um einerseits die Nutzhanfregeln des § 24 a BtMG durch Art. 1, § 32 zu ersetzen, und andererseits die vorgesehenen Eigenanbau- und Anbauvereinigungsmöglichkeiten durch eine weitere Fülle von Bedingungen einzuhegen.

- **Edibles,** also mit THC oder CBD angereichte Lebensmittel, sind nach wie vor – also auch im Gesetzentwurf (2023) – nicht erlaubt.[49] Für sonstige aus der Cannabispflanze gewonnene **Lebensmittel** empfiehlt das Bundesinstitut für gesundheitlichen Verbraucherschutz und Veterinärmedizin (BgVV), „dass die tägliche Aufnahmemenge von THC mit hanfhaltigen Lebensmitteln 1–2 μg pro kg Körpergewicht nicht überschreiten sollte", woraus das Bundesinstitut für Risikobewertung (BfR 2000) folgende

---

[47] Gesetzentwurf (2023) Begründung zu § 19 Abs. 1 S. 133.

[48] So beklagt der DHV (2023) in seiner Stellungnahme vom 24.07.2023 das Konsumverbot innerhalb der Anbauvereinigung: „Ohne Konsum vor Ort wird es kaum Sozialleben in den Clubs geben und damit auch wenig Motivation für Ehrenamtliche, die die Clubs mit erheblichem Aufwand betreiben sollen. Dieses Konsumverbot ist ungefähr so sinnvoll wie das Verbot von Bierkonsum auf dem Jahrestreffen der Vereinigung der Haus- und Hobbybrauer."

[49] Gesetzentwurf (2023, S. 22 f., 132): § 18 IV Nr. 5: (In Anbauvereinigungen ist die Weitergabe nur in Reinform als Marihuana oder Haschisch erlaubt.) „Cannabis, das nicht in Reinform von Marihuana oder Haschisch vorliegt, ist nicht weitergabefähig und muss vernichtet werden, z. B. sogenannte Edibles. Dadurch soll verhindert werden, dass durch eine andere Darreichungsform als die Darreichung in Form von Marihuana oder Haschisch, ein Konsumanreiz geschaffen wird, beispielsweise durch geschmacksverstärkende Behandlung."

THC-Richtwerte für Lebensmittel ableitet: „5 µg/kg für nicht alkoholische und alkoholische Getränke, 5000 µg/kg für Speiseöle, 150 µg/kg für alle anderen Lebensmittel."[50]

Schlagwortartig kann man also die bisherigen juristische Ausnahmen wie folgt **zusammenfassen**: Solange die geplanten Veränderungen im CanG noch nicht Gesetz geworden sind, bleibt das deutsche Drogenrecht bei einem grundsätzlichen Verbot des Hanfhandels, jedoch:

- lässt es den medizinischen Hanfhandel in sehr engen Grenzen zu,
- erlaubt den Handel mit Hanfsamen, sofern kein Missbrauch zu befürchten ist,
- beschränkt den Anbau von Nutzhanf auf lizensierte Landwirte,
- legt den CBD-Markt in Deutschland im Gegensatz zu Frankreich – bisher noch – weithin lahm und
- überlässt die Chancen eines offiziellen Genusscannabismarkts – bisher noch – dem Schwarzmarkt.

2.4.4 Die GAP-Regelung

Die in Abschn. 2.3.2.3 genannten **GAP**-Mittel, die auch für Nutzhanf gelten, werden in Deutschland dezentral durch die **IVKS-Zahlstellen** der Länder verwaltet und mit Hilfe eines technisch ausgerichteten „integrierten Verwaltungs- und Kontrollsystems" (IVKS) kontrolliert.[51] Diese Zahlstellen werden ihrerseits von der Bundesanstalt für Landwirtschaft und Ernährung (BLE) **koordiniert**.[52]

Zur Verteilung dieser Mittel – die für Deutschland in der Periode 2023 bis 2027 **EU-Fördermittel** im Umfang von rd. 30 Mrd. Euro umfassen (BMEL 2022) – hat die Bundesregierung am 30.09.2022 einen revidierten **GAP-Strategieplan** vorgelegt, der am 21.11.2022 von der Europäischen Kommission genehmigt wurde (BMEL 2022). In diesem *Plan* „werden beide ‚Säulen' der GAP, die grundsätzlich erhalten bleiben, in einem gemeinsamen Rahmen zusammengefasst" (BMEL 2022), wobei „in der **1. Säule** 23 % der Mittel für freiwillige Öko-Regelungen (Eco-schemes) vorgesehen werden" (fett J.M.W. Westphal; Niedersachsen 2022), während die **2. Säule**, „die allein von den Ländern ausgestaltet wird", als „Maßnahmen beispielsweise die Förderung von flächen-

---

[50] Vgl. zu den Einzelheiten: BvCW Elemente Bd. 34 (2023): Hanf als Lebensmittel*:* „Wir schlagen einen Richtwert von 7 Mikrogramm (µg) THC (= 0,007 mg) pro Kilo Körpergewicht vor. Hiermit wird eine Anpassung an die international vorhandenen Richtwerte und wissenschaftliche Erkenntnisse erzielt."

[51] Europäische Kommission, (12:2023) sowie Wissenschaftliche Dienste (2018). Durchführung s. GAPInVeKoS-Verordnung v. 19.12.2022: Hanfetiketten (§15), Erntetermine und Kontrollen (§25).

[52] Delegierte Verordnung (EU) Nr. 907/2014 und dort insbesondere Anhang I zu den Einzelheiten

bezogenen Umwelt- und Klimamaßnahmen, die Wachstumsförderung und Unternehmensentwicklung in ländlichen Räumen sowie Infrastrukturmaßnahmen" umfasst.[53]

Interessant werden diese Mittel insbesondere für den Anbau von **Winterhanf** als Zwischen- oder Zweitfrucht, sofern er – bisher länderspezifisch z. B. in Brandenburg – die für die GAP-Prämie notwendige GLÖZ 6. Bedingung (Bockholt 2023) erfüllen kann, dass nämlich 80 % der Fläche bis 15,1. des kommenden Jahres „bedeckt" sein müssen (Fry 2022; Paul et al. 2021). Eine Anbauprämie, die auch dann gilt, wenn die abschließende Ernte ausfällt.[54]

2.5 Law in Action am Beispiel des CBD (Cannabidiol)

2.5.1 Allgemeiner Hintergrund zum Law in Action

Das „Recht" wirkt auf zweierlei Weise. Einmal als niedergeschriebenes, parlamentarisch erlassenes Gesetz oder als ministeriale Verordnung, also als *Law in the Books*, in der Hoffnung, dass allein deren Kenntnis wirksam ist, dass also das Verbot von Cannabisbesitz die Bürger davon abhält, Cannabis zu erwerben, oder dass die bestimmten Landwirten erteilte Erlaubnis, Nutzhanf mit bis zu 0,3 % THC anzubauen, den einen dazu die Freiheit, den anderen jedoch ein Verbot beschert oder dass das in den Gesetzen nicht erwähnte Cannabidiol (CBD) – Ja was? – erlaubt oder verboten ist.

Ein *Law in the Books*, das nicht nur auf den bisher beschriebenen drei Ebenen – UN, EU, DE – in komplexer Weise ineinandergreift, sondern das auch bei uns im föderalen Zusammenspiel zwischen dem Bund und den Ländern auf jeweils staatlicher und ministerialer Ebene („zuständige Behörde") als „Cannabis-Drogen-Recht" vor allem auf der untersten, der Praxis direkt zugewandten Ebene weiter an Komplexität gewinnt.

Ein „auf dem Papier stehendes" *Law in the Books*, das nun als *Law in Action* auch praktisch durchgesetzt werden muss, und zwar sowohl „bürokratisch" durch die dafür zuständigen **Behörden** durch Genehmigungen und Kontrollen wie aber auch durch einen eigenen **Sanktionsapparat**, in dem einerseits, staatlich organisiert, Zoll, Polizei und Staatsanwaltschaft zwar „offiziell" strikt an das Gesetz gebunden sind (*Legalitäts*-Prinzip), doch praktisch häufig nach dem *Opportunitäts*-Prinzip handeln – etwa durch „Wegschauen" bei einer geringfügigen Überschreitung der 0,3 %-Grenze des angebauten Hanfs oder aber, übereifrig, durch Beschlagnahme ganzer Nutzhanffelder, was dann aufwendig durch die Gerichte korrigiert werden könnte, und in dem andererseits dieses „Recht" durch an solche Weisungen nicht gebundene **Gerichte** durchgesetzt wird, wobei sie häufig dieses *Law in the Books* durch Rückgriff auf frühere Entscheidungen oder auf die einschlägige Kommentarliteratur bzw. durch „typisch juristische" Interpretationsverfahren auslegen

[53] BMEL (2022): „Hierbei dienen 52 % der Finanzmittel dem allgemeinen Ziel der nachhaltigen Nutzung natürlicher Ressourcen, ein gutes Viertel verfolgt das allgemeine Ziel der Attraktivität ländlicher Räume und 17 % der Maßnahmen orientieren sich am Ziel der Steigerung der Wettbewerbsfähigkeit der Landwirtschaft."

[54] Mündliche Auskunft von Antonia Schlichter, Anleiterin bei der Firma Felde Fibres GmbH während einer „Hanf-Bus-Tour" am 6. September 2023 (LPV 2023).

und ergänzen. Dies gilt insbesondere dann, wenn das *Law in the Books* bestimmte Fragen offenlässt, sei es, weil man seinerzeit nicht an sie gedacht hatte, wie etwa für das CBD, oder sei es, weil seine „allgemeine" Regelung nicht alle möglichen Einzelfälle erfassen konnte, wie etwa bei der Interpretation des Begriffs der „Gewerbsmäßigkeit".

2.5.2 Was ist CBD?

Im Folgenden will ich am **Beispiel der bisherigen Rechtsprechung zum CBD** aufzeigen, wie dieses *Law in Action* sowohl auf der gerichtlichen wie auf der „polizeilichen" Ebene funktioniert und zu welchen praktischen Konsequenzen es führen kann.

CBD ist einer der vielen Cannabiswirkstoffe, also ein Phyto-Cannabinoid aus dem weiblichen Hanf (Cannabis), das 1940 entdeckt und dessen volle Struktur erst in den 1960ern festgestellt wurde (Dogby und Revoredo-Giha 2022). Das Cannabidiol findet sich hauptsächlich in den Blättern und Blüten der Pflanze, nicht aber in deren Fasern und Samen. Es wird üblicherweise aus der (ganzen) Pflanze gewonnen oder künstlich hergestellt. CBD ist seit 1994 auf dem europäischen Markt.[55] Es wird in Lebensmitteln, etwa als Hanftee, und im Kosmetikbereich als CBD-Öl eingesetzt,[56] seine getrockneten Blüten werden geraucht. Seine Verwendung als Heilmittelwirkung ist wenig erforscht, weswegen es bisher als solches nur sehr begrenzt zugelassen wird.

CBD ist im Gegensatz zum THC als solches **nicht psychoaktiv** wirksam, doch wird seine Verwendung dann **verboten**, wenn ein – kaum vermeidbares – auch noch so geringes Risiko besteht, dass es, mit THC vermischt, zu Rauschzwecken „missbraucht" werden könnte. Dabei geht es in der juristischen Diskussion um **drei Bedingungen**, die nicht nur höchst umstritten sind, sondern die auch entscheidend den Nutzhanfmarkt beeinflussen.

- Dieses Missbrauchsrisiko lag bisher zunächst immer dann nahe, wenn das CBD aus der **ganzen Pflanze** – also einschließlich der Blütenstände – gewonnen wird,[57] selbst wenn diese weniger als 0,3 % THC enthält, da die bisher gezüchteten – und laut verbindlichem Sortenkatalog zugelassenen – Cannabispflanzen nicht ohne ein Mindestmaß an THC auskommen: Wenn es „aus der gesamten Cannabis-sativa-Pflanze stamme, sei es

[55] „Die Anfänge der Entwicklung auf dem europäischen Markt für Produkte mit niedrigem THC-Gehalt liegen u. a. in der Schweiz. … In Österreich waren das Angebot dieser neuen Produkte ab März 2017 und in Italien ab Mai 2017 zu beobachten, bevor sie Anfang 2018 auch nach Deutschland, Belgien und Frankreich gelangten" (EMCDDA 2020, S. 6 f.).

[56] Stiftung Warentest, Test Produkte mit Hanf (S. 87) untersuchte im Februar 2021 CBD-Öle und Kapseln mit dem Rat: „Nahrungsergänzungsmittel können wir nicht empfehlen. Die versprochenen Eigenschaften sind nicht belegt, und die Mittel können riskant sein."

[57] Oder weil „Hanftee aus zerkleinerten Hanfblättern [besteht], zum Teil auch aus Hanfblüten. Da es bei der mechanischen Reinigung des oberen Drittels der Hanfstängel schwierig ist, alle Stängel und Hanfsamenteile (durch Größe und/oder Gewicht) aus der Blätter- und Blütenmischung herauszutrennen, können diese Teile in der fertigen Mischung vorhanden sein." (Elemente 21 S. 4).

als ein Erzeugnis anzusehen, das aus anderen Teilen dieser Pflanze als Samen und Fasern gewonnen werde.“[58]

- Dies gilt auch für die nur begrenzt zugelassenen **CBD-Sorten** *Fedora 17* (THC unter 0,2 %; CBD 1,5–2 %) oder *Finola* (THC 0,15 %; CBD 3,8 %), während das CBD-reiche *Charlottes-Angel* (THC 1 %; CBD 16 %) wegen des zu hohen THC-Limits (0,3 %) bei uns nicht mehr erlaubt ist (Grotenhermen/Timte 2023; KanaturiaSeeds 2022).
- Dieses Risiko liegt aber auch – eher indirekt – immer dann nahe, wenn an sich die in der Single Convention Art. 1 ausgenommenen „Fasern und Samen“ (Art. 28 Abs. 2 SC) dieser Sorten in Betracht kommen, diese CBD-Pflanzen jedoch weder „**gewerblichen** oder **wissenschaftlichen** Zwecken“ dienen oder **privat**, also nicht von den in der Anlage 1 BtMG vorgesehenen „landwirtschaftlichen Unternehmen“ angebaut werden. Denn dann könnten ja Unbefugte aus den geringen THC-Resten (0,3 %) ihre übliche bzw. durchschnittliche 13,7 %-THC-Konsum-Menge aufsummieren.

2.5.3 Die Sicht internationaler und deutscher Beratungsgremien

Die **WHO** hat in der bereits in 2.2.1 erwähnten Sitzung vom 02.12.2020, in der Cannabis aus der Anlage IV der Single Convention herausgenommen und in die Anlage I überführt wurde, **vergeblich vorgeschlagen**, unter dem Titel *Cannabidiol Preparations* in der Anlage 1 folgende – dann nicht angenommene – **Fußnote** einzufügen:

> „To give effect to the recommendation of the fortieth meeting of the ECDD that preparations considered to be pure cannabidiol (CBD should not be scheduled within the International Drug Control Conventions by adding a footnote to the entry for cannabis and cannabis resin in Schedule I of the Single Convention on Narcotic Drugs (1961) to read Preparations containing predominantly cannabidiol and not more than 0.2 percent of delta-9-tetrahydrocannabinol are not under international control“ (European Parliament 2020).

Im gleichen Sinn schlägt auch der **Sachverständigenausschuss** der Bundesregierung in seiner 54. Sitzung am 15.03.2021 vor, die Ausnahmeregelungen des § 1, Anlagen I und II BtMG durch den **Zusatz** zu ergänzen: „– ausgenommen in Zubereitungen, deren Gehalt an Δ9-Tetrahydrocannabinol 0,2 % nicht übersteigt."

2.5.4 Die europäische gegenüber der deutschen Rechtsprechung

2.5.4.1 Urteil Europäischer Gerichtshof (EuGH) vom 19.11.2020 – C-663/18

Der für die europäische Union insgesamt zuständige **Europäische Gerichtshof (EuGH)** relativierte in seiner richtungweisenden CBD-Entscheidung vom 19.11.2020,[59] dieses

[58] EuGH, Urteil v. 19.11.2020 – C-663/18 – (Rn. 35 und 45).

[59] EuGH, Urteil v. 19.11.2020 – C-663/18 – B S und C A (Vermarktung von Cannabidiol [CBD]), ECLI:EU:C:2020:938.

CBD-Verbot mit einer darauf bezogenen bemerkenswerten **Ratio-legis-Begründung.** Weshalb ich diese Entscheidung, die von der deutschen Justiz kaum beachtet wird, etwas gründlicher darstellen werde.

In diesem Verfahren ging *es* „im Rahmen eines in Frankreich gegen B S und C A eingeleiteten Strafverfahrens wegen der Vermarktung und des Vertriebs einer elektronischen Zigarette mit Hanföl“[60] um die Frage, ob die einschlägigen französischen Verbotsregeln als Ausnahme vom Prinzip des **freien Warenverkehrs** innerhalb der EU (Art. 34 und 36 AEUV) eine Bestrafung erlauben, wenn das CBD-Hanföl aus der **ganzen Pflanze** – inclusive der Blütenstände – gewonnen wurde.

Der EuGH **urteilte** in diesem Fall, dass dieses aus der „ganzen Pflanze“ gewonnene CBD **nicht als Droge** im Sinne des europäischen Rechts zu werten sei (Rn. 96):

> „[D]ie Art. 34 und 36 AEUV [sind] dahin auszulegen …, dass sie einer nationalen Regelung entgegenstehen, die es verbietet, in einem anderen Mitgliedstaat rechtmäßig hergestelltes CBD zu vermarkten, wenn es aus der gesamten Cannabis-sativa-Pflanze und nicht nur aus ihren Fasern und Samen gewonnen wird, es sei denn, diese Regelung ist geeignet, die Erreichung des Ziels des Schutzes der öffentlichen Gesundheit zu gewährleisten, und geht nicht über das hinaus, was zur Erreichung dieses Ziels erforderlich ist. Die Verordnungen Nrn. 1307/2013 und 1308/2013 sind dahin auszulegen, dass sie auf eine solche Regelung nicht anwendbar sind.“ [61]

Der Gerichtshof bezog sich in seiner **Begründung** zunächst auf die **Präambel der Single Convention** (SC).

Urteil Europäischer Gerichtshof (EuGH) vom 19.11.2020

„In der Präambel des Einheits-Übereinkommens erklären die Vertragsparteien u. a., besorgt um **die Gesundheit und das Wohl** der Menschheit zu sein und sich ihrer Pflicht bewusst zu sein, die Rauschgiftsucht zu verhüten und zu bekämpfen“ (Rn. 69). „Dieses Ziel ist daher bei der Auslegung der Bestimmungen dieses Übereinkommens zu berücksichtigen“ (Rn. 73), [wobei zu berücksichtigen sei]: „dass diese Definition in Anbetracht des Ziels und des Grundgedankens des Übereinkommens untrennbar mit **dem Stand der wissenschaftlichen Erkenntnisse** über die Schädlichkeit von Cannabiserzeugnissen für die menschliche Gesundheit verbunden ist“, zumal „diese Blüten- oder Fruchtstände nur eine **völlig unbedeutende Menge** des psychoaktiven Wirkstoffs enthalten“ (Rn. 74; fett: J.M.W. Westphal).

---

[60] „Das in Kanavape verwendete CBD wurde in der Tschechischen Republik unter Nutzung der gesamten Cannabis-sativa-Pflanze, die auch vor Ort angebaut wurde, hergestellt. Es wurde von Catlab nach Frankreich eingeführt, die es in Patronen für elektronische Zigaretten füllte.“ „Im Übrigen hat die Cannabissorte, aus der dieser Stoff gewonnen wurde und die in der Tschechischen Republik rechtmäßig angebaut wurde, nach dem Akteninhalt einen THC-Gehalt von unter 0,2 %“ (Urteil Rn. 29, 72).

[61] S.o. Abschn. 2.3.2.3 zu den AEUV-Artikeln und Verordnungen Nrn. 1307/2013 und 1308/2013.

Insofern führe schon das vorlegende Gericht (unter Berufung auf die oben zitierte WHO zu Recht aus, „dass CBD keine ‚bekannten psychoaktiven Wirkungen' zu haben scheine. ... CBD sei nicht als solches im Einheits-Übereinkommen aufgeführt ... CBD sei außerdem weder in den Texten, die auf Industriehanf Anwendung fänden, noch in denen zu Cannabis als Suchtstoff ausdrücklich genannt" (Rn. 34).

Es würde „dem **Ziel und dem Grundgedanken des Einheits-Übereinkommens** widersprechen CBD als Cannabisextrakt in die Definition der ‚Suchtstoffe' im Sinne dieses Übereinkommens einzubeziehen, da es beim gegenwärtigen Stand der in Rn. 34 des vorliegenden Urteils angeführten wissenschaftlichen Erkenntnisse keinen psychoaktiven Wirkstoff enthält" (Rn. 75). „Folglich handelt es sich bei dem im Ausgangsverfahren in Rede **stehenden CBD nicht um einen Suchtstoff** im Sinne des Einheits-Übereinkommens" (Rn. 76). Zumal „dieses Verbot wohl nicht die Vermarktung von synthetischem CBD betrifft, das die gleichen Eigenschaften wie das aus der gesamten Cannabis-sativa-Pflanze gewonnene CBD haben soll und wohl als Ersatz für dieses verwendet werden kann" (Rn. 94; fett J.M.W. Westphal).

Inzwischen hat **Frankreich dieses Urteil übernommen**: „Das CBD, das bereits als Öl oder Kräutertee verkauft werden kann, wird von der französischen Justiz selbst in seiner rauchbaren Form **nicht mehr als psychotrope Droge** angesehen" (Le Monde 2022).

Zunächst entschied der **Cour de Cassation**, das höchste Gericht der französischen Justiz, am 23.06.2021:

> „ ..., dass jedes legal in der EU hergestellte CBD in Frankreich verkauft werden darf", da es „keine Gefahr für die öffentliche Gesundheit darstellt, die sein Verbot rechtfertigen könnte." „Nach dem Stand der wissenschaftlichen Daten wurde die Schädlichkeit anderer in Cannabisblüten und -blättern vorhandener Moleküle, insbesondere CBD, nicht nachgewiesen" (Geoffroy 2021).

In einem nächsten Schritt hatte die französische **Regierung** am 30.12.2021 per interministeriellem Erlass den Verkauf von CBD-haltigen Produkten mit einem THC-Gehalt von weniger als oder gleich 0,3 % **genehmigt**, aber gleichzeitig den Verkauf der Blüten und Blätter desselben **verboten**. Dieses Verbot hat sie jedoch schon am 24.01.2022 **ausgesetzt**. Und jüngst hat nun der **französische Staatsrat** am 29.12.2022 das **Verbot**, mit CBD-Blüten Handel zu treiben, **vollständig aufgehoben** (Carballido 2022).

Auch die **Europäische Kommission** hat daraufhin „ihre vorläufige Auffassung einer Prüfung unterzogen und ist zu dem Schluss gelangt, dass Cannabidiol nicht als Betäubungsmittel im Sinne des Einheitsabkommens über die Betäubungsmittel der Vereinten Nationen von 1961 zu betrachten ist, da es keine psychotrope Wirkung entfaltet" (European Parliament 2021), sodass nunmehr die Frage zu klären sei, inwieweit es als *Novel Food* einzuordnen sei (Lau 2020).

2.5.4.2 Amtsgericht Freiburg vom 28.05.2020 – 28 Ds 620 Js119/19

Demgegenüber verhängte das **Amtsgericht Freiburg** – im Vorgriff auf die spätere deutsche Rechtsprechung – in seinem etwas früher erlassenen Urteil vom 28.05.2020 zwar nur eine **Verwarnung mit Strafvorbehalt** gemäß § 59 StGB mit einer Geldstrafe von 50 Tagen für den „mehrere Jahre dauernden gewinnbringenden Vertrieb" von „Cannabis in unverarbeiteter Form als Blüten und Harz. Dabei beschränkte sich der Angeklagte auf den Vertrieb von CBD-Cannabis, das einen THC-Anteil von unter 0,2 % und dafür einen erhöhten Anteil von CBD (Cannabidiol) enthält" (Rn. 6).[62]

Es **begründete** jedoch – im Gegensatz zu dem zuvor genannten EuGH-Urteil, das inhaltlich auf die *Ratio legis* zurückgriff, eher **formal** – die **Strafbarkeit** als zweifelsfrei (kein Verstoß gegen die Verfassung) in **zweifacher** Hinsicht:

- „CBD-Blüten und CBD-Harze stellen ein nach Anlage I zu § 1 Abs. 1 BtMG **nicht verkehrsfähiges Betäubungsmittel** der zur Gattung Cannabis gehörenden Pflanze dar. Für diese Einordnung ist es unerheblich, dass es sich um eine THC-arme Cannabiszüchtung handelt" (fett J.M.W. Westphal).
- „Der Ausnahmetatbestand nach Buchstabe b) zum Stichwort ‚Cannabis' in der Anlage I zum BtMG ist nicht erfüllt, weil der Vertrieb von Cannabis durch den Angeklagten **weder gewerbliche noch wissenschaftliche Zwecke** im Sinne dieser Vorschrift hatte" (fett J.M.W. Westphal).

Obwohl der **Sachverständige** – richtigerweise[63] – ausgeführt habe, dass „CBD-haltige Blüten mit einem THC-Gehalt unter 0,2 % zu keiner Abhängigkeit führen würden":

> „**Eine Konvertierung von CBD zu THC** sei zwar chemisch möglich, aber im Vergleich zur Aufzucht von Hanfpflanzen viel zu aufwendig. … Es bestehe keine akute Gesundheitsgefährlichkeit wie bei THC und das **Missbrauchsrisiko zur Berauschung sei äußerst gering**. Zur Erzielung einer Berauschung sei THC-reiches Cannabis zu bevorzugen, da es problemlos erhältlich und nicht teurer sei und die Rauschwirkungen in ihrem Ausmaß durch die orale Aufnahmemöglichkeit Rauchen leichter zu steuern seien" (fett J.M.W. Westphal; Rn. 645).

Gleichwohl habe jedoch, so meint demgegenüber das Gericht (Rn. 651): „die Aufnahme eines Stoffes in die drei Anlagen zum BtmG … **konstitutive Wirkung** und macht ihn zum Betäubungsmittel, ohne dass es zusätzlich einer konkreten Berauschungsqualität bedarf" (fett J.M.W. Westphal).

Dies sei auch berechtigt, denn **inhaltlich** gelte zudem, dass zwar: „eine orale Aufnahme durch Rauchen bis zur Auslösung eines Berauschungszustands … nur **sehr geübten Rauchern** möglich [sei], da Material in der Größenordnung von 10 bis 20 Zigaretten in kurzer Zeit geraucht werden müsste, was zu einer hohen Beanspruchung der Lunge führt" (Rn. 609). Doch sei „für grundsätzlich jedermann umsetzbar die **orale Aufnahme**

---

[62] „Die Gesamtmenge der untersuchten Pflanzenteile verfügte über mindestens 4,148 g verfügbares THC. Im Zeitraum 02.02.2018 bis zum 23.01.2019 wickelte der Angeklagte über seinen Online-Shop 105 Verkäufe von CBD-Cannabis ab. Hierbei wurden 500 g Cannabisprodukte (430 g CBD-Blüten und 70 g CBD-Haschisch) zum Gesamtpreis von insgesamt 4920,71 € verkauft" (Rn. 23, 24).

[63] Vgl. ausführlich Elemente Bd. 21 (2022).

in gebackener Form. Blütenmaterial in einer Größenordnung von 10–20 g kann als **Kuchenzutat** verwendet werden und durch den Verzehr des Kuchens wird bei entsprechend dem wie oben genannten THC-Gehalt [20 mg Rd. Nr. 608] ein Rausch ausgelöst. Es ist auch möglich, die reinen Blüten im Ofen zu erhitzen, mit Butter zu bestreichen und durch den anschließenden Verzehr einen Rausch auszulösen" (Rn. 610; fett J.M.W. Westphal). Eine inhaltliche Begründung, die von der künftigen deutschen CBD-Justiz als Standardformel übernommen wird.

Auch für den zweiten juristischen Stolperpunkt des **gewerblichen Handelns** gelte, dass sowohl bei dem Angeklagten in seinen Hanfshops wie aber auch **beim Endnutzer gewerbliche Zwecke** vorliegen müssten (Rn. 664). Denn, so argumentiert das Gericht – mit weiteren Urteil- und Kommentarhinweisen:

> „Ein **Missbrauch** zu Rauschzwecken ist daher nicht ausgeschlossen, wenn Cannabis wie das vom Angeklagten gehandelte als Rohmaterial an Verbraucher abgegeben wird. Ein Missbrauch ist vielmehr erst dann **ausgeschlossen**, wenn sichergestellt ist, dass der Rohstoff nur zur industriellen Verarbeitung gehandelt wird und nicht an Endverbraucher abgegeben wird … bis letztlich ein unbedenkliches Produkt wie Seile, Papier oder Textilien hergestellt ist" (fett J.M.W. Westphal; Rn. 666).

Das **geringe Strafverdikt** weist dann doch darauf hin, dass dem Gericht – im Gegensatz zum zuvor diskutierten späteren EuGH-Urteil – eine andere Gesetzesauslegung schwerfiel, ähnlich wie übrigens das Bundesverfassungsgericht in seinem Cannabis-Urteil 1994[64] die Übereinstimmung des Handeltreibens mit dem Grundgesetz mit dem Hinweis auf die Einstellungsmöglichkeit wegen Geringfügigkeit gem. §§ 153, 153 a StPO „moralisch gerechtfertigt" hatte, worauf das AG Freiburg ausdrücklich hinweist (Rn. 677).

2.5.4.3 Senat des Bundesgerichtshofs (BGH) vom 24.03.2021 – 6 StR240/20

In seinem später erfolgenden Beschluss vom 24.03.2021 hatte der **6. Senat des BGH** in einem Parallelfall zu entscheiden, in dem der Angeklagte „Ladenlokale [betrieb], in denen er unter anderem Cannabispflanzenteile als Hanfblütentee an Endabnehmer verkaufte"[65]. Der 6. Senat hielt dabei zwar an der **Strafwürdigkeit** fest, fasste jedoch dieses Merkmal der **Gewerblichkeit** enger:

Hinsichtlich der **Strafbarkeit** stellte der BGH – der mit Zitaten belegten herrschenden Lehre (h. L.) folgend – fest (Leitsätze 1 und 3 des Bearbeiters): „Die Betäubungsmitteleigenschaft eines Stoffes oder einer Zubereitung wird gemäß § 1 Abs. 1 BtMG **allein durch die Aufnahme in die Anlagen I** bis III begründet, ohne dass es zusätzlich einer konkreten Berauschungsqualität oder Konsumfähigkeit bedürfte."[66]

---

[64] BVerfG – 2 BvL 43/92 – Beschl. v. 09.03.1994.

[65] „Seine Handelsaktivitäten bezogen sich auf 6829,7 g Cannabis mit einem THC-Gehalt von insgesamt 11,96 g; dabei umfasste sein Vorsatz lediglich knapp 6,83 g THC" (Rn. 2).

[66] „Alle cannabishaltigen Produkte unterliegen dem Grunde nach der Anlage I zu § 1 Abs. 1 BtMG. Weder kommt es auf den Wirkstoffgehalt an (Prinzip der ‚Positivliste') noch auf den Ver-

Jedoch urteilt dieser Senat – im Gegensatz zu dem zuvor zitierten Urteil des Amtsgerichts Freiburg:[67] „Für das Merkmal des ‚**gewerblichen Zwecks**' (Buchstabe b 1. Variante der Position ‚Cannabis' in Anlage I zu § 1 Abs. 1 BtMG) ist **nicht erforderlich**, dass auch vom **Endabnehmer** ein gewerblicher Zweck verfolgt wird" (4. Leitsatz des Bearbeiters; fett J.M.W. Westphal). Da „diese Auffassung weder im Text der Anlage I eine hinreichende Stütze fände und auch nicht dem vom Verordnungsgeber mit der gegenwärtigen Regelung verfolgten **Zweck** entspreche" (Rn. 15).

Dies ergäbe sich aus dem Zweck[68] der 7. Betäubungsmittelverordnung vom 03.04.1996 (durch die das Nutzhanfverbot aufgehoben wurde):

> „... Absicht des Verordnungsgebers war es, über den bisher schon zulässigen Verkehr mit Hanf zur Gewinnung oder Verarbeitung der Fasern für gewerbliche Zwecke die ‚umfassende, auch innovative, gewerbliche Verwertungsmöglichkeit' von künftig anbaufähigem Nutzhanf zu gewährleisten" (Rn. 17). „Das dort als Korrektiv vorgesehene Merkmal, dass ‚die gewerblichen Zwecke einen Missbrauch zu Rauschzwecken ausschließen müssen' wäre überflüssig, wenn ein gewerblicher Zweck auch beim Endabnehmer gegeben sein müsste und somit ein [nichtgewerblicher] Konsum von vornherein ausgeschlossen wäre" (Rn. 18).

Die **entgegengesetzte Meinung** verkenne, „dass mit dem Ausschluss jeder Art nichtgewerblichen Konsums für den erlaubten Verkehr mit cannabishaltigen Produkten **kaum Anwendungsbereiche** verblieben, und vereitelt damit den vom Verordnungsgeber verfolgten **Zweck**, eine umfassende wirtschaftliche Verwertung der Hanfpflanze zu ermöglichen (vgl. BR-Drucks. 899/95 S. 5). Denn jegliche Abgabe von Cannabisprodukten an Endabnehmer wäre ausgeschlossen, auch eine solche von Textilien oder hanfhaltigen Kosmetika" (Rn. 19; fett J.M.W. Westphal).

Dies schlösse ja nicht aus, dass beim **Endgebraucher** ein **Missbrauch** – im Sinne der Entscheidung des Amtsgerichts Freiburg – vorliegen könne, zwar nicht beim Tee, jedoch beim „Brownie", doch könne dies dem Verkäufer nicht angelastet werden (Leitsatz 5 des Bearbeiters).

2.5.4.4 Senat des Bundesgerichtshofs (BGH) vom 23.06.2022 – 5 StR 490/21

In seinem jüngsten Beschluss vom 23.06.2022 hat nunmehr **der 5. Senat des BGH** – entgegen der oben genannten EuGH-Entscheidung – jedoch nicht nur an der **Strafwürdigkeit** festgehalten, sondern sowohl das Merkmal des **gewerblichen** Zwecks weiter gefasst wie auch die Anwendbarkeit des **Art. 36 AEUV** festgeschrieben. Indem er das Urteil des

---

arbeitungsgrad, weshalb auch geringste Restsubstanzen Betäubungsmitteleigenschaft haben, selbst wenn sie in nichtkonsumfähigen Trägerstoffen enthalten sind. Dies bedeutet, dass auch als unbedenklich angesehene Produkte wie Papier, Textilien, Dämmmaterial, Kosmetik oder Lebensmittel mit so minimalem THC-Gehalt, dass beim Verzehr keine psychotrope Wirkung hervorgerufen werden kann, grundsätzlich ‚Betäubungsmittel' im Sinne der Anlage I sind."

[67] Sowie im Gegensatz zur zitierten überwiegenden Meinung (Rn. 14).

[68] Insoweit, jedoch nur insoweit, greift der BGH also ebenfalls auf die *Ratio legis* zurück.

Landgerichts Berlin vom 07.07. 2021 bestätigte, das für die Lieferung „in zwei Fällen in einem Sattelzug von jeweils 60 kg CBD-Blüten mit einem THC-Gehalt von 0,2 % aus Spanien", „eine Gesamtfreiheitsstrafe von drei Jahren und neun Monaten … [und] die Einziehung des Wertes von Taterträgen in Höhe von 144.000 €" verhängt hatte.[69]

In drei entscheidenden Punkten setzte der 5. Senat des BGH der derzeit aktuellen **juristischen Situation des CBD-Handels** entscheidende Grenzen:

- Bei den CBD-Blüten handelt es sich um **Suchtstoffe** im Sinne von § 1 mit Anlage 1 BtMG: Also um „CBD-Blüten als unbearbeitete Teile der Cannabispflanze, die THC enthalten und deren THC-Gehalt weiter erhöht werden kann", zumal der Angeklagte „aufgrund seiner intensiven Beschäftigung mit CBD-Pflanzenmaterial mit einem THC-Gehalt von bis zu 0,2 % wusste, dass durch bestimmte Aufbereitungsarten weiteres THC aus dem CBD extrahiert wird und so ein Cannabisrausch erzeugt werden kann." Weswegen „die beantragte Einholung eines Sachverständigengutachtens durch das Revisionsgericht" nicht erforderlich sei (Rn. 3 und 4).[70]
- Zumal das angefochtene LG Berlin – in unzutreffender Weise[71] – bereits ausgeführt hatte, dass eine „promovierte Chemikerin, … erläutert [habe], dass ein Missbrauch von CBD-Pflanzenteilen zu Rauschzwecken letztlich nicht ausgeschlossen werden könne. Denn selbst wenn der THC-Gehalt des Pflanzenmaterials (deutlich) unter 0,2 % liege, würde bei bestimmten Konsumformen – etwa durch Erhitzen beim Backen – zusätzliches THC freigesetzt, das wiederum zu Rauschzwecken Verwendung finden könne. Würden also THC-arme Blüten zur Herstellung eines Gebäcks verwendet, könne der Genuss dieses Gebäcks eine berauschende Wirkung hervorrufen; hierfür genügten bereits relativ geringe Mengen an CBD-Pflanzenteilen" (LG Berlin – 510 KLs 9/20 – Urteil vom 07.07.2017, Rn. 164; fett von J.M.W. Westphal).

[69] „Mit Unterstützung seines Komplizen sowie eines unbekannt gebliebenen Dritten soll der Hauptangeklagte im September und Oktober 2019 jeweils 60 kg Blüten von Cannabispflanzen mit einem hohen Anteil des Wirkstoffs Cannabidiol (CBD) erworben haben. Die CBD-Blüten verkaufte er demnach gewinnbringend an Großhändler weiter, die diese ihrerseits an Spätverkaufsstellen und CBD-Shops veräußerten" (Apotheke adhoc, 2022). Vgl. LG Berlin – 510 KLs 9/20 – Urteil vom 07.07.2017. Dieses angefochtene Urteil gibt zudem – fast ethnologisch – einen guten Einblick in den aktuellen Handel mit CBD-Blüten.

[70] Eine Auffassung, die der 5. Senat in seinem jüngsten Urteil vom 16.01.2023 (BGH 5 StR 269/22), das einen Freispruch des LG Berlin aufhebt, weiter verschärft, da das LG nicht die „Glaubhaftigkeit der Einlassungen der Angeklagten, ausweislich derer eine Verwendung ihrer CBD-Produkte als Grundlage für eine Rauschwirkung erzeugende Backwaren ihnen nicht in den Sinn gekommen sei, einer kritischen Prüfung unterzogen" habe (Rn. 17).

[71] Unzutreffend, da beim Backen lediglich die 0,2 % THC, also kein „zusätzliches" THC freigesetzt werden und das CBD allein durch das Backen nicht in THC umgewandelt werden kann. Weswegen „selbst wenn ein ‚Missbrauch' von Nutzhanf zu Rauschzwecken in der Theorie nicht vollständig ausgeschlossen werden kann, dieser unwirtschaftlich, unpraktikabel und in der Praxis als realitätsfremd einzustufen [wäre]" (Elemente Bd. 21, S. 3).

- Die Ausnahme der **gewerblichen Zwecke** (Anlage 1 (Ziff. b) zu § 1 BtMG) wird auch durch ein mögliches **Missbrauchsverhalten des Endabnehmers** ausgeschlossen: Insofern „kommt es auch auf die vom Vorsatz des Täters umfasste Missbrauchsmöglichkeit beim Endabnehmer an."[72]
- Obwohl die CBD-Blüten in Spanien legal produziert wurden, läge **kein Verstoß gegen die europarechtliche Warenverkehrsfreiheit** (Art. 34 AEUV) vor: „Der Anwendungsbereich der Warenverkehrsfreiheit ist nicht eröffnet, weil die gehandelten CBD-Blüten **Suchtstoffe** im Sinne des Einheits-Übereinkommens der Vereinten Nationen von 1961 sind. Schon deshalb kann Art. 34 AEUV nicht verletzt sein" (Rn. 10; fett J.M.W. Westphal).

Zudem gelte hier der **Vorrang des nationalen Rechts**: „Die Würdigung des in Rede stehenden Sachverhalts und die Subsumtion des Einzelfalls unter die bereits näher konturierten europarechtlichen Vorgaben obliegen den **nationalen Gerichten**" (Rn. 8): „Unter den vom AEUV geschützten Gütern und Interessen nehmen die Gesundheit und das Leben von Menschen den höchsten Rang ein, und es ist **Sache der Mitgliedstaaten**, im Rahmen einer Risikobewertung zu bestimmen, auf welchem Niveau sie den Schutz der öffentlichen Gesundheit gewährleisten wollen und wie dieses Niveau erreicht werden soll" (fett J.M.W. Westphal). „Nach der Wertung des Gesetzgebers wird durch die Möglichkeit des Missbrauchs von CBD-Blüten mit ihrem erzielbaren THC-Gehalt zu Rauschzwecken die öffentliche Gesundheit gefährdet" (Rn. 14–16).

Dieser Beschluss des 5. BGH-Senats, der praktisch das „harmlose" CBD (bei 0,2 % THC) ohne Unterschied **mit den sog. harten Drogen gleichsetzt**,[73] bedeutet in mehrfacher Hinsicht das **vorläufige Ende** des CBD-Handels. Denn der Senat legt die einzelnen Tatbestandsmerkmale – im Vergleich zum EuGH wie zu dem zuvor behandelten Freiburger Urteil und Beschluss des 6. BGH-Senats – jeweils **extrem restriktiv** aus:

- Er bezieht sich auf den **Wortlaut** der Vorschrift, anstatt ihrer *Ratio legis* zu folgen, die der EuGH für das aus der „ganzen Pflanze" gewonnene CBD-Öl einsetzt, die aber in gleicher Weise für deren CBD-Blüten gelten müsste.
- Er fordert, entgegen dem Beschluss des 6. Senats, dass der Vorsatz des **gewerblich Handelnden** das Missbrauchsrisiko des **Endabnehmers** umfassen müsse. Wobei er der faktisch unwahrscheinlichen Möglichkeit, durch ein **Backen** den THC-Anteil anzureichern bzw., richtiger, aufzusummieren, entscheidendes Gewicht einräumt.

[72] Dies gilt auch in Konstellationen, „in denen – wie hier – ein gewerblich handelnder Ausgangsverkäufer Pflanzenteile, die zu Missbrauchszwecken geeignet sind, zwar zunächst an andere Groß- oder Zwischenhändler verkauft, dieser Verkauf aber schon darauf gerichtet ist, die Pflanzenteile in unbearbeiteter Form und daher mit unverändertem Missbrauchspotential an den Endverbraucher weiter zu veräußern" (Rn. 5 und 6).

[73] „Die vom BGH verhängten Strafen sind so hoch wie beim Handel hochprozentiger illegaler Rauschmittel" (Apotheke adhoc 2022).

- Sodann bestätigte der Senat – entgegen den beiden vorstehend behandelten Urteilen – die sonst für die in der ehemaligen Anlage IV der Single Convention genannten harten Drogen üblichen **Strafhöhen.**
- Und schließlich vermeidet er es – im typischen Kompetenzstreit dieser beiden höchsten Gerichte – die vorausgegangene Entscheidung des EuGH zu den **Artikeln 34 und 36 AEUV** zu übernehmen.

2.5.5 Europäische versus deutscher Staatsanwaltschaft, Polizei und Zoll

- Der **Generalanwalt am Gerichtshof der Europäischen Union**, Evgeni Tanchev, schlägt für das oben genannte EuGH-Verfahren – in Übereinstimmung mit der späteren Gerichtsentscheidung – vor,[74] **Art. 36 AEUV nicht** anzuwenden, da bisher nicht erwiesen sei, dass das CBD-Öl psychotropische Wirkungen habe, hilfsweise sei – wie etwa im Vorschlag der WHO – eine Obergrenze des CBD-Gehalts festzulegen:

> „Ich gelange zu dem Ergebnis, dass die Art. 34 und 36 AEUV einer Regelung wie der im Ausgangsverfahren fraglichen, die die Einfuhr von CBD-Öl untersagt, wenn es aus der gesamten Hanfpflanze gewonnen wird, entgegenstehen, da beim gegenwärtigen wissenschaftlichen **Erkenntnisstand nicht erwiesen ist, dass CBD-Öl psychotropische Wirkungen hat.** … falls [das Gericht] feststellen sollte, dass eine solche Gefahr besteht und eine solche Bewertung erfolgte, zu vergewissern, dass eine alternative Maßnahme erlassen werden könnte, die, wie **die Festlegung einer Obergrenze des CBD-Gehalts**, den freien Warenverkehr weniger einschränkt" (Rn. 85; fett durch J.M.W. Westphal).

- Auch die **Staatsanwaltschaft Heilbronn** stellte am 2022 ein Verfahren gegen die Firma Lidl wegen des Vertriebs von 21 verschiedenen Hanfprodukten ein, da ein Missbrauch praktisch ausgeschlossen sei. Die im Laufe des Ermittlungsverfahrens eingeholten Gutachten ergaben, dass in den untersuchten Produkten ein THC-Gehalt entweder nicht nachweisbar bzw. nicht bestimmbar war oder dieser unter 0,2 % lag. Nach Einschätzung des Sachverständigen war ein Missbrauch zu Rauschzwecken durch Konsum der Produkte entweder gänzlich oder aufgrund der hierzu benötigten Menge praktisch ausgeschlossen (StA Heilbronn 2022).
- In **Nürnberg** beschlagnahmte dagegen die **Polizei** am 02.02.2021 die Produkte eines Automaten, der 18 CBD-Produkte enthielt obwohl zunächst die Rechtsmedizin in Freiburg und dann in Erlangen ausgeschlossen hätten, dass in den Produkten THC enthalten sei: „Die Experten konnten wie schon zuvor ihre Kollegen der Rechtsmedizin in Freiburg kein THC feststellen, heißt es heute auf Anfrage bei der Staatsanwaltschaft Nürnberg-Fürth. Der Verdacht, die GmbH könnte gegen das Betäubungsmittelgesetz verstoßen haben, löste sich in Luft auf."

[74] Schlussanträge des Generalanwalts v. 14.05.2020, Rechtssache C-663/18, ECLI:EU:C:2020:383.

Doch erhob daraufhin die Staatsanwaltschaft Nürnberg/Fürth „Anklage wegen Imitat-Handels … Die verkauften Produkte enthielten zwar kein THC – aber es ist strafbar, wenn man so tut als sei der Wirkstoff darin enthalten" (Brock 2021).

- In derselben Weise berichtet das **Polizeipräsidium Oberhausen** in seinem Presseportal vom 21.05.2021: „Donnerstagnachmittag (20.5.) informierten besorgte Bürger die Polizei Oberhausen über verdächtige CBD-Produkte, die in einem Verkaufsaufsteller im Kassenbereich einer Tankstelle angeboten wurden … Eine Streifenwagenbesatzung fand dort tatsächlich zahlreiche Produkte der Firma FRANKY'S FARM, die als **‚Hanfblütentee'** mit einem Wirkstoffgehalt von weniger als 0,2 % THC zum Verkauf angeboten wurden. … Nach Rücksprache mit dem Rauschgiftkommissariat wurden der gesamte ‚Warenbestand' von über 100 Produkten sichergestellt" (fett durch J.M.W. Westphal).
- Inzwischen haben im Juni 2023 mehrere **Bezirksämter in Berlin** durch eine Allgemeinverfügung (2023) es untersagt, „Lebensmittel mit Cannabidiol in den Verkehr zu bringen", da sie noch nicht in der europäischen *Novel-Food*-Verordnung aufgenommen worden sind (Allgemeinverfügung 2023).
- Der sog. Hanfbarprozess in **Braunschweig,** der mehr als 6 Jahre vom 10.02.2017 bis zum 30.08.2023 dauerte, bietet ein eindrucksvolles Verfahrensbeispiel[75] für eine übereifrige **Staatsanwaltschaft**, hohe Verluste und lange Ungewissheit, das am Ende vom **Landgericht** wegen Geringfügigkeit endgültig eingestellt wurde. Doch mussten die beiden Angeklagten darauf verzichten, rund 33.000 € Bargeld und Hanfblütentees im Wert von mehreren Tausend Euro, die bei mehreren Razzien beschlagnahmt worden waren, zurückzufordern. Außerdem sollten sie keine Entschädigung für die lange Zeit der fünfwöchigen Untersuchungshaft erhalten, während die Staatskasse die Verfahrenskosten übernahm.[76]
- Diese juristisch ungeklärte Situation des CBD trifft nun auch den **Anbau** von Nutzhanf, und zwar selbst, wenn dieser den 0,2 %-THC-Regeln folgte. In diesem Sinne **beschlagnahmte** die **Staatsanwaltschaft Itzehoe**[77] Ende August 2022 im Dithmarschen (Schleswig-Holstein)[78] ein größeres **Nutzhanffeld** unter großem Aufwand[79]

---

[75] In gleicher Weise hat das AG München am 30.08.2023 das Verfahren gegen den Hanfladen *Im Tal* gegen eine Geldauflage von 300 € nach 4 Jahren (!) eingestellt, das im April 2019 in einer Großrazzia im „Hanf-Laden im Tal, … 24,5 Kilo Hanf-Tee, 24,5 Kilo CBD-Haschisch, 12 Kilo Hanfblüten sowie 1 L Cannabis-Öl [beschlagnahmt hatte]. Zwei Wochen später wurden nochmals 19 Kilo Hanf-Tee beschlagnahmt. Anklage gegen Verkäufer Manuel E. (35) wegen Beihilfe zum unerlaubten Drogenhandel, da insgesamt 90 g THC in den Produkten festgestellt wurde!" Da die Waren lediglich 0,16 % bzw. 0,05 % THC enthalten hatten (Bachner 2023).

[76] NDR (2023). Zur Vorgeschichte s. Sabine Hausherr in NDR (2017) und NDR (2018).

[77] AG Itzehoe, Beschl. v. 24.08.2022 – 40 Gs 1877/22; (315 Js 4462/22); 40 Gs 1233/22, in: BvCW (2022).

[78] Vgl. dazu unten (4.1.4) parallele Vorgehen der StA Fulda im Fall der *Green Pioneers.*

[79] „über 25 Beamtinnen und Beamte von LKA, Kripo und Polizei durchsuchten Haus und Hof" (BvCW 2022).

wegen „unerlaubten gemeinschaftlichen Handeltreibens mit Betäubungsmitteln in nicht geringer Menge“: „sämtliche Nutzhanfgüter aufgrund ermittlungsrichterlichen Beschlusses des Amtsgerichts Itzehoe, und zwar einschließlich der (mit ‚EU-zertifizierten Nutzhanf von weniger als 0,2 % THC bestellten‘) Hanffelder mit einer **Anbaufläche von rund 3,7 ha**.“ „Die behördliche Erntefreigabe vom Bundesamt für Landwirtschaft und Ernährung (BLE) lag bereits vor; dieses Jahr sollten keine Blüten, sondern Hanfsamen geerntet werden“:

> „Der nach Ernte mitunter hergestellte Hanftee sei geeignet, ein berauschendes Gebäck herzustellen, sodass der Verkauf an Endverbraucher gegen das Betäubungsmittelgesetz verstoße. Zudem sei angeblich auch der Verkauf von karamellisierten Hanfsamen als Lebensmittel strafbar“ (Hahner 2022).

Inzwischen wurde – nach mehr als einem Jahr – das Verfahren **eingestellt**, da keine der gezogenen Feldproben den Gehalt von 0,2 % THC überschritten habe (BvCW Newsletter 04.09.2023; Hahner 2023).

- Und schließlich berichtet das **Hauptzollamt Köln (März und August 2021)** hinsichtlich der **Samen**, die zwar selbst weder CBD noch THC enthalten, dieses jedoch „produzieren“ könnten, über eine steigende Menge beschlagnahmter Cannabissamen, und zwar zunächst am 04.03.2021 die Beschlagnahme von 70.000 Cannabissamen aus Holland in den ersten beiden Monaten des Jahres 2021: „Die Samen hatten einen geschätzten Gesamtwert von rund 560.000 € … Die **Postsendungen** sollten an Privatempfänger in ganz Deutschland gehen. Gegen sie wurden **Strafverfahren** eingeleitet und an die örtlich zuständigen Zollstellen weitergeleitet“ (Zoll Köln 2021), um später, am 21.08.2021, „mehr als 2,3 Mio. Cannabissamen … bei Frachtkontrollen in der Nacht des 30. Mai 2021 **auf ihrem Weg aus den USA nach Litauen** über den Flughafen Köln/Bonn [gefunden zu haben]“ (Zoll Köln (2021); fett durch J.M.W. Westphal).

2.5.6 Die CBD-Bedeutung in den europäischen Nebengesetzen

Der noch junge CBD-Markt blieb in den zuvor besprochenen älteren Drogengesetzen ungeregelt, da damals noch nicht bekannt, was nicht zuletzt auch die Unsicherheiten des darauf bezogenen *Law in Action* erklärt, da hier gleichsam **Richterrecht** in die Bresche springen muss. Ein Zustand, der sich bei uns in absehbarer Zeit kaum ändern könnte, zumal, wie oben angeführt, der CND die Fußnotenlösung der WHO abgelehnt hat und das Eckpunktepapier der Bundesrepublik (2022: Ziff. 5 und 6) zwar Sonderregelungen für „Genusscannabis, Medizinalcannabis und Nutzhanf vorsieht“, doch hinsichtlich CBD nur anmerkt: „Zum Umgang mit Cannabidiol (CBD)-Produkten müssen ggf. besondere Regelungen getroffen werden.“ Um dann im Referentenentwurf (2023) zunächst verboten, doch im Gesetzentwurf (CanG; 2023), wie dann auch im verabschiedeten KCanG, in § 2 II Nr. 1 als natürliches CBD **zugelassen** zu werden, nicht jedoch als *Edibles* oder als Kristalle.

Gleichwohl gelten im europäischen Kontext auch für die diversen CBD-Produkte – Kraut, Harz, Öl, Liquids, *Edibles*,[80] Kristalle (also synthetisches CBD)[81] – entsprechende zusätzliche Konsumregulierungen:

Allgemeinere Konsumregulierungen der EU

- Humanarzneimittel: Richtlinie 2001/83/EG (Arzneimittelrichtlinie)
- Nahrungsmittel: Verordnung (EG) Nr. 178/2002
- Nahrungsergänzungsmittel: Richtlinie 2002/46/EG
- Neuartige Lebensmittel: Verordnung (EU) 2015/2283
- Kosmetische Mittel: Verordnung (EG) Nr. 1223/2009
- Tabakerzeugnisse: Richtlinie 2014/40/EU und
- Nährwert- und gesundheitsbezogene Angaben über Lebensmittel: Verordnung (EG) Nr. 1924/2006

  Quelle: EMCDDA (2020, S. 13): „Die wichtigsten EU-Rechtsvorschriften für die Regulierung von Cannabisprodukten mit niedrigem THC-Gehalt".

- Im Rahmen der **Arzneimittelrichtlinie** ist bisher auf dem Feld des CBD einzig *„EPI-DYOLEX®* (Cannabidiol, orale Lösung, GW Pharmaceuticals[82]) bereits seit September 2019 als Zusatztherapie bei Anfällen im Zusammenhang mit dem Lennox-Gastaut-

---

[80] „Edibles, mit Cannabis angereicherte Lebensmittel, sind ebenfalls erhältlich, sowohl in verzehrfertiger Form und als Getränk als auch in roher Form wie Mehl und Nudeln" (EMCDDA 2020, S. 6). Hinsichtlich der bei manchen *Edibles* möglichen Kindergefährdung folgert der *Technische Bericht* ISD (Manthey et al. 2023, S. 50, 64): „Zusammenfassend ist festzuhalten, dass der Verkauf von Cannabis-edibles zu einer erhöhten Rate von medizinisch versorgungsbedürftigen Intoxikationen bei Kindern führen kann. Bei Erwachsenen könnten Intoxikationen ebenfalls zunehmen, jedoch nur vorübergehend. Die Beschränkung legaler edibles auf solche, die für Kinder und Jugendliche nicht attraktiv sind, sollte die negativen Auswirkungen legaler edibles wahrscheinlich abschwächen." So sind z. B. in Quebec/Kanada mit Cannabis versetzte Schokoladenartikel, Süßwaren und Desserts aufgrund ihrer Lockwirkung für Kinder verboten.

[81] Vgl. die Tabelle 1 der „In der EU und Norwegen zum Verkauf angebotenen Cannabisprodukte mit niedrigem THC-Gehalt, Februar 2019" in: EMCDDA (2020): „Möglicherweise werden sie wegen ihres geringen THC-Gehalts oder wegen ihres hohen Gehalts an Cannabidiol (CBD) in Verkehr gebracht. Die Definition umfasst keine zugelassenen Arzneimittel und keine Erzeugnisse, für die nur Fasern der Cannabispflanze verwendet werden, wie Textilien. Manche Produkte mit Extrakten der Cannabispflanze oder ihren Samen werden auch als kosmetische Mittel oder Lebensmittel angeboten."

[82] *GW Pharmaceuticals: „[P]roducer of Epidiolex and Sativex, two of the few cannabis-based medicines to secure market authorisation in North America and Europe"*, wurde 2020 von Jazz Pharmaceuticals übernommen (Sinclair 2023).

Syndrom (LGS) oder dem Dravet-Syndrom in Verbindung mit Clobazam bei Patienten ab zwei Jahren zugelassen"[83].

- Die Verordnung (EU Nr. 1223/2009) über **kosmetische Mittel** vom 30.09.2009 verlangt eine Notifizierung (Art. 13) und Kennzeichnungspflichten (Art. 19) sowie insbesondere ihrem Anhang 1 entsprechende Sicherheitsberichte. Insoweit hat die Europäische Kommission inzwischen in der **Cosing**-Liste, in der die kosmetischen Substanzen und Zutaten aufgeführt werden, kurz nach dem oben genannten EuGH-Urteil den Eintrag „Cannabidiol – derived from extract or tincture or resin of cannabis" vorgenommen, was aber nicht bedeuten muss, dass es für diese Verwendung zugelassen ist (Cosing 2023). Denn auch hier gilt:

> „Bei Produkten wie z. B. Kosmetika mit verarbeitetem Nutzhanf, die nicht oral aufgenommen werden, müssen die Inverkehrbringer oder Hersteller dieser Produkte nachweisen, dass ein **Missbrauch zu Rauschzwecken** ausgeschlossen werden kann. Andernfalls dürfen diese Produkte nicht an den Endverbraucher abgegeben oder durch Privatpersonen eingeführt werden" (BfArM FAQ; fett J.M.W. Westphal).

- Marktpolitisch bedeutsamer, und daher entsprechend umstritten, ist andererseits der besonders wachsende Markt von **CBD-Ölen und Nahrungsmitteln**, die nach derzeitiger Ansicht der Europäischen Kommission – sowohl bei Einsatz von natürlich wie von synthetisch hergestellten, wie von unterschiedlich extrahierten CBD – als **neuartige Lebensmittel** (*Novel Food*), die vor dem 15.05.1997 noch nicht als Lebensmittel galten, einzustufen sind. Diese müssten von der **European Food Safety Authority (EFSA)** auf Sicherheit bewertet werden, um dann von der **Kommission** als neue Lebensmittel in die sog. Unionsliste, die sämtliche in der EU zugelassenen neuartigen Lebensmittel enthält, aufgenommen und damit zugelassen zu werden (BVL o.J).

Dementsprechend vertröstete das **Bundesamt für Verbraucherschutz und Lebensmittelsicherheit (BVL)** ihre Antragsteller bereits am 15.12.2020, um jüngst am 02.06.2023 zumindest Hanfblätter als Kräutertee zuzulassen.

> „Der Europäischen Kommission liegen derzeit über 50 Anträge vor, deren Prüfung sie nach dem EuGH-Urteil wiederaufgenommen hat. Die Prüfung ist noch nicht abgeschlossen. Es ist daher offen, ob CBD-haltige Produkte künftig tatsächlich als **Lebensmittel** (Novel Food) oder doch als **Arzneimittel** einzustufen sind. … Solange das Zulassungsverfahren andauert, hat daher die Einschätzung des Bundesamtes für Verbraucherschutz und Lebensmittelsicherheit (BVL) weiterhin Bestand. Dem BVL ist derzeit **keine Fallgestaltung** bekannt, wonach Cannabidiol (CBD) in Lebensmitteln, also auch in Nahrungsergänzungsmitteln, verkehrsfähig wäre" (fett J.M.W. Westphal).

[83] Tsdev (2021) sowie „Beipackzettel" in: Jazz Pharmaceuticals (2023).

„Hanfblätter für die Vermarktung als traditionelles Lebensmittel für Kräutertees zugelassen, sofern auf nationaler Ebene nichts anderes beschlossen wird." „Außerdem enthält der neue Eintrag ‚Cannabis sativa L.' eine detailliertere Liste anderer Hanferzeugnisse, die vom Anwendungsbereich der Novel-Food-Verordnung ausgenommen sind, hierzu gehören Hanfsamen, Hanfsamenöl, gemahlene Hanfsamen, (teilweise) entfettete Hanfsamen und andere aus Hanfsamen gewonnene Lebensmittel, für die ein früherer Verzehr nachgewiesen wurde, Hanfblüten jedoch nicht" (BvCW Newsletter vom 05.06.2023).[84]

Ansonsten sind zwar entsprechende **Anträge** auf der Liste eingegangen,[85] doch hat das **Sachverständigengremium der EFSA** für Ernährung, neuartige Lebensmittel und Lebensmittelallergene (NDA-Gremium) am 07.06.2022 mitgeteilt, dass

„die Bewertungen zu Cannabidiol als neuartiges Lebensmittel … bis zum Vorliegen neuer Daten ausgesetzt [seien]", da „die Wissenschaftler der EFSA … die Sicherheit von Cannabidiol (CBD) als neuartiges Lebensmittel aufgrund von Datenlücken und Unsicherheiten in Bezug auf potenzielle Gefahren im Zusammenhang mit der Aufnahme von CBD derzeit nicht feststellen [können]"(EFSA 2022).[86]

Weswegen die **European Industrial Hemp Association** (EIHA) – die im Übrigen der Meinung war, dass es sich bei CBD **nicht** um ein neuartiges Lebensmittel handele[87] – im Rahmen eines „Konsortiums" mit 250 Mitgliedern bisher mit 4 Mio. € eine entsprechende **Expertise** vorantreibt (Rocafort 2022), da „der Lebensmittelunternehmer dem BVL im Rahmen des Konsultationsverfahrens die erforderlichen Informationen" liefern muss, ein Vorgang, der nicht nur sehr teuer, sondern auch sehr langwierig ist, zumal die bisher vorgelegten Daten offensichtlich unzureichend seien, weshalb bisher noch kein deutscher Antrag vorliegt (Veit 2022).

---

[84] S. dazu EU Novel food catalogue (o. J.) for „Cannabis sativa L.".

[85] Der erste Antrag datiert vom 09.12.2019, zuletzt der Antrag der Tschechischen Republik vom 27.09.2022: „Consultation request to determine the novel food status of the Hemp oil with cannabidiol (CBD) isolate obtained by CO_2 supercritical extraction from Cannabis. … The concentrations of CBD in the hemp oil are 5 %, 10 %, 15 %, 20 %. The product is intended to be used as a food supplement" (Tschechische Republik 2022).

[86] Ein Schwebezustand, der in gleicher Weise in den USA für die Beurteilung des CBD durch die Food and Drug Administration (FDA) zutrifft, die seit 2018 eine Beurteilung liefern soll und die erst in jüngster Zeit dazu eine gewisse Bereitschaft erkennen ließ (Bricken 2023 sowie: Hemp Today news 28.07.2023).

[87] EIHA (o. J.): „The position conveyed by EIHA has always been consistent and aligned to the following: Hemp leaves and flowers as well as such hemp extracts from industrial hemp, with the natural content of cannabinoids, (i.e. those that are not enriched with isolated CBD) are traditional foods and do not fall under the scope of the Novel Food Regulation." S. auch die beiden ausführlichen Rechtsgutachten: Büttner (2016, 2019).

2.5.7 Zwischenfazit für CBD

Diese uneinheitliche Rechtsprechung (Abb. 2.5) berührt nicht nur die durch die Ausnahmeklausel **gewerbliche Nutzung** (Anlage 1 zu § 1 BtMG) an sich geschützte Ebene des Handels und der Herstellung – den „vom Verordnungsgeber verfolgten Zweck, eine umfassende wirtschaftliche Verwertung der Hanfpflanze zu ermöglichen“[88] –, sondern trifft auch den **Konsumenten** am Ende der Handelskette und damit wiederum nach der jüngsten Rechtsprechung[89] dann doch auch den **gewerblich Handelnden.** Denn als **Ergebnis** dieser Rechtsprechung ist in Deutschland zwar der **Anbau von CBD-Hanf** unter den oben angeführten Bedingungen (2.4.3) erlaubt, doch bleibt seine **Verwertung** – im aktuellen Gegensatz zu Frankreich äußerst eingeschränkt (Abb. 2.6). Inzwischen hat der Gesetzgeber auch in Deutschland - nach langer Diskussion und mehrfacher Revision seiner Entwürfe - das CBD, und insbesondere die Extraktion des CBD in § 2 Abs. 2 Ziff 1 KCanG vom 27.3.2024 ausdrücklich vom Verbot der Extraktion von Cannabinoiden aus der Cannabispflanze ausgenommen, jedoch die Bedingungen der Konsumregulierungen nicht geändert.

- So bleibt die **CBD-Nahrungsmittel**-Produktion (Öl, *Edibles*, Tee, Tabak) seit dem Urteil des 5. BGH-Senats vom 24.03.2021 so lange verboten, solange sie nicht von der Kommission als *Novel Food* anerkannt worden ist, und zwar selbst wenn sie aus einem 0,3 %-Nutzhanf gewonnen wurde.
- Auch der in der Werbung oft angesprochene Einsatz als **CBD-Naturheilmittel**, der etwa im Freiburger Urteil eine gewisse Rolle spielte,[90] scheitert an der **Arzneimittelrichtlinie**, nach der bisher lediglich *EPIDYOLEX®* zugelassen wurde.

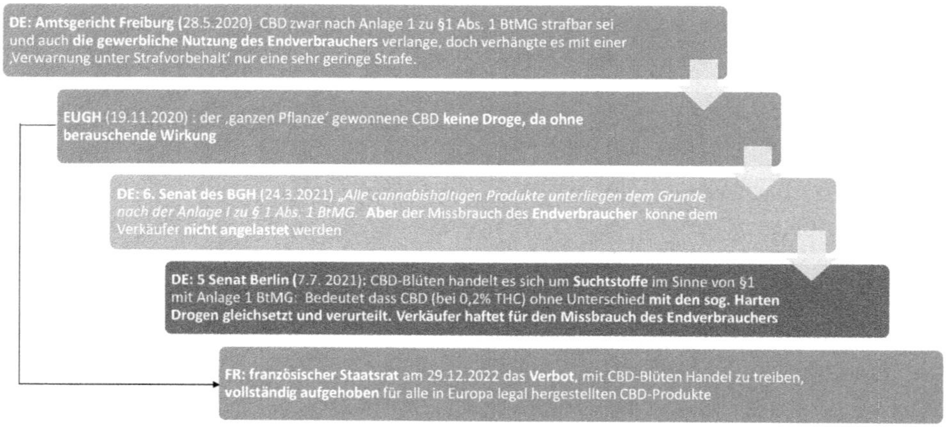

Abb. 2.5 *Law in Action* (eigene Darstellung)

[88] BGH 6 StR 240/20 Beschl. v. 24.03.2021 (LG Braunschweig) Rn. 19.

[89] BGH 5 StR 490/21 (23.06.2022).

[90] „Der Angeklagte ist davon überzeugt, dass CBD-Cannabis eine gesundheitsfördernde Wirkung bei vielen unterschiedlichen Krankheitsbildern entfaltet und es ist ihm ein Herzensanliegen, anderen Menschen CBD zur Linderung ihrer Leiden verfügbar zu machen“ (AG Freiburg Urt. v. 25.08.2020 – 28 Ds 620 Js119/19 – Rn. 19).

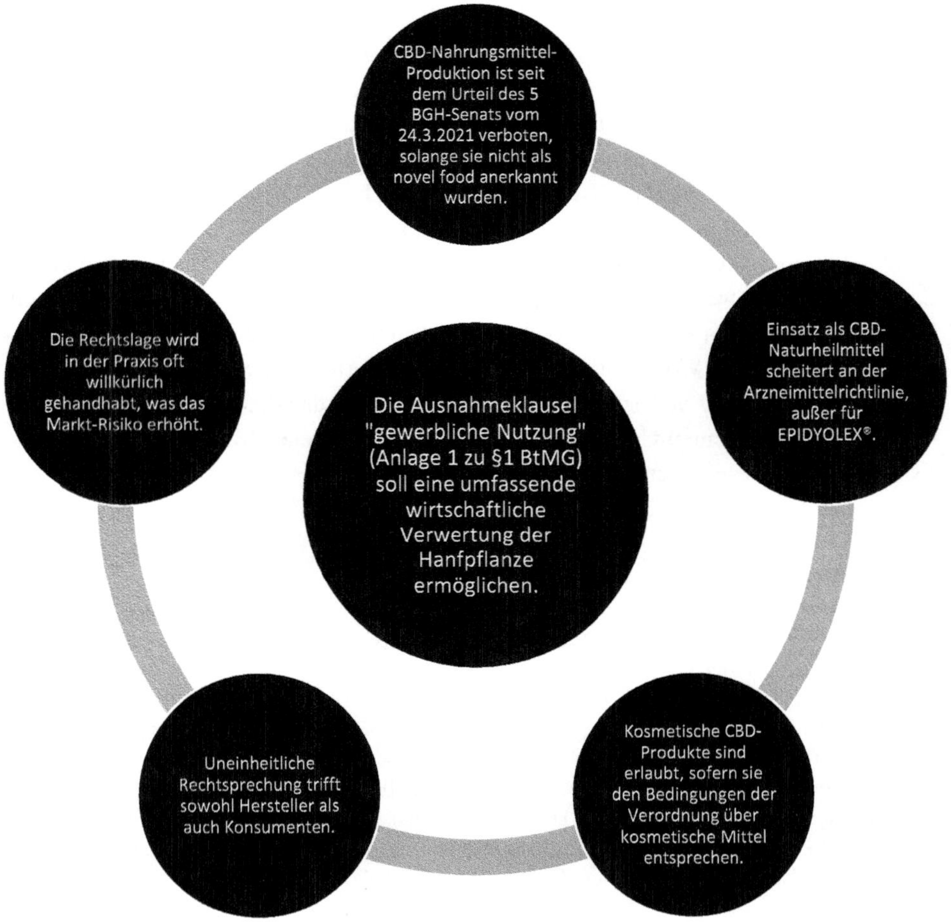

Abb. 2.6 Zur rechtlichen Situation des CBD (eigene Darstellung)

- **Kosmetische CBD-Produkte** sind dagegen grundsätzlich zwar **erlaubt**, sofern sie den Bedingungen der Verordnung über kosmetische Mittel entsprechen und bei ihrer Verwendung ein **Missbrauch** nicht zu befürchten ist. Ein solcher könnte jedoch beim CBD-Öl vorliegen, das zwar als Kosmetik- oder Aromaöl verkauft (Verbraucherzentale 2022), doch tatsächlich als Lebensmittel eingesetzt werden kann. Da es in den meisten Varianten Spuren von THC enthalten kann (Canatura 2022), wäre es insofern als *Novel Food* verboten.

Eine durch **Richterrecht** scheinbar eindeutig entschiedene Rechtssituation, die jedoch in der **Praxis** aufseiten der staatlichen Verfolgungsorgane – Staatsanwaltschaft, Polizei und Zoll – relativ willkürlich und gelegentlich nach dem „Stolperprinzip" gehandhabt wird, was zwar das Marktrisiko erhöht, ohne doch das Wachsen des „wilden" CBD-Marktes entscheidend zu verhindern.

Doch hat das jüngst verabschiedete KCanG (2023) – im Gegensatz zum vorangegangenen Referentenentwurf (2023)[91] – **CBD vom Cannabisverbot freigestellt**, und zwar auch wenn es aus der „ganzen Pflanze" gewonnen wurde (§ 2 II Nr. 1), womit es, nach der oben berichteten Entscheidung in Frankreich, dem Urteil des anfangs (2.5.4.1) genannten EuGH (C-663/18) vom 19.11.2020 folgt, da „CBD ein Inhaltsstoff der Cannabispflanze ist, der keine psychoaktive Wirkung hat und bei der Extraktion von CBD aus der Cannabispflanze allenfalls sehr niedrigprozentige THC-Restgehalte vorhanden sind." Allerdings bleibt „die Herstellung und das Inverkehrbringen von **synthetischen** Cannabinoiden … weiterhin verboten" (CanG 2023, S. 106 f.). Obwohl dasselbe EuGH-Urteil in seiner Rn. 94 eben dieses synthetische Cannabis als Argument für seine positive Entscheidung mit den Worten anführte, dass „dieses Verbot [der Single Convention] wohl nicht die Vermarktung von synthetischem CBD betrifft, das die gleichen Eigenschaften wie das aus der gesamten Cannabis-sativa-Pflanze gewonnene CBD haben soll und wohl als Ersatz für dieses verwendet werden kann."

Literatur

ACM (2023): Arbeitsgemeinschaft Cannabis als Medizin e.V. https://www.arbeitsgemeinschaft-cannabis-medizin.de/

ACM (23.7.2023): Arbeitsgemeinschaft Cannabis als Medizin e.V. S. Stellungnahmen

Aldick, Katharina; Ilka aus der Mark (12.04.2016): Die Geschichte des Verbots von Cannabis, Quarks Video, in: https://www.youtube.com/watch?v=c4Uehajh4bs

Allgemeinverfügung (06.2023) des Bezirksamtes Neukölln von Berlin zur Untersagung des Inverkehrbringens von Cannabidiol (CBD)-haltigen Lebensmitteln. https://www.berlin.de/ba-neukoelln/politik-und-verwaltung/aemter/ordnungsamt/veterinaerwesen-und-lebensmittelueberwachung-vetleb/artikel.1341030.php, (letzter Aufruf 22.08.2023, 19:37).

Ambos, Kai (22.5.2022): Zur völkerrechtlichen Zulässigkeit der Cannabis-Entkriminalisierung. VerfBlog, 22.05.2022, https://verfassungsblog.de/zur-volkerrechtlichen-zulassigkeit-der-cannabis-entkriminalisierung/, (letzter Aufruf 18.2.2023, 19:30).

Apotheke adhoc (15.10.2022): CBD-Handel: BGH bestätigt Haftstrafe. https://www.apotheke-adhoc.de/nachrichten/detail/markt/cbd-handel-bgh-bestaetigt-haftstrafe/, (letzter Aufruf: 21.2.2023, 18:00).

Auf dem Hövel, Jörg (3.3.2018): Der Knaster-Mythos. In: https://joergo.de/der-knaster-mythos/, (letzter Aufruf 10.10.2023, 17:40).

[91] Gegen den EIHA (2023, S. 5 f.) in seiner Stellungnahme zum Referentenentwurf (2023) bereits ausgeführt hatte: „In Deutschland haben sich im letzten Jahrzehnt viele Unternehmen exakt diesem Geschäftsgegenstand gewidmet. Entweder wurden neue Unternehmen gegründet, die Millionensummen in die Extraktion von Hanfextrakten und CBD-Isolaten investiert haben, oder etablierte Unternehmen haben entsprechende Anlagen auf Nutzhanf ausgerichtet. … Bereits jetzt haben sich Hanfextrakte (‚made in Germany') als Inhaltsstoff (mit offiziellen Cosing-Einträgen) für vielerlei hochwertige Kosmetika am Markt etabliert. Es wäre im Rahmen des europäischen Binnenmarktes völlig unverständlich, wenn deutsche Unternehmen von diesem Markt ausgeschlossen wären, während europäische und internationale Unternehmen keinen Beschränkungen unterliegen."

Bachner, Andreas (2.9.2023): Nach Razzia im Hanf-Laden jetzt Urteil. Verfahren gegen Cannabis-Verkäufer eingestellt. In: Bild Regional München. In: https://www.bild.de/regional/muenchen/muenchen-regional-politik-und-wirtschaft/prozess-gegen-hanf-verkaeufer-amtsgericht-muenchen-stellt-verfahren-ein-85261998.bild.html, (letzter Aufruf: 10.10.2023, 17:50).

BAFA Neu GmbH (o.J.): Der Hanfpionier. https://bafa-gmbh.de/Produkte-Saatgut.asp, (letzter Aufruf: 15.1.2023, 14:00).

BAH (24.7.2023): Bundesverband der Arzneimittel Hersteller: S. Stellungnahmen (2023)

Baykal Hakan (20.10.2022): Cannabis: Killerkraut und Mörderdroge. Spektrum Special. In: https://www.spektrum.de/news/wie-ein-einziger-mann-das-weltweite-cannabis-verbot-durchsetzte/2069184, (letzter Aufruf: 10.10.2023, 17:57).

BfR (16.3.2000): Bundesinstitut für Risikobewertung (BgVV) empfiehlt Richtwerte für THC (Tetrahydrocannabinol) in hanfhaltigen Lebensmitteln. HYPERLINK „https://www-bfr-bund-de.translate.goog/de/publication/bgvv_empfiehlt_richtwerte_fuer_thc__tetrahydrocannabinol__in_hanfhaltigen_lebensmitteln-884.html"https://www-bfr-bund-de.translate.goog/de/publication/bgvv_empfiehlt_richtwerte_fuer_thc_tetrahydrocannabinol_in_hanfhaltigen_lebensmitteln-884.html, (letzter Aufruf: 21.02.2023, 18:38).

BKA (2022): Bundeskriminalamt:Bund - Falltabellen; T12 Angaben zum aufgeklärten Fall (V1.0): in: Bka.de, 14.02.2023, https://www.bka.de/DE/AktuelleInformationen/StatistikenLagebilder/PolizeilicheKriminalstatistik/PKS2022/PKSTabellen/BundFalltabellen/bundfalltabellen.html?nn=211742, (letzter Aufruf: 06.04.2023, 18:12).

BLE (o. J.): - Pflanzliche Erzeugnisse - Ein- und Ausfuhr von pflanzlichen Erzeugnissen. https://www.ble.de/DE/Themen/Marktorganisation/Ein-Ausfuhrlizenzen/Pflanzen/PflanzlicheErzeugnisse.html , (letzter Aufruf 10.10.2023, 23:05).

BLE (27.1.2023): Bundesanstalt für Landwirtschaft und Ernährung: Für Direktzahlungen in Betracht kommende Hanfsorten. HYPERLINK „https://www.ble.de/SharedDocs/Downloads/DE/Landwirtschaft/Nutzhanf/Sortenliste.pdf?__blob=publicationFile&v=8"https://www.ble.de/SharedDocs/Downloads/DE/Landwirtschaft/Nutzhanf/Sortenliste.pdf?_blob=publicationFile&v=8, (letzter Aufruf: 21.2.2023, 21:20).

BMEL (21.11.2022): Bundesministerium für Ernährung und Landwirtschaft: GAP-Strategieplan für die Bundesrepublik Deutschland. https://www.bmel.de/DE/themen/landwirtschaft/eu-agrarpolitik-und-foerderung/gap/gap-strategieplan.html, (letzter Aufruf: 21.12.2022, 22:00).

BMEL (23.11.2022): Bundesministerium für Ernährung und Landwirtschaft: Grundzüge der Gemeinsamen Agrarpolitik (GAP) und ihrer Umsetzung in Deutschland. https://www.bmel.de/DE/themen/landwirtschaft/eu-agrarpolitik-und-foerderung/gap/gap-nationale-umsetzung.html, (letzter Aufruf: 21.12.2022, 22:10).

BMEL (28.12.2022): Bundesministerium für Ernährung und Landwirtschaft: Direktzahlungen. https://www.bmel.de/DE/themen/landwirtschaft/eu-agrarpolitik-und-foerderung/direktzahlung/direktzahlung_node.html, (letzter Aufruf: 5.1.2023, 17:30).

BMEL (30.9.2022): Bundesministerium für Ernährung und Landwirtschaft: Den Wandel gestalten! Zusammenfassung zum GAP-Strategieplan 2023–2027, HYPERLINK „https://www.bmel.de/SharedDocs/Downloads/DE/_Landwirtschaft/EU-Agrarpolitik-Foerderung/gap-strategieplan-kurzueberblick.pdf?__blob=publicationFile&v=4"https://www.bmel.de/SharedDocs/Downloads/DE/_Landwirtschaft/EU-Agrarpolitik-Foerderung/gap-strategieplan-kurzueberblick.pdf?_blob=publicationFile&v=4, (letzter Aufruf: 21.12.2022, 21:50).

BMEL (15.2.2023): Bundesministerium für Ernährung und Landwirtschaft. Pressemitteilung Nr. 18/2023 Höherer THC-Grenzwert für Nutzhanf. https://www.bmel.de/SharedDocs/Pressemitteilungen/DE/2023/018-nutzhanf.html, (letzter Aufruf: 22.2.2023, 23:26).

Bockholt, Karl (1.11.2023): GLÖZ 6 zur Mindestbodenbedeckung. Darauf kommt es bis 15. November an. https://www.agrarheute.com/pflanze/getreide/gloez-6-mindestbodenbedeckung-darauf-kommt-15-november-612591. (letzter Aufruf 15.11.2023)

Bricken, Hilary (3.1.2023): FDA CBD Regulations Are On the Way (Sorta). https://harris-sliwoski.com/cannalawblog/fda-cbd-regulations-are-on-the-way-sorta/, (letzter Aufruf: 15.2.2023, 17:50).

Brock, Alexander (4.10.2021): Wirbel um Cannabis-Erzeugnisse. Nürnberg: Darum ermittelt die Staatsanwaltschaft gegen CBD-Händler. https://www.nordbayern.de/region/nuernberg/nurnberg-darum-ermittelt-die-staatsanwaltschaft-gegen-cbd-handler-1.11404076, (letzter Aufruf: 15.2.2023, 18:00).

Bundesanstalt für Arzneimittel- und Medizinprodukte (BfArM) (6.7.2022): Abschlussbericht der Begleiterhebung nach § 31 Absatz 6 des Fünften Buches Sozialgesetzbuch zur Verschreibung und Anwendung von Cannabisarzneimitteln. In: https://www.bfarm.de/DE/Bundesopiumstelle/Cannabis-als-Medizin/Begleiterhebung/_node.html, (letzter Aufruf: 10.10.2023, 18:28).

Bundesanstalt für Landwirtschaft und Ernährung (BLE) (März 2023): Information zum Anbau von Nutzhanf gemäß Betäubungsmittelgesetz (BtMG) (Anlage 5) In: HYPERLINK „https://www.ble.de/SharedDocs/Downloads/DE/Landwirtschaft/Nutzhanf/Info_BtMG.pdf;jsessionid=D88A54F3957D42A3B69CE0BA93AB64C4.internet001?__blob=publicationFile&v=10"https://www.ble.de/SharedDocs/Downloads/DE/Landwirtschaft/Nutzhanf/Info_BtMG.pdf;jsessionid=D88A54F3957D42A3B69CE0BA93AB64C4.internet001?_blob=publicationFile&v=10, (letzter Aufruf: 10.10.2023, 18:30).

Bundesgerichtshof (2023): Bibliothek, Recherche in Gesetzesmaterialien: Gesetz zur Änderung betäubungsmittelrechtlicher und anderer Vorschriften. https://www.bundesgerichtshof.de/DE/Bibliothek/GesMat/WP18/B/Betaeubungsmittelr_Vorschr.html, (letzter Aufruf: 15.2.2023, 18:40).

Bundesgesundheitsministerium, Cannabisgesetz (CANG): in: Bundesgesundheitsministerium, 2023, https://www.bundesgesundheitsministerium.de/service/gesetze-und-verordnungen/detail/cannabisgesetz.html (letzter Aufruf: 05.10.2023, 23:17).

Büttner, Thomas (26.10.2016): Rechtsgutachten Novel Food. http://eiha.org/media/2014/08/16-10-26-Rechtsgutachten-CBD-Novel-Food.pdf, (letzter Aufruf: 15.2.2023, 18:10).

Büttner, Thomas (13.03.2019): Europäische Kommission / Novel-Food-Katalog-Einträge zu Cannabis sativa und Cannabinoiden. Rechtsgutachten. https://eiha.org/media/2019/03/22.02.19_Buettner-EIHA-Stellungnahme-an-COM.pdf, (letzter Aufruf: 15.2.2023, 18:15).

BvCW (1.9.2022): Branchenverband Cannabiswirtschaft e.V.: Novum: Staatsanwaltschaft beschlagnahmt Nutzhanffeld, Vorgehen bedroht gesamte Nutzhanfbranche. https://cannabiswirtschaft.de/novum-staatsanwaltschaft-beschlagnahmt-nutzhanffeld/ (letzter Aufruf 20.1.2023 21:10)

BvCW (2023), Branchenverband Cannabiswirtschaft e.V.:Wir sind die Stimme der Cannabiswirtschaft. https://cannabiswirtschaft.de/, (letzter Aufruf: 15.2.2023, 19:30).

BVL (o.J.), Bundesamt für Verbraucherschutz und Lebensmittelsicherheit: Neuartige Lebensmittel, Novel Foods. https://www.bvl.bund.de/DE/Arbeitsbereiche/01_Lebensmittel/04_AntragstellerUnternehmen/05_NovelFood/lm_novelFood_node.html, (letzter Aufruf: 15.2. 2023, 20:15).

Canatura (23.05.2022): Ist THC in CBD-Öl enthalten? https://www.canatura.com/de/a/ist-thc-in-cbd-ol-enthalten, (letzter Aufruf: 15.2.2023, 20:25).

Cannabinus (2006): Die Geschichte des Harry Jacob Anslinger, https://hanfkultur.com/hanf-in-der-geschichte/harry-jacob-anslinger/die-geschichte-des-harry-jacob-anslinger/, (letzter Aufruf: 10.10.2023, 18:39)

Cannabis Apotheke (2023): Hanf: Die kurze Geschichte einer vielseitigen Kulturpflanze. Bereits im 19. Jahrhundert ein bewährtes Arzneimittel, https://cannabis-apotheke.de/hanf-die-geschichte-einer-kulturpflanze, (letzter Aufruf: 10.10.2023, 18:40).

Carballido, Isidre (30.12.2022): CBD ist in Frankreich in all seinen Formen legal: CBD-Blüten und CBD-Produkte. In: Cannactiva. https://cannactiva.com/de/cbd-legal-francia/

CND (2016): Commission on Narcotic Drugs, Revised Draft Resolution Submitted by the Chair. In: E /CN.7/2016/L.12/Rev.1 *

CND (2020): Commission on Narcotic Drugs, Votes on Recommendations for Cannabis and Cannabis-Related Substances, 3.12.2020, https://www.unodc.org/unodc/en/frontpage/2020/December/cnd-votes-on-recommendations-for-cannabis-and-cannabis-related-substances.html, (letzter Aufruf 15.2.2023, 21:05).

Common catalogue (27.01.2023): of varieties of agricultural plant species – Consolidated version. https://food.ec.europa.eu/system/files/2023-08/plant-variety-catalogues_agricultural-plant-species.pdf

Cosing (2023): Cosmetic ingredient database, Stichwort >Cannabidiol< https://ec.europa.eu/growth/tools-databases/cosing/ (letzter Aufruf 5.7.2023)

Delegierte Verordnung (EU) 2022/126 der Kommission v. 7.12.2021 zur Ergänzung der Verordnung (EU) 2021/2115 des Europäischen Parlaments und des Rates um zusätzliche Anforderungen für bestimmte, von den Mitgliedstaaten in ihren GAP-Strategieplänen für den Zeitraum 2023 bis 2027 gemäß der genannten Verordnung festgelegte Interventionskategorien sowie um Vorschriften über den Anteil für den Standard für den guten landwirtschaftlichen und ökologischen Zustand (GLÖZ-Standard) Nr. 1, ABl 2022 L 20/52

Delegierte Richtlinie (EU) 2022/1326 der Kommission vom 18. März 2022 zur Änderung des Anhangs des Rahmenbeschlusses 2004/757/JI des Rates zur Aufnahme neuer psychoaktiver Substanzen in die Drogendefinition, ABl 2022 L 200/148.

Deutscher Bundestag (2024): Nach langem Ringen: Bundestag verabschiedet Cannabis-Legalisierung. https://www.bundestag.de/dokumente/textarchiv/2024/kw08-de-cannabis-990684, (letzter Aufruf: 07.08.2024,16:20).

Deutscher Nachhaltigkeitspreis (1.12.2022): Nachhaltiges Design. https://www.nachhaltigkeitspreis.de/design/preistraeger-design/2022/sieger/, (letzter Aufruf: 23.02.2023, 18:32).

Deutsches Maiskomitee (DMK) (08. 2022): Fakten. https://www.maiskomitee.de/Fakten/Statistik/Deutschland, (letzter Aufruf: 19.1.2023, 23:38).

DG-Sucht (24.7.2023): Deutsche Gesellschaft für Suchtforschung und Suchttherapie. S. Stellungnahmen (2023)

DHV (2023): Deutscher Hanfverband, Wer wir sind. https://hanfverband.de/dhv/wer-wir-sind-was-wir-wollen, (letzter Aufruf: 19.1.2023, 23:27).

Dogby, Wisdom; Revoredo-Giha Cesar (2022): Current and Potential Market Opportunitys for Hempseed and Fibre in Scotland. https://sefari.scot/document/potential-market-opportunities-for-hempseed-and-fibre-in-scotland, (letzter Aufruf: 20.1.2023, 13:00).

EFSA (07.06.2022): European Food Safety Authority: Bewertungen zu Cannabidiol als neuartiges Lebensmittel werden bis zum Vorliegen neuer Daten ausgesetzt. https://www.efsa.europa.eu/de/news/cannabidiol-novel-food-evaluations-hold-pending-new-data, (letzter Aufruf: 20.1.2023, 13:28).

Doll, Nikolaus; Dinger Alexander (6.8.2024): CDU-Chef Merz will Cannabis-Freigabe nach Wahlsieg schnell rückgängig machen. In: https://www.welt.de/politik/deutschland/article252721450/Cannabis-CDU-Chef-Merz-will-Freigabe-nach-Wahlsieg-schnell-rueckgaengig-machen.html, (letzter Aufruf: 07.08.2024,16:25).

Eichhoff, Karolin et al. (2023): Verwertung und Anbauoptimierung von Hanf als Nachwachsender Rohstoff. Kurzfassung TFZ-Bericht 78. Technologie- und Förderzentrum im Kompetenzzentrum für Nachwachsende Rohstoffe (TFZ), Straubing. https://www.tfz.bayern.de/mam/cms08/rohstoffpflanzen/dateien/tfz_abschlussbericht_kurzfassung_optihemp.pdf, (letzter Aufruf: 10.10.2023, 18:53)

EIHA (24.7.2023): European Industrial Hemp Association: S. Stellungnahmen (2023)

EIHA (o. J.): European Industrial Hemp Association: All you need to know about the EIHA Novel Food Consortium.https://eiha.org/wp-content/uploads/2020/09/Novel-Food-info-text.pdf, (letzter Aufruf: 20.1.2023, 14:01).

Elemente Bd. 15, Branchenverband Cannabiswirtschaft e.V. (BvCW): Zum Umgang mit Cannabis und Cannabisprodukten in der EU. Übersetzung einer Übersicht zu rechtlichen Voraussetzungen, 2021, https://start.cannabiswirtschaft.de/wp-content/uploads/2021/08/ELEMENTE_15_Cannabis_in_der_EU_BvCW.pdf, (letzter Aufruf: 20.1.2023, 14:10).

Elemente Bd. 21, Branchenverband Cannabiswirtschaft e.V. (BvCW): Warum es praktisch ausgeschlossen ist, dass Nutzhanf zu Rauschzwecken missbraucht wird Wirtschaftlichkeitsberechnung & Stellungnahme, 2022, https://cannabiswirtschaft.de/wp-content/uploads/2022/02/ELEMENTE-21_Warum_es_praktisch_ausgeschlossen_ist_dass_Nutzhanf_zu_Rauschzwecken_Missbraucht_wird_BvCW-1.pdf, (letzter Aufruf: 20.1.2023, 14:17).

EMCDDA (2020): Europäischen Beobachtungsstelle für Drogen und Drogensucht: Cannabisprodukte mit niedrigem THC-Gehalt in Europa. https://www.emcdda.europa.eu/system/files/publications/13471/TD0320749DEN_002.pdf, (letzter Aufruf: 20.1.2023, 14:22).

EMCDDA (16.6.2023): Cannabis – the current situation in Europe (European Drug Report 2023), https://www.emcdda.europa.eu/publications/european-drug-report/2023/cannabis_en, (letzter Aufruf: 10.10.2023, 19:17).

EU Novel food catalogue (o. J.). HYPERLINK „https://webgate.ec.europa.eu/fip/novel_food_catalogue/"https://webgate.ec.europa.eu/fip/novel_food_catalogue/# (letzter Aufruf: 04.10.2023, 17:22).

EU Proposal (12.12.2019): European Commission: Proposal for a COUNCIL DECISION on the position to be taken, on behalf of the European Union, in the sixty-third session of the Commission on Narcotic Drugs on the scheduling of substances under the Single Convention on Narcotic Drugs of 1961, as amended by the 1972 Protocol, and the Convention on Psychotropic Substances of 1971. https://eur-lex.europa.eu/legal-content/en/TXT/?uri=CELEX:52019PC0624, (letzter Aufruf: 20.1.2023, 15:03).

Europäischer Rat (2023): Drogenpolitik der EU. EU-Drogenstrategie 2021–2025. In: https://www.consilium.europa.eu/de/policies/eu-drugs-policy/, (letzter Aufruf: 10.10.2023, 19:08).

EUR-Lex (8.7.2021): EU-Drogenaktionsplan 2021-2025 (2021/C 272/02), https://eur-lex.europa.eu/legal-content/DE/TXT/?uri=OJ%3AJOC_2021_272_R_0002, (letzter Aufruf: 10.10.2023, 19:12).

EUR-Lex (12.1.2022): Vorschlag für eine Verordnung des Europäischen Parlaments und des Rates über die Drogenagentur der Europäischen Union (COM(2022) 18 final), https://eur-lex.europa.eu/legal-content/DE/TXT/?uri=CELEX:52022PC0018, (letzter Aufruf: 10.10.2023, 19:13).

EUR-LEX 62017CJ0591 (18.06.2019): Urteil des Gerichtshofs (Große Kammer): Republik Österreich gegen Bundesrepublik Deutschland. https://eur-lex.eurBrickenopa.eu/legal-content/DE/TXT/?uri=CELEX%3A62017CJ0591 (letzter Aufruf: am 04.01.2023, 12:11).

Europäische Kommission (12.2023): Integriertes Verwaltungs- und Kontrollsystem (IVKS), https://agriculture.ec.europa.eu/common-agricultural-policy/financing-cap/assurance-and-audit/managing-payments_de, (letzter Aufruf: 20.1.2023, 15:14).

European Justice (26.05.2023): Europäischer Haftbefehl. In: https://e-justice.europa.eu/content_european_arrest_warrant-90-de.do, (letzter Aufruf: 10.10.2023, 19:15).

European Parliament (25.8.2020): Parliamentary question - E-004626/2020. The status of CBD under the UN Single Convention on Narcotic Drugs. https://www.europarl.europa.eu/doceo/document/E-9-2020-004626_EN.html, (letzter Aufruf: 20.1.2023, 15:21).

European Parliament (14.9.2021): Member States' failure to align with EU rules and directives on cannabidiol I E-004206/2021 I European Parliament: in: European Union, 2021 - Source: European Parliament [online]. https://www.europarl.europa.eu/doceo/document/E-9-2021-004206_EN.html (letzter Aufruf: 05.01.2023, 12:31).

Fachanwalt.de-Redaktion (16.5.2022): Hanfsamen bestellen, legal oder illegal in Deutschland? So ist die Rechtslage. https://www.fachanwalt.de/magazin/strafrecht/hanfsamen-bestellen, (letzter Aufruf: 20.1.2023, 15:24).

Förster, Moritz (31.8.2023): Teilnahme der Apotheken bei den Cannabis-Pilotprojekten in der Schweiz. In: Krautinvest, https://krautinvest.de/teilnahme-der-apotheken-bei-den-cannabis-pilotprojekten-in-der-schweiz/, (letzter Aufruf: 10.10.2023, 19:33).

Fry, Johanna (1.8.2022): EU-Agrarreform und Gemeinsame Agrarpolitik (GAP). Ackerbau und GAP 2023: Das ist jetzt bei der Anbauplanung zu beachten, https://www.agrarheute.com/pflanze/ackerbau-gap-2023-anbauplanung-beachten-596203, (letzter Aufruf: 10.10.2023, 19:40).

Geoffroy, Romain (24.6.2021): Pour la Cour de cassation, tout CBD légalement produit dans l'UE peut être vendu en France. https://www.lemonde.fr/societe/article/2021/06/23/pour-la-cour-de-cassation-tout-cbd-legalement-produit-dans-l-ue-peut-etre-vendu-en-france_6085380_3224.html, (letzter Aufruf: 20.1.2023, 18:12).

Gesetzentwurf der Bundesregierung (16.8.2023): Entwurf eines Gesetzes zum kontrollierten Umgang mit Cannabis und zur Änderung weiterer Vorschriften. (Cannabisgesetz – CanG), https://www.bundesgesundheitsministerium.de/fileadmin/Dateien/3_Downloads/C/Cannabis/Gesetzentwurf_Cannabis_Kabinett.pdf, (letzter Aufruf: 10.10.2023, 19:46)

GKV (21.7.2023): S. Stellungnahmen (2023)

Glose, Jana (7.2.2018): Drogenpolitik: So kam es zum Cannabis-Verbot in Deutschland. In: Handelsblatt, Politik, Deutschland, https://www.handelsblatt.com/politik/deutschland/drogenpolitik-so-kam-es-zum-cannabis-verbot-in-deutschland/26610150.html, (letzter Aufruf: 10.10.2023, 19:52)

Grotenhermen Franjo/Timte Petra (16.02.2023): Cannabissorten in Deutschland und ihre Inhaltsstoffe. https://cannabis-med.org/nis/data/file/cannabissorten_inhaltsstoffe.pdf (letzter Aufruf: 20.2.2023, 18:26).

Habich, Irene (30.6.2023): Studie WeedCare: Schweizer Apotheken dürfen Cannabis verkaufen. In: Deutsche Apothekerzeitung. DAZ online, https://www.deutsche-apotheker-zeitung.de/news/artikel/2023/05/30/studie-weedcare-schweizer-apotheken-duerfen-cannabis-verkaufen, (letzter Aufruf: 10.10.2023, 20:09).

Hahner, Astrid (08.09.2022): Familie Thomassek wehrt sich gegen Staatsanwaltschaft: „Das ist schizophren." https://krautinvest.de/familie-thomassek-wehrt-sich-gegen-staatsanwaltschaft-das-ist-schizophren/, (letzter Aufruf: 20.1.2023, 18:37).

Hahner, Astrid (07.11.2023): Nutzhanf-Branche fordert Rechtssicherheit. In: Krautinvest. https://krautinvest.de/nutzhanf-branche-fordert-rechtssicherheit/ (letzter Aufruf 9.11.2023)

Harm Reduction International (2023): The Death Penalty for Drug Offences, Global Overview 2022, https://hri.global/wp-content/uploads/2023/03/HRI_DeathPenalty_Report2022.pdf, (letzter Aufruf: 10.10.2023, 20:22).

Hassenkamp, Milena (13.08.2023): Modellprojekt in Basel. Die Schweizer kiffen schon. Wie läuft das? In: DER SPIEGEL, Die Cannabis-Serie, Panorama, https://www.spiegel.de/panorama/die-schweizer-kiffen-schon-wie-laeuft-das-a-cfd89a0a-378f-4d55-8fe7-8ce448cea298, (letzter Aufruf: 10.10.2023, 20:24).

Human Rights Council (2021): Arbitrary detention relating to drug policies. Study of the Working Group on Arbitrary Detention. In: A/HRC/47/40

Jazz Pharmaceuticals (05.2023): Zusammenfassung der Merkmale des Arzneimittels: in: Jazz Pharmaceuticals, 05.2023, https://pp.jazzpharma.com/pi/epidyolex.de.PI.pdf. (letzter Aufruf: 24.09.2023, 22:32).

KanaturiaSeeds (2022): Medizinische Hanfsamen. CBD-Sorten zur therapeutischen Anwendung. https://www.kannabia.com/, (letzter Aufruf: 20.1.2023, 21:09).

Klein, Axel/Stothard, Blaine (2018): Collapse of the Global Order on Drugs: From UNGASS 2016 to Review 2019)

Lau, Tobias (3.12.2020): EU rudert zurück: „CBD kann als Nahrungsmittel betrachtet werden." https://www.apotheke-adhoc.de/nachrichten/detail/politik/eu-rudert-zurueck-cbd-kann-als-nahrungsmittel-betrachtet-werden/, (letzter Aufruf: 20.1.2023, 21:33).

Le Monde (30.12.2022): CBD, le Conseil d'Etat annule définitivement l'interdiction de la vente des fleurs. https://www-lemonde-fr.translate.goog/police-justice/article/2022/12/29/cbd-le-conseil-d-etat-annule-definitivement-l-interdiction-de-la-vente-des-fleurs_6156004_1653578.html?_x_tr_sl=auto&_x_tr_tl=de&_x_tr_hl=de, (letzter Aufruf: 20.1.2023, 21:39).

Lessmann, Robert (2017), Internationale Drogenpolitik. Herausforderungen und Reformdebatten. Springer Essentials.

LPV (6.9.2023), Hanf-Bus-Tour am 6. September: 2023, https://www.lpv-prignitz-ruppin.de/nachrichten/80.html (letzter Aufruf: 8.10.2023, 13:40).

Manthey, J; Hayer, T. Jacobsen, B. et al. (April 2023): Institut für interdisziplinäre Sucht- und Drogenforschung (ISD). Technischer Bericht. Auswirkungen der Legalisierung von Cannabis, https://www.bundesgesundheitsministerium.de/fileadmin/Dateien/5_Publikationen/Drogen_und_Sucht/Abschlussbericht/230623_Technical_Report_de_bf.pdf, (letzter Aufruf: 10.10.2023, 20:42).

Mybrainmychoice (4.6.2023): Die Todesstrafe für Drogendelikte im Jahr 2022. Der globale Überblick, https://mybrainmychoice.de/todesstrafe-drogendelikte-2022/, (letzter Aufruf: 10.10.2023, 21:25).

NDR (16.04.2017): Hanfbar: nicht kiffen, sondern kosten: in: HYPERLINK „http://www.ndr.de"www.ndr.de, 16.04.2017, https://www.ndr.de/nachrichten/niedersachsen/braunschweig_harz_goettingen/Erste-Hanfbar-Deutschlands-in-Braunschweig,hanfbar124.html, (letzter Aufruf: 1.09.2023, 15:06)

NDR (20.09.2018): Erneute Razzia in Braunschweigs Hanfbar: in: NDR.de, 20.09.2018, https://www.ndr.de/nachrichten/niedersachsen/braunschweig_harz_goettingen/Erneute-Razzia-in-Braunschweigs-Hanfbar,hanfbar138.html, (letzter Aufruf: 1.09.2023, 17:20)

NDR (30.08.2023): Landgericht stellt „Hanfbar"-Prozess endgültig ein. HYPERLINK „http://www.ndr.de"www.ndr.de, https://www.ndr.de/nachrichten/niedersachsen/Landgericht-stellt-Hanfbar-Prozess-endgueltig-ein,hanfbar150.html, (letzter Aufruf: 1.09.2023, 17:01).

Niedersachsen (22.12.2022): Landwirtschaftskammer Niedersachse: Die neue GAP ab 2023, eine ökonomische Optimierung der Anträge wird wichtiger! https://www.lwk-niedersachsen.de/lwk/news/38437_Die_neue_GAP_ab_2023_-_eine_oekonomische_Optimierung_der_Antraege_wird_wichtiger, (letzter Aufruf: 20.1.2023, 22:24).

Nutzhanfliberalisierungsgesetz (08.07.2024): Entwurf eines Gesetzes zur Liberalisierung des Anbaus und des Umgangs mit Nutzhanf. https://www.bundestag.de/dokumente/textarchiv/2024/kw08-de-cannabis-990684, (letzter Aufruf 07.08.2024, 16:30).

Paul, Nicole; Rinklebe, Prof. Jörg; Sporrer, Nadine (2021): Mit Winterhanf zurück in die Zukunft. Ein Unternehmen in Mecklenburg-Vorpommern stellt Textilfasern aus Hanf her, der als Winterzwischenfrucht angebaut wurde, https://www.fnr.de/fileadmin/Projekte/2021/Artikel/Bau21_16_026_028_AuP_Winterhanf.pdf, (letzter Aufruf: 12.10.2023, 21:48)

Referentenentwurf des Bundesministeriums für Gesundheit (2023): Entwurf eines Gesetzes zum kontrollierten Umgang mit Cannabis und zur Änderung weiterer Vorschriften (Cannabisgesetz – CanG), https://www.bundesgesundheitsministerium.de/fileadmin/Dateien/3_Downloads/Gesetze_und_Verordnungen/GuV/C/Cannabisgesetz-CanG_RefE.pdf, (letzter Aufruf: 12.11.2023, 12:20).

Reitox (2022): Drogenmärkte und Kriminalität. Workbook Drug Market and Crime DEUTSCHLAND. Bericht 2022 des nationalen REITOX-Knotenpunkts an die EMCDDA (Datenjahr 2021 / 2022) https://www.dbdd.de/fileadmin/user_upload_dbdd/05_Publikationen/PDFs/REITOX_BERICHT_2022/REITOX_Bericht_2022_DE_WB_08_Drogenmaerkte_und_Kriminalitaet.pdf (letzter Aufruf 15.1.2024 20:00)

Riboulet-Zemouli, K./Krawitz, M.A./Ghehiouèche, F. (2021): History, science, and politics of international cannabis, scheduling, 2015–2021. Vienna: FAAAT editions. ISBN: 979-10-97087-50-0., 2021, http://faaat.net/wp-content/uploads/ECDD-cannabis-final-outcome.pdf, (letzter Aufruf: 20.1.2023, 23:40).

Richtlinie 2002/57 des Rates v. 13.6.2002 ABl 2002 L 193/74, Art. 3, 20

Sanitygroup Factsheet (1.9.2022): Umgang mit völkerrechtlichen Verträgen. https://sanitygroup.com/wp-content/uploads/2022/09/SanityGroup_Factsheet_Umgang-mit-voelkerrechtlichen-Vertraegen_Stand-01.09.22.pdf, (letzter Aufruf: 21.1.2023, 08:01).

Sachverständige im Ausschuss (5.8.2022): nach § 1 Abs. 2 Betäubungsmittelgesetz (BtMG) und nach § 7 Neue-psychoaktive-Stoffe-Gesetz (NpSG). https://www.bundesgesundheitsministerium.de/service/begriffe-von-a-z/s/sachverstaendigenausschuss-btmg-npsg/bekanntgabe-ausschuss-btmg-npsg.html, (letzter Aufruf: 20.1.2023, 23:52).

Schengenvisa (2022): Schengen-Raum: Die größte visumfreie Zone der Welt, 2022, https://www.schengenvisainfo.com/de/staaten-des-schengen-raums/, (letzter Aufruf: 21.1.2023, 08:20).

Schneider, Franziska et al. (2018): Gefängnis Workbook Prison Deutschland. Bericht 2018 des nationalen REITOX-Knotenpunkts an die EMCDDA (Datenjahr 2017 / 2018). In: https://www.dbdd.de/fileadmin/user_upload_dbdd/05_Publikationen/PDFs/REITOX_BERICHT_2018/09_WB_Gefaengnis_2018.pdf, (letzter Aufruf: 12.10.2023, 22:07).

Sensiseeds (2023): An welche Ländern können Hanfsamen versendet werden. https://service.sensiseeds.com/hc/de/articles/360002350619-An-welche-Länder-können-Hanfsamen-versandt-werden, (letzter Aufruf: 21.4.2023, 09:11).

Sinclair, Sarah (23.08.2023): Report reveals countries leading the way in cannabis-related clinical trials, in: Cannabis Health News. https://cannabishealthnews.co.uk/2023/08/22/report-reveals-countries-leading-cannabis-related-clinical-trials, (letzter Aufruf: 10.10.2023, 20:28).

Skoczinski, Pia; Carus, Michael; Franjo; Beitzke, Manfred; Kruse, Daniel (2019): Grenz- und Richtwerte für THC (Tetrahydrocannabinol) in hanfhaltigen Lebensmitteln. Nova-Institut, https://eiha.org/media/2019/07/19-06-06-Grenz-und-Richtwerte-fuer-THC-in-hanfhaltigen-Lebensmitteln.pdf, (letzter Aufruf: 11.11.2023, 09:01).

StA Heilbronn (24.11.2022): Pressemitteilung. https://staatsanwaltschaft-heilbronn.justiz-bw.de/pb/,Lde/Startseite/Presse/Pressemitteilung+der+Staatsanwaltschaft+Heilbronn+vom+24_11_2022/?LISTPAGE=1232804, (letzter Aufruf: 21.1.2023, 09:18).

Stellungnahmen (2023): Stellungnahmen zum Referentenentwurf des Cannabisgesetz (CanG), https://www.bundesgesundheitsministerium.de/service/gesetze-und-verordnungen/detail/cannabisgesetz.html, (letzter Aufruf 11.10.2023, 12:22).

Stevens, Ben (23.8.2023): Traceability &Transparency for Zürich's Cannabis Pilot Project 'Züri-Can'. In: Business of Cannabis Europe, Pressreleases, https://businessofcannabis.com/traceability-transparency-for-zurichs-cannabis-pilot-project-zurican/, (letzter Aufruf 11.10.2023, 22:59).

Statistisches Bundesamt (13.12.2022): Verkehrsunfälle: Unfälle unter dem Einfluss von Alkohol oder anderen berauschenden Mitteln im Straßenverkehr 2021: Destatis. https://www.destatis.de/DE/Themen/Gesellschaft-Umwelt/Verkehrsunfaelle/Publikationen/Downloads-Verkehrsunfaelle/unfaelle-alkohol-5462404217004-1_2021449.pdf?_blob=publicationFile, (letzter Aufruf 06.06.2023, 15:23).

TFZ Bayern (o.J.): Technologie und Förderzentrum im Kompetenzzentrum für nachwachsende Rohstoffe: Rechtliche Regelungen zum Anbau von Nutzhanf, o.J., https://www.tfz.bayern.de/rohstoffpflanzen/einjaehrigekulturen/236957/index.php, (letzter Aufruf: 21.1.2023, 09:48).

Tschechische Republik (2022), Consultation request for the determination of the novel foodstatus ARTICLE 4 of Regulation (EU) 2015/2283. https://food.ec.europa.eu/system/files/2022-09/novel-food_consult-status_cbd-isolate.pdf, (letzter Aufruf: 21.1.2023, 09:56).

Tsdev (5.3.2021): Tuberöse Sklerose Deutschland E.V: Endgültige Zulassung von EPIDYOLEX® als Monotherapie für für TSC-Patienten mit Epilepsie ab einem Alter von zwei Jahren. https://www.tsdev.org/2021/03/05/zulassung-von-epidyolex-als-monotherapie-für-patienten-mit-epilepsie-ab-einem-alter-von-zwei-jahren/, (letzter Aufruf: 21.1.2023, 09:59).

Türschmann, Svea (20.4.2022): Schweiz genehmigt erstes Cannabis-Pilotprojekt in Basel. https://www.pharmazeutische-zeitung.de/schweiz-genehmigt-erstes-cannabis-pilotprojekt-in-basel-132645/, (letzter Aufruf: 21.1.2023, 10:01).

UNGASS (1998): Resolution adopted by the General Assembly. https://www.unodc.org/documents/commissions/CNDPolitical_Declaration/Political_Declaration_1998/1998-Political-Declaration_A-RES-S-20-2.pdf, (letzter Aufruf: 21.1.2023, 10:09).

Veit, Markus (2022): Ein Blick auf die aktuelle Situation rund um CBD und Novel Food mit einer Einschätzung von Apotheker Prof. Dr. Markus Veit, https://krautinvest.de/efsa-zu-cannabidiol-bewertung-erstmal-ausgesetzt (letzter Aufruf: 21.1.2023, 10:13).

Verbraucherzentrale (07.06.2022): CBD-Öl legal auf dem Markt? https://www.klartext-nahrungsergaenzung.de/wissen/lebensmittel/nahrungsergaenzungsmittel/cbdoel-legal-auf-dem-markt-37660, (letzter Aufruf: 21.1.2023, 10:15).

Verordnung (EG) Nr. 562/2006 des Europäischen Parlaments und des Rates vom 15. März 2006 über einen Gemeinschaftskodex für das Überschreiten der Grenzen durch Personen (Schengener Grenzkodex) ABl 2006 L 105/1.

Verordnung (EU) Nr. 1223/2009 des Europäischen Parlaments und des Rates v. 30.11.2009 über kosmetische Mittel, ABl 2009, L 342/59.

Verordnung (EU) Nr. 1307/2013 des Europäischen Parlaments und des Rates v.17.12.2013, Vorschriften über Direktzahlungen an Inhaber landwirtschaftlicher Betriebe im Rahmen von Stützungsregelungen der Gemeinsamen Agrarpolitik

Verordnung (EU) Nr. 1308/2013 des Europäischen Parlaments und des Rates vom 17.12.2013 über eine gemeinsame Marktorganisation für landwirtschaftliche Erzeugnisse und zur Aufhebung der Verordnungen (EWG) Nr. 922/72, (EWG) Nr. 234/79, (EG) Nr. 1037/2001 und (EG) Nr. 1234/2007, ABl 2013 L 347/671

Verordnung (EU) 2021/2115 des Europäischen Parlament und des Rates v.2.12.2021 mit Vorschriften für die Unterstützung der von den Mitgliedstaaten im Rahmen der Gemeinsamen Agrarpolitik zu erstellenden und durch den Europäischen Garantiefonds für die Landwirtschaft (EGFL) und den Europäischen Landwirtschaftsfonds für die Entwicklung des ländlichen Raums (ELER) zu finanzierenden Strategiepläne, GAP-Strategiepläne und zur Aufhebung der Verordnung (EU) Nr. 1305/2013 sowie der Verordnung (EU) Nr. 1307/2013, ABl 2021 L 435/1

Verordnung (EU) 2021/2116 des Europäischen Parlament und des Rates vom 1.12.2021 über die Finanzierung, Verwaltung und Überwachung der Gemeinsamen Agrarpolitik und zur Aufhebung der Verordnung (EU) Nr. 1306/2013, ABl 2021 L 435/187

Verordnung (EU) 2022/1393 der Kommission vom 11. August 2022 zur Änderung der Verordnung (EG) Nr. 1881/2006 hinsichtlich der Höchstgehalte für Delta-9-Tetrahydrocannabinol (Δ9-THC) in Hanfsamen und daraus gewonnenen Erzeugnissen ABl L 211/83.

Wissenschaftliche Dienste Deutscher Bundestag (2018): Kontrollmechanismen der für die Zuweisung und Verausgabung der Finanzmittel für die Gemeinsame Agrarpolitik (GAP) in Deutschland zuständigen Stellen. https://www.bundestag.de/resource/blob/567230/844b83b5c328f98442e1b350faa093db/WD-5-099-18-pdf-data.pdf, (letzter Aufruf: 21.1.2023, 10:58).

Zoll online (o. J.): Einfuhr von Hanf und Hanfsamen. https://www.zoll.de/DE/Fachthemen/Marktordnungen/Einfuhr-Ausfuhr-landwirtschaftliche-Erzeugnisse/Einfuhr-Hanf-Hanfsamen/einfuhr-hanf-hanfsamen_node.html, (letzter Aufruf: 01.10.2023, 08:11).

Zoll Köln (4.3.2021): Pressemitteilung: Zoll stellt knapp 70.000 Cannabissamen im Postverkehr sicher. https://www.zoll.de/SharedDocs/Pressemitteilungen/DE/Rauschgift/2021/z70_cannabissamen_k.html, (letzter Aufruf: 19.1.2023, 11:50).

Zoll Köln (21.08.2021): Pressemitteilung: Mehr als 2,3 Millionen Cannabissamen. https://www.zoll.de/SharedDocs/Pressemitteilungen/DE/Rauschgift/2021/y89_cannabissamen.html, (letzter Aufruf 19.1.2030 12:00)

3 Wirtschaftliche Marktsituation der diversen Hanfprodukte

Bei der Analyse der **wirtschaftlichen Marktsituation** gehe ich zunächst kurz auf den Stellenwert der deutschen Produktion von Hanfsamen, Nutzhanf und Medizinalhanf im **internationalen** Kontext in dreifacher Hinsicht ein: im Vergleich zum **Weltmarkt** und zum **europäischen Markt** sowie in seinen Auswirkungen auf die jeweiligen **Export- und Import**-Quoten. Sodann werde ich die **einzelnen Märkte in Deutschland** ansprechen, und zwar, zum weiteren Vergleich, zunächst die Märkte für Medizin- und Samenhanf sowie die beiden potenziellen Märkte des anvisierten Genusshanfs und die Chancen eines CBD-Markts. Am Beispiel der Marktsituation des Nutzhanfs in Deutschland werde ich schließlich ausführlicher auf die wirtschaftlichen Gründe dieser Nischenposition eingehen.

3.1 Die deutsche Hanfproduktion im internationalen Vergleich

Mit den beiden Abb. 3.1 und 3.2 zur **weltweiten Produktion** von Hanfsamen und Nutzhanf soll vor allem die marginale Position der Bundesrepublik unterstrichen werden, die in beiden Fällen im weltweiten Maßstab mit 1,3 % bzw. 0,1 % praktisch eine extreme Randposition einnimmt.

3.1.1 Die weltweite Produktion von Hanfsamen und Nutzhanf

Betrachtet man in Abb. 3.1 den Weltmarkt der **Hanfsamen**[1] im Jahr 2019 mit insgesamt 36.306 t, dann ist **China** mit 58 % der weltweite größte Produzent weit vor Russland mit

[1] Quelle: eigene Darstellung in Anlehnung an, Tilasto, Alle Länder: Hanfsamen (2021), 2022 und USDA (2020).

J. M. W. Westphal, *Einsatz von Nutzhanf in Deutschland*,
https://doi.org/10.1007/978-3-658-44413-6_3

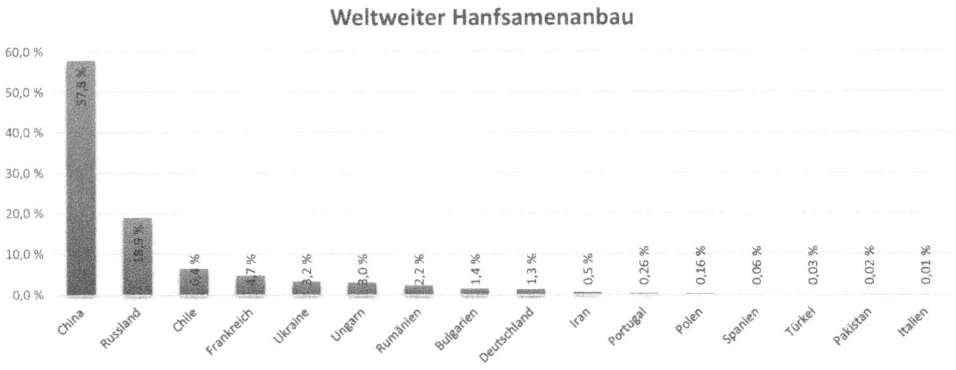

Abb. 3.1 Weltweiter Hanfsamenanbau, länderspezifischer prozentualer Anteil an der Produktion von 36.306 t Hanfsamen im Jahr 2019

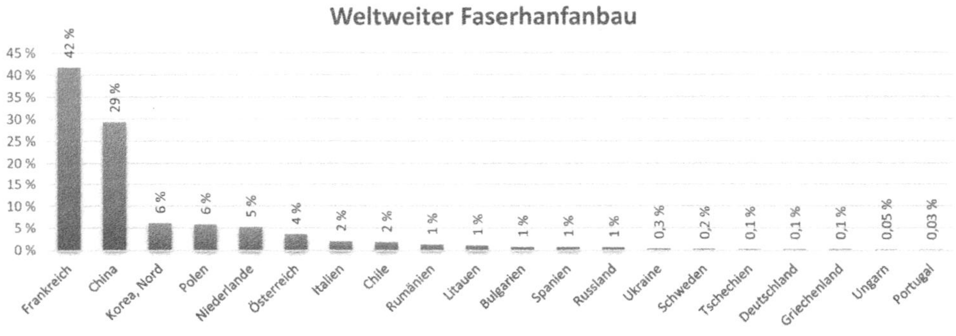

Abb. 3.2 Weltweiter Faserhanfanbau, länderspezifischer prozentualer Anteil an der Produktion von 246.036 t Faserhanf im Jahr 2019

19 %, Chile 6 % und Frankreich 5 %. Deutschland bildet hier ein kaum erwähnenswertes Schlusslicht mit 1,3 %.

Jedoch besteht hier die Schwierigkeit, dass die nicht überprüfbaren chinesischen Zahlen als unsicher gelten (USDA 2020). Ohne diese Zahlen wäre **Russland** der größte Anbauer von Hanfsamen mit 57 % des Weltmarktes, Chile 28 % und Iran 4 % (Dogby und Revoredo-Giha 2020, S. 27).

In der Kategorie Anbau von **Faserhanf** (Abb. 3.2)[2] ist **Frankreich** mit 42 % des weltweiten Marktanteils der größte Produzent, bei einer weltweiten Gesamtproduktion von 246.036 t. China hingegen belegt in der Abb. 3.2 den zweiten Platz mit 29 %, während Nordkorea weit abgeschlagen den dritten Platz mit 6 % besetzt.

Neben Frankeich produzieren die übrigen europäischen Länder zusammen 21 % des weltweiten Faserhanfes. Deutschland stellt wiederum mit 0,1 % des Weltmarktanteils

[2] Quelle: eigene Darstellung in Anlehnung an Tilasto, Hanfwerkanfälle, Produktionsmenge (Tonnen) für China 2020 und USDA 2020.

ein Schlusslicht dar. Zum Ende meiner Arbeit an diesem Buch veröffentlichte Hemp Today (2023) eine neue Liste für 2021 mit einer Gesamtproduktion von 302.451 t Nutzhanf, in der Deutschland jedoch nicht mehr aufgeführt wurde. Danach wäre für die Zeit von 2019 auf 2021 immerhin mit einem weltweiten Anstieg der Nutzhanfproduktion von 22,97 % zu rechnen. Das Ranking hat sich dadurch kaum verändert, lediglich hat Frankreich seinen Anteil auf 47,3 % erhöht, China seinen Anteil auf 24,1 % verringert, während die USA mit 4,99 % neu aufgenommen wurde.[3]

3.1.2 Verteilung der Hanfanbauflächen in Europa

Hanf wird in ganz **Europa** angebaut. Wie die Abb. 3.3 „Anbauflächen von Hanf in der Europäischen Union in den Jahren 2015 bis 2022" zeigt, ist in den letzten Jahren die für den Hanfanbau genutzte Fläche in der EU erheblich gestiegen, von 20.540 ha (Hektar) im Jahr 2015 auf 33.020 ha im Jahr 2022 (ein Anstieg um 60 %). Im gleichen Zeitraum stieg die Hanfproduktion von 97.130 t auf 179.020 t (ein Anstieg von 84,3 %). Frankreich ist mit über 60 % der EU-Produktion der größte Produzent, gefolgt von Deutschland (17 %) und den Niederlanden (5 %).

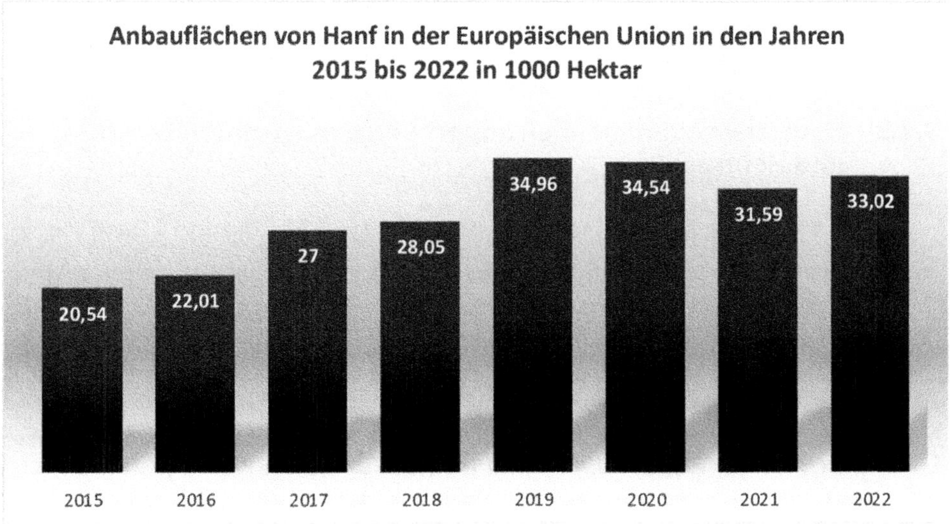

Abb. 3.3 Anbauflächen von Hanf in der Europäischen Union in den Jahren 2015 bis 2022 (in 1000 Hektar). (Quelle: EUROSTAT (o. J))

[3] Abb. 3.1 und 3.2 beruhen auf eigener Darstellung in Anlehnung an Tilasto, Alle Länder: Hanfsamen (2021), 2022 und USDA (2020).

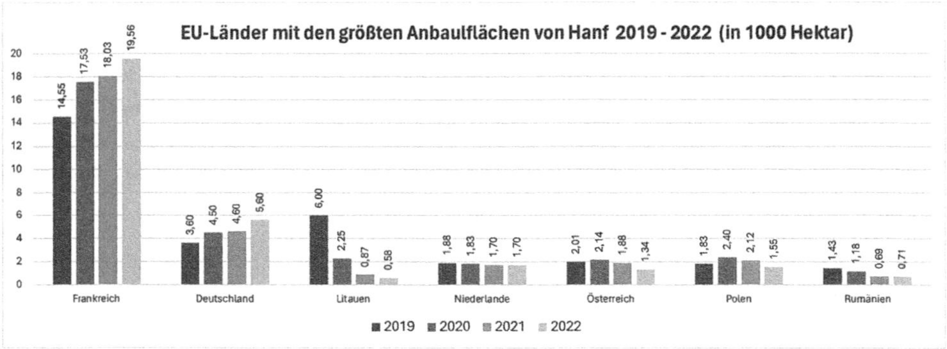

Abb. 3.4 Europäische Länder mit den größten Anbauflächen von Hanf in den Jahren 2019 bis 2022 (in 1000 ha). (Quelle: EUROSTAT 2024)

Die Abb. 3.4 bestätigt noch einmal[4] die dominante Hanfmarktsituation **Frankreichs** vor allem auch im Verhältnis zu Deutschland in den erfassten Jahren 2020 bis 2022, in denen Frankreich 2022 mit einer Nutzhanffläche von 19,56 ha knapp viermal so viel Nutzhanf anbaute wie Deutschland, das 2022 lediglich 5,60 ha anbaute.[5] Eine Verteilung, die besonders auch deswegen interessant ist, weil Frankreich ansonsten „eines der strengsten Cannabisgesetze in Europa" aufweist und (deswegen?) „eine der höchsten Raten an Konsumenten in Europa besitzt" (Bauer 2023).

3.1.3 Deutscher Außenhandel: Import und Export von Nutzhanf und Hanfsamen

Die beiden Grafiken – in Abb. 3.5 „Nutzhanf und Hanfsamen In- und Export" für das Gewicht in Tonnen und in Abb. 3.6 für den Euro-Wert[6] – zeigen für die (nicht zur Aussaat

---

[4] Mit leicht abweichenden Daten zu den beteiligten Ländern in der zuvor zitierten Publikation der Europäischen Kommission (Agriculture and rural development 2022).

[5] Ein Vorsprung Frankreichs, den K. Geiger, Fachreferentin Ackerbau beim Deutschen Bauernverband auf meine Anfrage am 25.08.2023 wohl mit Recht u. a. damit begründet, „ist natürlich in Frankreich der Anbau deutlich ausgeweiteter, was vor allem auf eine bereits weiterentwickelte Wertschöpfungskette in diesem Bereich zurückzuführen ist".

[6] Quelle: eigene Darstellung in Anlehnung an Destatis (Hrsg.), Tabellen 51000-0014 Aus- und Einfuhr (Außenhandel): Deutschland, Monate, Warenverzeichnis und 51000-0016 Aus- und Einfuhr (Außenhandel): Deutschland, Jahre, Ware, Stand 18.01.23 mit den Warennummern:

- WA53029000 Hanf, bearbeitet, Werg und Abfälle von Hanf,
- WA53021000 Hanf, roh oder geröstet,
- WA53082090 Hanfgarne, für den Einzelverkauf,
- WA53082010 Hanfgarne, nicht für den Einzelverkauf,
- WA12079991 Hanfsamen, auch geschrotet, nicht zur Aussaat.

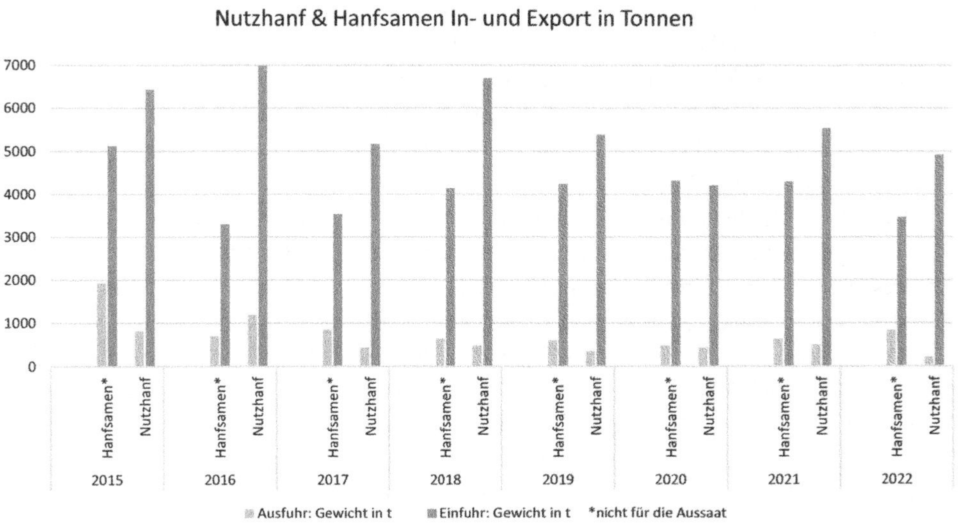

Abb. 3.5 Nutzhanf und Hanfsamen In- und Export in Tonnen, Stand: 18.01.23 (für 2022 fehlen die Daten von Dezember und die Zahlen sind als vorläufige Zahlen angegeben)

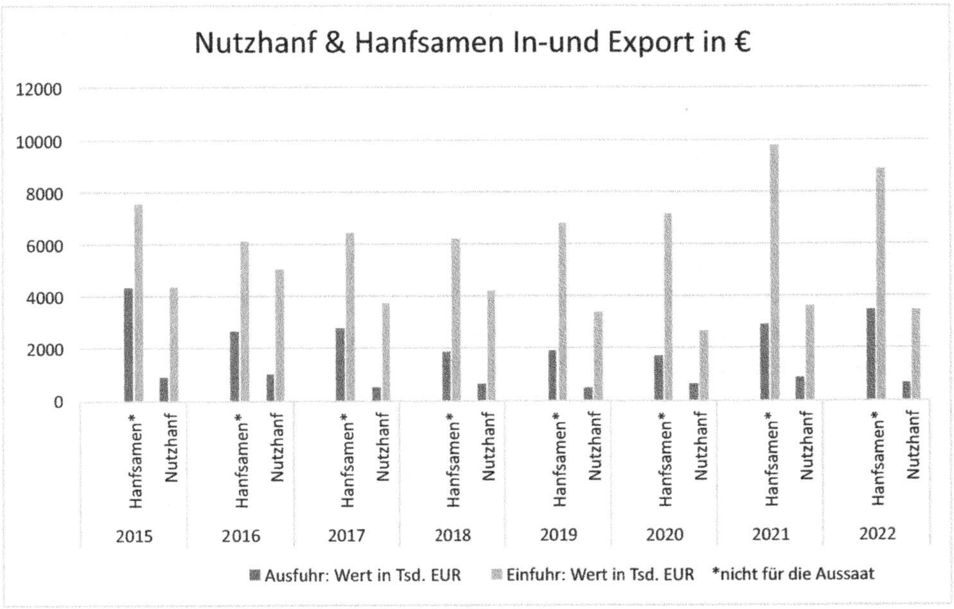

Abb. 3.6 Nutzhanf und Hanfsamen In- und Export in €, Stand: 18.01.23 (für 2022 fehlen die Daten von Dezember und die Zahlen sind als vorläufige Zahlen angegeben)

bestimmten) Hanfsamen wie für den Nutzhanf[7] über die letzten Jahre – von 2015 bis 2022 – hinweg ein erhebliches und gleichbleibend gestörtes Verhältnis zwischen einer relativ geringen **Ausfuhr** und einem **hohen Einfuhrbedarf**, das sich für den Nutzhanf erst in den letzten beiden Jahren mengenmäßig (in Tonnen), jedoch weniger im Erlös verringert hat – was aber möglicherweise auf die fehlenden Verarbeitungsmöglichkeiten des Nutzhanfs verweist (s. u. 3.3.3).

Ein Missverhältnis, das sich relativ eindeutig aus der zuvor aufgezeigten marginalen Position Deutschlands im europäischen Nutzhanf ergibt, insofern man die fehlenden Anbauressourcen durch Einfuhr ergänzen bzw. auffüllen muss. Ein Missverhältnis, das angesichts des florierenden Hanfmarktes in der ersten Hälfte des 20. Jahrhunderts, vor dessen Verbot im Jahr 1982,[8] noch einmal besonders deutlich belegen kann, wie dieses Verbot längerfristig erhebliche wirtschaftliche Folgewirkungen nach sich ziehen konnte, sodass die Bundesvereinigung Nachhaltigkeit (2021, S. 2) zu Recht feststellt: „Seither wurde die Pflanze nicht mehr optimiert, zum Beispiel, um den Hektarertrag zu steigern. Expertenwissen in der Verarbeitung sowie ganze Berufsbilder sind verloren gegangen. Produktentwicklung wurde nicht mehr betrieben."

Übersetzt man diese Abbildung in vergleichbare **Zahlenwerte**, dann ergibt sich in Abb. 3.5 etwa für das letzte, vorläufig und unvollständig erhobene **Jahr 2022** für **Hanfsamen,** dass die Einfuhr von 3461,8 t die Ausfuhr von nur 831, 3 t gewichtsmäßig vierfach (416 %) übertraf, während den Kosten der Einfuhr in Höhe von 8,9 Mio. ein Ausfuhrerlös von nur 3,5 Mio. Euro gegenüberstand. Ein Verlust, der bei der Ein- und Ausfuhr von **Nutzhanf** zwar gewichtsmäßig mit 4921:5726 t eine leicht höhere Ausfuhr ergab, bei der man jedoch den Ausfuhrgewinn von nur 1,5 Mio. mit Einfuhrkosten von 3,5 Mio. Euro verrechnen musste. Ein **Außenhandelsminus** von insgesamt 7,4 Mio. Euro nur für das letzte, nicht ganz vollständig erfasste Jahr.

Fasst man diese Verlustrechnung für die gesamten 8 Jahre, die in den beiden Abbildungen aufgeführt wurden, zusammen, ergibt sich aus den in der Tabelle (Abb. 3.7) aufgeführten Summen ein Gesamtdefizit von 60,903 Mio. (37,446 + 23,457) Euro. Ein Defizit, das weder die hohen Transportkosten vor allem für den sperrigen Nutzhanf[9] noch den entgangenen ökonomischen/ökologischen Gewinn (s. u.) für die bäuerliche Landwirtschaft berücksichtigt.

---

[7] Errechnet aus den Einzelbeiträgen zu: „Hanf, roh oder Hanf, bearbeitet; Werg und Abfälle von Hanf; Hanfgarne, nicht für den Einzelverkauf; Hanfgarne, für den Einzelverkauf".

[8] Hanffaser Uckermark (2023a): „1939 verstärkter Hanfanbau für die Deutsche Wehrmacht. Allein um Prenzlau herum standen zwei Hanffabriken: Die Hanffabrik Löcknitz wurde 1945 als Reparationszahlung in die Sowjetunion verfrachtet. Die Hanffabrik in Friedland wurde 1964 geschlossen."

[9] Im Jahr 2022 wogen von den 4921 eingeführten Tonnen Nutzhanf: „Hanf, roh oder geröstet": 2022,8 t und „Hanf, bearbeitet, Werg und Abfälle von Hanf": 2894,7 t.

Hanfsamen und Nutzhanf:
Aufsummierte Aus- und Einfuhr-Differenz für die Jahre 2015 bis Dezember 2022.

		Ausfuhr	Einfuhr	% Überschuss	Defizit (Mio. EU)
Hanfsamen zur Verwertung	Gewicht (Tonnen)	6.678,4	32.424,7	**485 %**	
	Wert (1000€)	21.634	59.080	**273 %**	37.446
Nutzhanf	Gewicht (Tonnen)	14.708,9	45.326,2	**308 %**	
	Wert (1000€)	7.030	30.487	**434 %**	23.457

Tabelle 1: Hanfsamen und Nutzhanf: Aufsummierte Aus- und Einfuhr-Differenz für die Jahre 2015 bis November 2022. Für das Jahr 2022 sind nur vorläufige Zahlen angegeben.

Abb. 3.7 Hanfsamen und Nutzhanf: Aufsummierte Aus- und Einfuhrdifferenz für die Jahre 2015 bis November 2022 (für das Jahr 2022 sind nur vorläufige Zahlen angegeben)

3.1.4 Anbau und Import von Medizinalhanf

Dieser kurze Überblick über die **marginale** Position Deutschlands auf dem internationalen Nutzhanf- und Samenmarkt wird schließlich auch durch ein entsprechendes Missverhältnis auf dem Markt des **medizinischen Hanfs** (BfArM 29.08.2022) weiter verschärft. Deutschland, in dem erst seit 2022 von drei Unternehmen in den kommenden 4 Jahren 10,4 t bzw. 2,6 t jährlich (das sind 2600 kg) medizinischer Hanf angebaut werden darf,[10] bezog, wie sich aus der Abb. 3.8 ergibt[11], – unter der Ägide der Bundesopiumstelle[12] – im Jahr **2021** insgesamt **20,77 t** und **2022 insgesamt 24,88 t** und zuletzt bereits in den ersten drei Quartalen 2023 fast ebenso viel, nämlich **24,37 t Medizinalhanf** aus 20 Ländern im Ausland.[13]

[10] Der Gesetzentwurf (CanG 2023, S. 3) spricht von „etwa 60 Anbauern, die Medizinalcannabis und Cannabis und/oder Nutzhanf zu wissenschaftlichen Zwecken anbauen".

[11] Quelle: BfArM (2023). „Die summierte Menge von quartalsweise aus dem Ausland nach Deutschland importiertem Cannabis zu medizinischen und wissenschaftlichen Zwecken in Form von getrockneten Blüten und Extrakten. Die getrockneten Cannabisblüten sind als Gewichtsmenge (in kg) berücksichtigt, die Extrakte als Gewichtsmenge getrockneter Cannabisblüten (in kg), welche für die Herstellung der jeweiligen Extrakte benötigt wurden" (BfArM 2023).

[12] „Der Import wird dabei nicht von der Bundesopiumstelle koordiniert. Sie hat keine zentrale Steuerungsfunktion. Ebenfalls hat sie keinen Einfluss darauf, ob und in welchem Umfang die berechtigten Unternehmen Cannabis tatsächlich importieren. Aus den von Unternehmen beantragten und den stattgegebenen Jahreshöchstmengen für den Import kann außerdem nicht auf den Bedarf an Medizinalcannabis in Deutschland geschlossen werden. Die Unternehmen beantragen Jahreshöchstmengen auf der Grundlage ihrer individuellen unternehmerischen Planungen" (BfArM 2023).

[13] Darunter 11.734 kg aus Kanada, 3458 kg aus Portugal, 2225 kg aus Dänemark, 2197 kg aus den Niederlanden, 1005 kg aus Australien, 76 kg aus Neuseeland, 174 kg aus Israel sowie 2187 kg aus sechs weiteren europäischen Ländern und 1896 kg aus 6 weiteren außereuropäischen Ländern: Kolumbien (923 kg), Lesotho (619 kg) Uganda (149 kg), Uruguay (54 kg), Jamaika (79 kg) und Südafrika (72 kg; BfArM 2023).

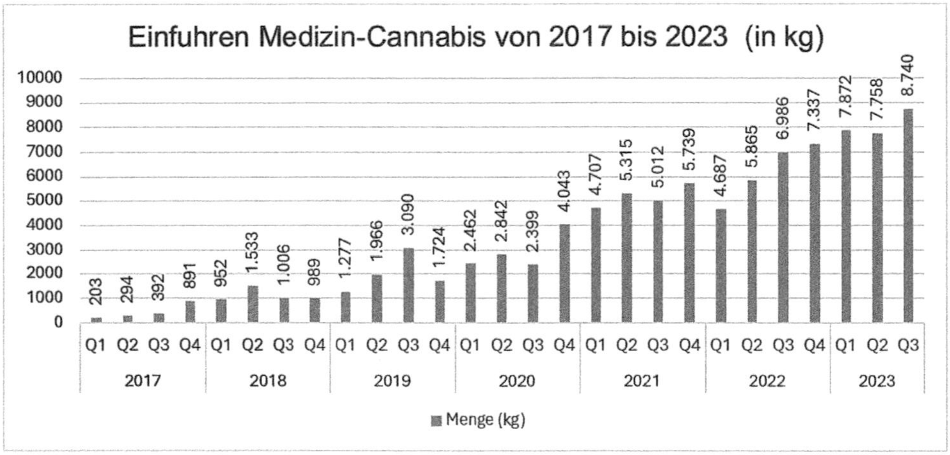

Abb. 3.8 Einfuhren Medizin-Cannabis 2017–2023 (in kg). (Quelle: BfArM (eigene Darstellung))

Wobei einerseits der durchlaufend starke Anstieg seit der Freigabe im Jahr 2017 auffällt, mitsamt dem geringen Ausmaß des erst 2022 einsetzenden deutschen Eigenanbaus, der nicht einmal diese Steigerung ausgleichen kann.

Weswegen man zunächst – mit einer Anfrage Der Linken[14] – fragen muss, ob denn in allen diesen Ländern die Kontrollen wirklich besser oder zumindest gleichwertig mit denen der zuständigen Bundesopiumstelle ausfallen, denn wie soll man sonst die jährliche Begrenzung auf 2,6 t (10,4 t : 4) verstehen. Eine Praxis, die zu Recht heftig kritisiert und hinterfragt wird. In diesem Sinne schreibt etwa der Bund Deutscher Cannabispatienten e. V. (BDCan 2023, S. 4) in seiner Stellungnahme zum Referentenentwurf 2023 (mit Quellenangaben):

> „Der Großteil davon wird aus dem Ausland importiert, aber nicht alle Produkte erfüllen insbesondere bei der Analytik auf Schimmelpilze und andere Kontaminationen dieselben Standards, die für den deutschen Anbau von Medizinalcannabis vorgegeben sind … Im Gegenteil werden rund 60 % der angebotenen Blütensorten … auf der Grundlage weit höherer Grenzwerte für Kontaminationen gemäß Ph. Eur. 5.1.8. C oder gar 5.1.8. A getestet und dennoch als Medizinalcannabis in Verkehr gebracht. Lediglich 23 % erfüllen den Standard des deutschen Anbaus nach 5.1.8. B und nur 19 % erfüllen sogar die Einhaltung strengerer Grenzwerte (Ph. Eur. 5.1.4.). Somit besteht bei der Mehrheit der verordnungsfähigen Cannabisblüten insbesondere für immungeschwächte Patientinnen und Patienten bei der inhalativen Einnahme ein erhebliches Risiko, auf welches jedoch nicht hingewiesen wird. Klar formuliert: Aus Sicht des BDCan ist das keine Medizin."

Ein marktmäßiges Missverhältnis, das der Geschäftsführer der Demecan (2023), das einzige deutsche Unternehmen für medizinisches Cannabis, in seiner Kritik am Gesetz-

[14] Auskunft der Bundesregierung auf Anfrage der Fraktion Die Linke, Drucksache 20/4755 v. 2022.

entwurf (2023) zu Recht moniert: „Während Importe kaum Mengen- und Preisbeschränkungen unterliegen, ist die Produktionsmenge deutscher Hersteller stark begrenzt und die Preise sind auf dem 2019 vereinbarten Niveau fixiert. Sollte der Entwurf in dieser Form verabschiedet werden, ist die Abwanderung deutscher Produzenten ins Ausland nur eine Frage der Zeit. Das gefährdet die Versorgungssicherheit der Patienten."

Der Bundesverband pharmazeutischer Cannabinoidunternehmen (BPC 2023) plädierte deshalb in seiner Stellungnahme zum Referentenentwurf 2023 dafür, „für den Anbau von medizinischem Cannabis [wie in Portugal und Spanien] in Deutschland das System umzustellen, von Vergabeverfahren auf Erlaubniserteilung unter Auflagen, entsprechend den Erlaubnissen für Importe. Dadurch wird der Anbau in Deutschland gestärkt und es werden vergleichbare Wettbewerbsbedingungen mit importiertem Cannabis geschaffen." Zumal „das letzte Vergabeverfahren [gezeigt habe], dass die frühe Festlegung auf wenige Sorten und insbesondere zwei Sorten mit geringem THC-Gehalt am Markt nicht mehr nachgefragt werden. Das BfArM kann diese Cannabisblüten nicht verkaufen und wird sie vernichten müssen."

Insgesamt zeigen diese hier nur kursorisch verwerteten Daten einerseits handelspolitisch ein ökonomisches Ungleichgewicht, das ökologisch durch die damit verbundenen Transportkosten verschärft wird, da sowohl das sperrige Hanfstroh wie aber auch die Absicherung des medizinischen Hanfs kostenintensiv ausfallen. Insofern spricht das Bundesinformationszentrum Landwirtschaft (BZL 2022) zu Recht von einer „Nischenkultur":

> „Obwohl die Anbaufläche für Hanf allein im Jahr 2021 um knapp 17 Prozent gegenüber dem Vorjahr zugenommen hat, ist die Pflanze eine absolute Nischenkultur in Deutschland. Insgesamt wurde Hanf 2021 nur auf 6444 Hektar angebaut. Zum Vergleich: Die Anbaufläche von Weizen lag im gleichen Jahr bei knapp drei Millionen Hektar."

Andererseits zeigt es aber auch die marktmäßigen Chancen, dieses Missverhältnis durch einen erhöhten nationalen Eigenanbau auszugleichen.

3.2 Die deutsche Cannabisindustrie im internationalen Vergleich

Die Nischenrolle Deutschlands auf dem Hanfmarkt zeigt sich im internationalen Vergleich auch auf der Unternehmensebene mit einer Dominanz internationaler Unternehmen auf dem Medizinal- und Genusshanfmarkt ebenso wie auf dem CBD- und Samenmarkt.

Blickt man unter einer solchen vergleichenden Perspektive auf die **Situation der Hanfindustrie in Deutschland** zeigt sich auch hier eine gewisse rückständige „Provinzialität". Eine insgesamt zudem noch sehr fluide Situation, die, so die Ergebnisse einer *LinkedIn*-Umfrage, auch in der erwarteten schmerzhaften Konsolidierung des deutschen Cannabismarkts deutlich wird:

> „Die Marktkonsolidierung in der Cannabis-Industrie ist anscheinend in vollem Gange. So glaubt die große Mehrheit, 80 Prozent, der über 100 Teilnehmenden einer Linkedin-Umfrage,

dass mindestens 40 Prozent der bestehenden Cannabis-Firmen in Deutschland in den nächsten zwölf Monaten insolvent gehen, übernommen oder abgewickelt werden. 38 Prozent der Teilnehmenden schätzen, dass dies sogar für über 60 Prozent der aktuellen Firmen gelten wird. Lediglich vier Prozent der Teilnehmenden gehen davon aus, dass höchstens jede fünfte Firma in den jetzigen Eigentumsverhältnissen vom Markt verschwindet."

(Förster 2023).

Eine „Provinzialität", die das Verhältnis zu den großen internationalen Unternehmen, und hier besonders deutlich auf den Märkten des medizinischen Hanfs, aber auch beim Genusshanf oder auf dem CBD-Markt bestimmt, die aber auch die Ebene des Nutzhanfmarktes i. e. S. sowohl auf dem Samenmarkt wie vor allem aber auf dem fast nur ländlich-bäuerlich entwickelten Nutzhanfmarkt erfasst. **Fünf Marktsegmente**, bei denen die ersten vier insgesamt besser organisierten Bereiche hier als **Vergleich** für die Entwicklungsmöglichkeiten des dann ausführlicher behandelten Nutzhanfmarktes dienen sollen.

3.2.1 Der medizinische Hanfmarkt

Die **größten Cannabisunternehmen** der Welt kommen aus Kanada, das durch den *Cannabis Act* (17.10.2018) Cannabis legalisiert hatte.[15] Im Medizinsektor dominieren hier **Tilray** nach der Fusion mit *Aphira*, (Tilray 2021), mit einen Umsatz von 613,6 Mio. Canadian Dollar (CD), **Canopy Growth** mit einem Umsatz von 376,5 CD und **Aurora**, die auch mit Genusscannabis und CBD in den USA Handel treiben, mit einem Umsatz von 164,9 CD im Kalenderjahr 2022 (Reiff 2023). Doch macht die ganze Branche wegen anfänglicher Überkapazitäten „hohe Verluste. Nach der anfänglichen Euphorie bei Privatanlegern und Investoren sind die Aktienkurse der drei größten kanadischen Cannabis-Firmen Tilray, Canopy Growth und Aurora Cannabis im letzten Jahr abgestürzt" (Scholz 2022).

Aurora und *Tilray* sind in Europa und Deutschland bereits vertreten. So halten sie in **Deutschland** beispielsweise zwei der drei deutschen Lizenzen für den Anbau von medizinischem Cannabis, während das einzige unabhängige deutsche Unternehmen für medizinisches Cannabis, dass 2017 gegründete **Demecan** (2023) – bei einem Finanzierungs-

[15] Hermann und Kratz (2022): „Ein Jahr nach der Legalisierung, im Oktober 2019, wurden daher auch Cannabis-Edibles (z. B. THC-haltige Schokolade, max. zehn Milligramm THC pro Packung), Cannabis-Extrakte (zum Rauchen oder Essen, max. zehn Milligramm THC pro Konsumeinheit, max. 1000 Milligramm THC pro Packung) und Cannabis-Topicals (zum Auftragen auf die Haut, max. 1000 Milligramm THC pro Packung) zugelassen." Kraushaar und Simon (2022): Kanada steuert bei Legalisierung nach: Inzwischen wurde im Rahmen der laufenden Evaluierung „die maximale Abgabemenge für THC-haltige Getränke von 2,1 l (5 Dosen a 355 ml) auf 17,1 l (48 Dosen a 355 ml) pro Person um das Achtfache erhöht."

volumen von insgesamt 15 Mio. Euro im Jahr 2022 (Klotz 2022) – „nur" geschätzte 1,2 Mio. Euro Umsatz pro Jahr aufwies (Aster 19.12.2022).

Dieser medizinische Markt ist auch in Deutschland unternehmerisch bisher – vor allem im Vergleich zum völlig unterentwickelten Nutzhanfmarkt – **am besten organisiert**. Zumal dieser Markt sich einerseits aufseiten des Anbaus auf ein sehr eng gefasstes Regelsystem – Cannabisagentur, Lizenz und Tonnage – stützen und andererseits auf der Ebene der Verteilung auf den Großhandel zurückgreifen kann, wie etwa auf die **Canymed** GmbH, die als „pharmazeutischer Großhandel für medizinisches Cannabis deutschlandweit Apotheken, Arztpraxen und Krankenhäuser versorgt", oder auf das ausgebildete Apothekensystem. Dieses verkaufte etwa im 1. Quartal 2023 – im Bereich der gesetzlichen Krankenkassen, also ohne Privatrezepte – 22.616.248-mal (aus 32.128 Verordnungen) Cannabisblüten in unverändertem Zustand oder in Zubereitungen zum Durchschnittspreis von 703,94 Euro.[16] Doch drohte auch hier eine Einschränkung, nachdem der Gemeinsame Bundesausschuss der Krankenkassen (**G-BA**) am 2022 in der Arzneimittel-Richtlinie enge Grenzen für die Vergabe von Cannabisarzneimitteln beschlossen hatte, wodurch die ohnehin restriktive Haltung der Krankenkassen weiter verstärkt würde, weshalb dies auf heftigen Widerstand stieß (Apotheke adhoc 2022), dem der G-BA dann doch mit Beschluss vom 16.03.2023 weitgehend entsprach.[17] Zumal man in dieser Branche bisher hoffte

[16] GKV Gamsi (2023): Während die sonstigen Cannabinoid-Medikamente (pharmazeutischer Art) bei 66.596 Verordnungen mit insges. 28.332.972 €, also im Schnitt nur 425,– Euro kosteten. Kein Wunder, dass die GKV in ihrer Stellungnahme vom 21.07.2023 schreibt: „Mit standardisierten Extrakten und Fertigarzneimitteln auf Basis von Cannabis stehen für den medizinischen Einsatz besser geeignete Optionen zur Verfügung. Es besteht daher keine Notwendigkeit für einen medizinischen Einsatz von Cannabis in Form getrockneter Blüten." Zur Verschreibungspraxis seit 2017 (Legalisierung des medizinischen Cannabis) bis 2022 s. BfArM (2022, S. 20): Unter 16.800 Verschreibungen dominierten Schmerzmittel (76,4%). Während zu 2/3 Dronabinol (62,2 %) verschrieben wurde, erreichten Blüten nur 16,5% der Verschreibungen. Doch betont die Studie: „[D]as Underreporting insbesondere von Ärztinnen und Ärzten der hausärztlichen Versorgung [führt] zu einer verzerrten Darstellung. Während Fachärztinnen und -ärzte der Anästhesiologie eine vergleichsweise hohe Verwendungsquote von Dronabinol aufweisen, verschreiben Ärztinnen und Ärzte der hausärztlichen Versorgung vermehrt Cannabisblüten." Ganz abgesehen davon, dass Privatrezepte nicht erfasst wurden. Wobei nach Angabe der Cannabisversorgenden Apotheken (VCA 2023, S. 1) 80.000 GKV-Patienten 120.000 PKV-Patienten und Selbstzahlern gegenüberstehen. Wie rasch doch Statistiken in die Irre führen können. Insofern ist die Forderung des Bundesverbandes pharmazeutischer Cannabinoidunternehmen (BPC 2023) – auch gegenüber dem G-BA (2022: § 44 II Satz 3,4) – verständlich: „Gleichrangigkeit von Cannabisblüten und -extrakten zu Fertigarzneimitteln im Off-Label-Use wieder herstellen."

[17] G-BA-Beschluss (2023): „[K]eine zusätzlichen Anforderungen an die Verordnung von medizinischem Cannabis in Form von getrockneten Blüten oder Extrakten stellen, die über die gesetzlich zwingenden und für den G-BA verbindlichen gesetzlichen Verordnungsvoraussetzungen hinausgehen. … Nur die Erstverordnung von Cannabis sowie ein grundlegender Therapiewechsel bedürfen der Genehmigung durch die Krankenkassen. Folgeverordnungen, Dosisanpassungen oder der Wechsel zu anderen getrockneten Blüten oder zu anderen Extrakten in standardisierter Form bedürfen keiner erneuten Genehmigung." Inzwischen hat der G-BA durch Beschluss vom 18.7.2024 diesen Genehmigungsvorbehalt der Krankenkassen für Fachärzte u.ä. fallen gelassen. (https://www.g-ba.de/presse/pressemitteilungen-meldungen/1200/#bei-welcher-facharzt-schwerpunkt-oder-zusatzbezeichnung-gibt-es-keinen-genehmigungsvorbehalt-mehr)

(Klotz 2022), nach einer Legalisierung auf das ebenso THC-haltige Genusscannabis zugreifen zu können, für das im „Eckpunktepapier" der Bundesregierung entsprechend enge Regelungen, wie z. B. Verkauf in Apotheken, vorgesehen waren, was jedoch im Gesetzentwurf (2023) fallen gelassen wurde. Während umgekehrt befürchtet wird, dass bei einer zu restriktiven Regelung Patienten auf den inhaltlich weniger kontrollierten Eigenanbau bzw. auf Anbauvereinigungen zurückgreifen könnten:

> „Sollte das Medizinal-Cannabisgesetz (MedCanG) so verabschiedet werden wie geplant, so ist auch in Deutschland eine ähnliche (Fehl-)Entwicklung zu befürchten. Patient:innen werden den für sie dann (leider) einfacheren und zielführenderen Weg wählen, sich selbst zu therapieren und Cannabis entweder selber anbauen oder in einer Anbauvereinigung kaufen. Mehr noch: es ist sogar zu befürchten, dass Ärzt:innen ihre Patient:innen an Anbauvereinigungen verweisen, um den – in vielen Indikationen nur selten erfolgreichen – hohen bürokratischen Aufwand für eine cannabisbasierte Therapie zu Lasten der GKV zu vermeiden"
>
> (ACM-Stellungnahme zum Referentenentwurf 2023 am 13.07.2023, S. 4).

Eine Befürchtung, die angesichts des geringen zugelassenen einheimischen Anbaus von medizinischem Cannabis (3.1.4) umso berechtigter ist, sofern man mit dem ACM mit einer erheblich steigenden Nachfrage – ähnlich wie in Israel oder in den USA – rechnen kann:

> „Mindestens 1,6 Millionen Bundesbürger:innen benötigen Cannabis als Medizin". „Während in Israel gegenwärtig etwa 1,5 % der Bevölkerung einen legalen und kostengünstigen Zugang zu cannabisbasierten Medikamenten erhalten, mit weiter ungebrochen steigender Tendenz, sind es in Deutschland auch nach 5 Jahren Cannabis als Medizin-Gesetz weniger als 0,2 %. Die Zahl von 1,5 % der israelischen Bürger:innen wurde nach offiziellen Angaben im Jahr 2022 überschritten"
>
> (ACM-Stellungnahme zum Referentenentwurf (2023) 03.07.2023, S. 3 f.).

Insgesamt benötigen die noch sehr jungen – erst seit 2017 durch Gesetz geregelten[18]– medizinischen Start-ups erhebliche **Start- und Ausbaugelder**, die sie in unterschiedlicher Form vom *Crowdfunding* bis hin zur Aktienausgabe am Geldmarkt gewinnen. Dies gilt insbesondere auch für die bekannt hohen Kosten der vier Phasen einer Zulassung eines neuen Medikaments (Barmer 2023), die Stevens (2023) auf 20 Mio. Dollar schätzt, „providing each trial is successful the first time".

Eine Marktsituation, die sich auch dahin gehend auswirkt, dass die einschlägigen Firmen einerseits als **Gruppe** verschiedene benachbarte oder auch künftig erwartbare Handelszweige zu bedienen versuchen, um andererseits aber auch die verschiedenen

[18] Gesetz zur Änderung betäubungsmittelrechtlicher und anderer Vorschriften v. 06.03.2017 (BGBl 2017 I, Nr. 11 v. 09.03.2017).

Marktstufen – **Wertschöpfungskette** (Supply Chain) – unter demselben Firmendach zu versammeln, sofern sie nicht praktisch noch völlig fehlen, wie dies etwa bei Nutzhanf weithin das Haupthindernis für die weitere Entwicklung darstellt. So konzentriert sich etwa **Demecan** „auf den Anbau, Import und Großhandel von medizinischem Cannabis", während auf demselben medizinischen Cannabismarkt das ebenfalls deutsche Unternehmen **Cansativa** (2023), als „exklusiver Logistikpartner der Cannabisagentur (BfArM)" „vom Import der Ware, der Lagerung über den Vertrieb an Apotheken einschließlich der Transportabwicklung bis hin zur Wissensvermittlung [als] ein One-Stop-Shop der Branche" alles unter seinem Dach versammelt. Und so vertreibt die 2019 gegründete **Cantourage Group** – mit 5 Mio. Euro Umsatz im Jahr 2021, die am 14.11.2022 mit 27.000 Aktien in den Xetra-Börsenhandel eingestiegen ist – nicht nur mit „derzeit 38 Partnerschaften mit Lieferanten aus 17 Ländern in 5 Kontinenten … medizinische Cannabis-Blüten, Dronabinol, Cannabis-Extrakte und pharmazeutisches CBD in Europa und Großbritannien" (Nünchert 2022), sondern betreibt zusätzlich seit 2022 in London auch eine eigene Cannabisklinik (Cantourage o. J.). Schließlich will die 2018 gegründete **Sanity-Group GmbH**, die sich zum 27.09.2022 „eine weitere Finanzierung in Höhe von 37,6 Mio. Euro von bestehenden und neuen Investoren" sichern konnte (Wallstreet online 2022), „das therapeutische Potenzial von Cannabis freilegen", indem sie unter ihrem Dach einerseits im Zweig **Sanity Medical** mit den Firmen **Vayamed** und **Belfried Medical** „medizinische Cannabisprodukte entwickelt und an Apotheken und klinische Einrichtungen verkauft" sowie „innovative Technologien für den medizinischen Cannabismarkt" entwickelt und andererseits im Zweig **Sanity Care** mit der Firma **VAAY** in die „CBD-Wellness" eingestiegen ist (Sanity group 2023).

3.2.2 Vom Schwarzmarkt zum Genusshanfmarkt

Der bei uns möglicherweise doch noch legalisierte **Genusscannabismarkt**, der den Schwarzmarkt verdrängen soll[19] und der mit demselben hochprozentigen THC arbeitet

[19] Gesetzentwurf (CanG 2023) (2023, S. 1*)*: „Das Gesetz zielt darauf ab, …, den illegalen Markt für Cannabis einzudämmen", dessen Erfolg die Gewerkschaft der Polizei (GdP) in ihrer Stellungnahme zum Referentenentwurf (2023) (vom 28.07.2023, S. 6 f.) bezweifelt, während der vom Bundesgesundheitsministerium publizierte *Technische Bericht* des Hamburger *Instituts für interdisziplinäre Sucht- und Drogenforschung* (Manthey et al. 2023, S. 20), der die Legalisierungsfolgen in Kanada, USA und Uruguay anhand einer ausführlichen Literaturanalyse untersuchte, zu dem Schluss kam: „Die identifizierten Studien stimmen größtenteils darin überein, dass der Schwarzmarkt durch die Legalisierung von Cannabis erfolgreich verkleinert werden kann. Dieser Wandel scheint allmählich und kontinuierlich zu sein; sein Ausmaß hängt jedoch von den Präferenzen der Konsumierenden, von den Produktkategorien und von Marktfaktoren (z. B. Verfügbarkeit und Preis) ab.".

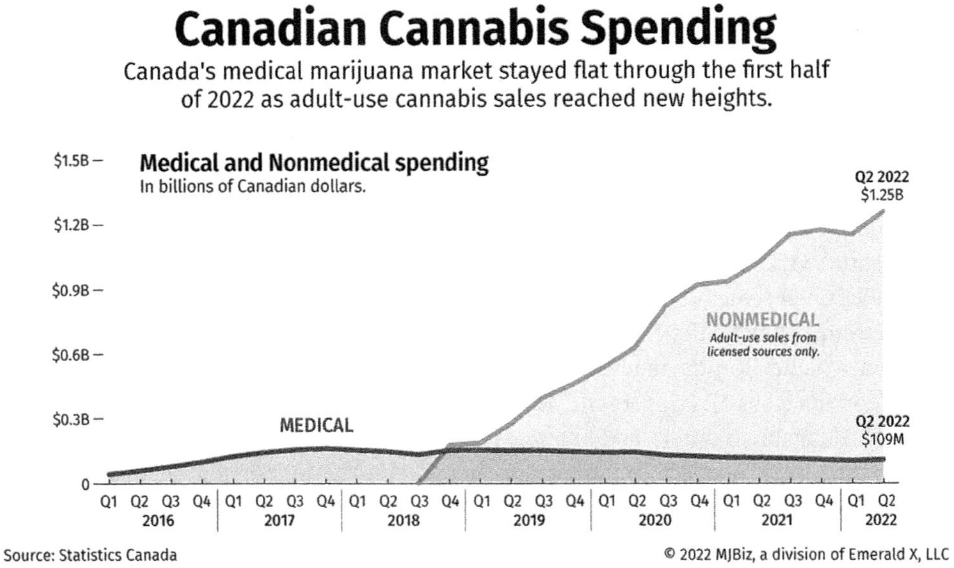

Abb. 3.9 Medizinisches und Adult-use-Cannabis – Verkäufe in Kanada 2016–2022. (Quelle: Israel 2022)

wie der Medizinmarkt, weckt schon heute große Markterwartungen wie aber auch Befürchtungen über die damit verbundene Konkurrenz[20] und mögliche gesundheitliche Gefährdungen. Eine erste Vorausschau bieten die **Erfahrungen aus Kanada**, wie die Abb. 3.9 über das Verhältnis dieser beiden miteinander konkurrierenden Cannabisprodukte zeigt. Hiernach betrug die Zunahme des lizensierten **Genusshanfs** (bis hin zum 2. Quartal 2022) von 1,25 Mrd. Canadian Dollar nicht nur etwas mehr als das Zehnfache des **medizinischen Cannabis** (109 Mio.), sondern senkte zugleich auch dessen Volumen über die Zeit, da dort die Konsumenten vermutlich auf die weniger aufwendige, gleichwohl legale Quelle zurückgreifen, weswegen Überlegungen, auch das Genusscannabis über die Apotheken laufen zu lassen, nahelagen.

Um einen Eindruck von der potenziellen Größe eines solchen Genusscannabismarktes in Deutschland zu erhalten, untersuchten Haucap und Knoke in ihrer Studie über die fiskalischen Auswirkungen einer Cannabislegalisierung in Deutschland (2021, S. 33) das geschätzte **Ausmaß des Cannabisschwarzmarktes** – mithilfe der durch Umfragen erhobenen Prävalenzdaten und der jährlich durch die Polizei beschlagnahmten Cannabismengen sowie im Vergleich zum Pro-Kopf-Konsum in Colorado/USA und in

[20] Anfrage der Fraktion Die Linke, Drucksache 20/4755 vom 2022: „Ohne eine Ausweitung der Cannabisproduktion in Deutschland ist also mit Engpässen und einer Konkurrenz um Cannabisprodukte zwischen medizinischem und Genusssektor zu rechnen.“

Frankreich –, um insgesamt einen „Gesamtbedarf [an Genusshanf] **für Deutschland in der Größenordnung von 380 bis 420 t**" zu prognostizieren.[21]

Ohne auf die damit verbundenen Cannabissteuern einzugehen, rechnet die Bundesregierung im Rahmen des Entwurfs für ein Cannabisgesetz in einer überaus minutiösen Rechnung[22] mit Einnahmen aus der Lohnsteuer und Sozialversicherung, denen Evaluierungs- und Aufklärungskosten gegenüberstehen. Im Bereich der Kriminaljustiz rechnet sie mit

> „jährlichen Einsparungen bei Strafverfolgungsbehörden in Höhe von 800 Millionen Euro, bei Gerichten in Höhe von 220 Millionen Euro und bei Justizvollzugseinrichtungen in Höhe von 35 Millionen Euro … Durch die Neuregelung im MedCanG vermindert sich der Erfüllungsaufwand der Verwaltung um insgesamt ca. 140.000 Euro" (Referentenentwurf 2023).

Als „erstes voll lizenziertes Cannabis-Unternehmen an der Börse und eines der marktführenden Unternehmen im medizinischen Bereich" gründete die **Cannovum Cannabis AG** (o. J.), die, mit einem künftigen „legalen Markt" von 8 Mrd. Euro rechnet, ein ausbaufähiges „Netzwerk" als „Anbau-Allianz (o. J.) für Genusscannabis in Deutschland", mit der u. a. „die Hochschule Osnabrück bereits eine Partnerschaft eingegangen ist" (MarketScreener (2023).

Ein klippenreiches Feld der gegenwärtigen Reformbemühungen, die einerseits mit dem **Jugendschutz** begründet werden, die andererseits jedoch erhebliche Sorgen um die Zunahme von jugendlichen Cannabiskonsumenten wecken, die ja im vorgesehenen Gesetzentwurf (2023) erst ab vollendeten 18. Lebensjahr und dann zunächst nur begrenzt (§19) am Eigenanbau und an den Anbauvereinigungen teilhaben sollen. In einer „Schwarzmarktsituation", für die im Jahr 2021 laut Bundeszentrale für gesundheitliche Aufklärung (BzGA 2022, S. 34) die in Abb. 3.10 aufgeführten Zahlen galten.

Jugendliche Cannabis-Konsumenten 2021				
	Schon einmal	**Letzte 12 Monate**	**Letzte 30 Tage**	**Regelmäßig >10-mal**
12-17 Jahre	9,3 %	7.6 %	3,5 %	1,6 %
18-25 Jahre	50,8 %	25 %	12,0 %	8,6 %

Quelle: Bundeszentrale für gesundheitliche Aufklärung (BzGA 2022: 34)

Abb. 3.10 Jugendliche Cannabiskonsumenten 2021

[21] „Auf Basis dieses Gesamtbedarfs wurden insgesamt Steuereinnahmen für einzelne Steueraufkommensarten in Höhe von 2,8 Mrd. Euro ermittelt. … zusätzlich wurde das Sozialversicherungsaufkommen (526 Mio. Euro) geschätzt. Im Rahmen der Rechtsdurchsetzung belaufen sich die möglichen Kosteneinsparungen auf insgesamt rund 1,36 Mrd. Euro" (Haucap und Knoke 2021, S. 57 f.).

[22] Referentenentwurf (2023:173–179; insbes. zum Eigenanbau und den sog. Cannabisclubs), s. auch BvCW Newsletter 10.07.2023.

Danach hatten im Jahr 2021 im letzten Jahr (in den „letzten 12 Monaten") – als Kunden des Schwarzmarktes – ca. 35.000 Jugendliche von 12–17 Jahren und ca. 1,3 Mio. Personen von 18–25 Jahren zumindest einmal und ca. 7400 Jugendliche bzw. ca. 44.000 Heranwachsende (18–21 Jahre) und Jungerwachsene (22–25 Jahre) regelmäßig Cannabis konsumiert.[23] Während „Jugendliche" nicht an den Freiheiten des vorgesehenen Gesetzentwurfs (KCanG 2023) teilnehmen könnten, also weiterhin strafbar bleiben sollen, könnten „Heranwachsende" (18–21 Jahre) 25 g Cannabis besitzen und bis zu drei Pflanzen anbauen (§3 KCanG 2023) sowie beschränkt an den Anbauvereinigungen teilnehmen (§19 Abs. 3 KCanG).[24]

3.2.3 Der CBD-Markt

Die **CBD-Marktsituation** spiegelt international wie national die oben (2.5) analysierte juristische Zwitter-Situation, in der das CBD einerseits der benachbarten, strafwürdigen THC-Droge gleichgestellt wird, um andererseits als weitgehend THC-freies Produkt im Nutzhanfsektor angebaut und gehandelt zu werden.

So floriert in den **USA** – trotz ungeklärter Rechtssituation[25] – ein 5 Milliarden starker **CBD-Markt.** Auf diesem Markt ist nicht nur die jüngst mit dem Unternehmen Tilray liierte Firma **Aurora** aktiv, sondern ebenso die Firma **Charlotte's Web Holdings** (2023), die mit einem Umsatz von 96 Mio. US-Dollar (2021) als „largest share of any U.S. manufacturer, according to Brightfield sales data" nur etwa 3 % des Marktes einnimmt (Nichols 2022), übrigens ein Indikator dafür, wie groß dieser CBD-Markt ausfallen kann, ohne doch bisher **monopolisiert** zu werden.

Insofern kann auch die gründliche Weltmarktanalyse der Hanfprodukte von Dogby und Revoredo-Giha (2022)[26] überzeugend die **breite Streuung dieses Marktes** belegen, die gegenüber der Konzentration auf dem medizinischen Markt so sehr ins Auge fällt:

---

[23] Quelle: eigene Darstellung in Anlehnung an Statistisches Bundesamt (Destatis) (Hrsg.), Tabellen 12411-0005 Bevölkerung: Deutschland, Stichtag, Altersjahre Stand 10.01.2024.

[24] „An Heranwachsende dürfen Anbauvereinigungen höchsten 25 g Cannabis pro Tag und höchsten 30 g Cannabis pro Monat weitergeben. Das Cannabis, das an Heranwachsende weitergegeben wird, darf einen THC-Gehalt von 10 % nicht überschreiten."

[25] Bricken (2023): CBD ist in den USA auf der Bundesebene verboten, so sehr CBD auch „in einer Vielzahl von Bundesstaaten in Lebensmitteln und Getränken für den Verzehr durch Menschen und Tiere inzwischen erlaubt ist. Es ist nicht so, dass die FDA nichts von dem riesigen unregulierten CBD-Markt weiß, der in den USA bereits existiert. Der Versuch, CBD in die Kategorie ‚Arzneimittel' der FDA-Regulierung einzuordnen, könnte also schwierig werden".

[26] Dogby/Revoredo-Giha, S. 41–43, berechnen – auf der Basis der Global New Product Database – die „Categories of hemp-based products launched in worldwide from 1997 to 2021" (figure 15) und die „Top 20 manufacturers and others launching hemp-based products from 1997 to 2021" (figure 16).

Weltweit nahmen unter den 4870 verschiedenen **Produkten** die Snack-based Food Products mit 1019 Varietäten den ersten Platz ein, gefolgt von 696 Healthcare Products sowie in weiter absteigender Linie: „nutritional drinks and other beverages, breakfast cereals, and bakery products". Wobei unter den 1884 **Unternehmen**, die diese Produkte führten, die „top five companies in the world in descending order: Sequel Natural, Pukka Herbs, Manitoba Harvest, Nature's Path Foods", jeweils ebenfalls **höchstens 3 %** dieses CBD-Marktes einnahmen: „making the market less concentrated, and with no market power issues".

Gegenüber dieser – angesichts des oben geschilderten Verbots in der Single Convention – doch eher halblegalen Produktion, insbesondere in den USA, fällt nun umgekehrt die Zurückhaltung in **Kanada** auf, das zwar bei dem THC großzügig ist, jedoch erst in jüngster Zeit eine Revision des CBD-Verbots plante (Nichols 2022).

Allerdings gilt auch für diesen **CBD**-Bereich die marktwirtschaftliche Sonderstellung des **medizinisch-pharmazeutischen Marktes**, dessen „internationale[r] Umsatz in den nächsten vier Jahren um über 20 % wachsen soll, von 1,14 Mrd. USD (ca. 1 Mrd. Euro) auf 1,37 Mrd. USD (1,22 Mrd. Euro) bis 2027" (Stevens 2023). Hier übernimmt die Firma **Jazz Pharma**, die das bisher einzig zugelassene CBD-Medikament *Epidyolex* vertreibt, eine fast monopolartige führende Rolle, da sie – nach der Übernahme (2020) von *GW-Pharma* und *GW-Research* für 7,2 Mrd. Dollar – die Mehrheit der einschlägigen Patente hält.

CBD-Patente

„GW's collective portfolio consists of a total of at least 396 patent families, containing 1,824 individual patents across 37 national and international patent registry offices, a number which has continued to grow rapidly", während die oben genannten Firmen Tilray und Canopy Growth „still have a total patent count of less than half of GW's, with the patents focusing primarily on non-medical products" (Stevens 2023).

„And the company has shown no signs of slowing down. As interest in cannabinoid medicine grows, it continues to expand its portfolio at a rapid rate, with over 320 new patents published in 2022 alone. The treatment of epilepsy is the largest patent family owned by GW and the most common indication explored in related clinical trials, followed by cancer and other syndromes which cause seizures such as tuberous sclerosis and Rett syndrome" (Sinclair 2023).

Der in **Frankreich** seit dem Beschluss des Staatsrates vom 29.12.2022 erlaubte CBD-Handel auch mit CBD-Blüten (2.5.4.1), der etwa von **Der CBD-Großhändler**[27] betrieben

[27] Der CBD-Großhändler (o. J): „Das 2018 gegründete Maison Kana (Mamafamille SAS) ist heute die Referenz für **CBD in Frankreich**. Unser Familienunternehmen besteht aus Mama Kana und dem CBD-Großhändler, zwei Websites, die sich auf den Verkauf von Hanfprodukten spezialisiert haben" (fett J.M.W. Westphal).

wird, ist in **Deutschland** zurzeit noch aufgrund der jüngsten Entscheidungen des 5. BGH-Senats weithin verboten, weswegen, wie oben angeführt (2.5.5), die **Firma Lidl** im Jahr 2021 nach einer Beschlagnahmedrohung 20 CBD-Waren, die sie über die Firma *Green Dealers*[28] von dem tschechischen Hersteller *Euphoria* bezogen hatte, aus dem Sortiment nahm (Feurer 2021). Dagegen wirbt der italienische Großhändler **Hempati**, dessen „CBD-Produkte in Italien angebaut werden und aus zertifizierten Cannabis Sativa Hanfpflanzen stammen" (Hempati 2023), **europaweit,** „ohne Zwischenhändler": „CBD Produkte zu kaufen ist in vielen Europäischen Ländern legal, unter anderem in: Deutschland, Frankreich, Spanien, Italien, den Niederlanden, Österreich, Dänemark, Luxemburg und Irland, sowie in Großbritannien", um neben CBD-Kosmetika CBD-Blüten (0,45 €/g), CBD-Hasch (1,10/g), CBD-Öl (ab 7./10 ml) und CBD-Isolat (0,50/g) zu verkaufen.

3.2.4 Der Hanfsamenmarkt

Auf dem **Hanfsamenmarkt** agieren für die Zucht, den Anbau und den Handel **drei Sparten**: Der Handel mit Samen für den THC-Anbau, der Handel mit Samen für den Anbau von Nutzhanf und der Samenhandel zur weiteren Verwertung. Während die ersten beiden Formen in Deutschland bisher nur mit spezieller Lizenz zum Anbau von medizinischem Hanf bzw. nur durch lizensierte Landwirte erfolgen konnten – was nunmehr für den erlaubten Eigenanbau und für Anbauvereinigungen beschränkt erweitert wurde (§4 Abs. II KCanG) – , ist der Handel mit **keimfreien** Samen – sei es zum direkten Konsum, sei es zur weiteren Verarbeitung – prinzipiell frei.

Zur ersten Gruppe gehört **Sensi Seeds**, ein niederländisches Unternehmen mit der „weltgrößten Cannabis-Saatbank mit über 500 Sorten" (Sensiseeds 2021), das zugleich seit 1993 in einem „Schwesterunternehmen, HempFlax … neue Verarbeitungsmethoden und spezialgefertigte Maschinen zur Kultivierung von Hanf" entwickelt und seit 1985 in Amsterdam das bekannte *Hash Marihuana & Hemp Museum* betreibt. Der niederländische One-stop-Großhandelspartner **Z-company** (2023), „Europas größter Hanfproduzent", verarbeitet dagegen im dritten Samensegment **„rohe Hanfsamen** zu verschiedenen Produkten wie Proteinpulver, Öl, Samen und Mehl." (fett J.M.W. Westphal).

Für den hier besonders interessierenden Bereich des **Nutzhanfanbaus** wird – nunmehr in der dritten Samensparte – das Saatgut von den zertifizierten Landwirten **gekauft** oder aber bei entsprechender Lizenz auch selber **vermehrt**, wobei insbesondere darauf zu achten ist, dass jeder Sack ein EU-Anerkennungszertifikat als Aufkleber trägt. Die meisten Landwirte bestellen ihr Saatgut etwa bei der seit 1964 aktiven, größten europäischen Samenfirma **Hemp It** in Frankreich, eine agrarische Genossenschaft mit 55 Vermehrungs-

[28] Schoesslers (2022): Diese Firma **The Green Dealers** schloss sich im Frühjahr 2022 mit der **CannaCare Health GmbH** – die ihren Nutzhanf aus zertifiziertem Anbau in Europa bezieht – zusammen, um deren „Öle, Muskelgels und Kosmetik" „im Lebensmitteleinzelhandel, Discount und Biomarkt" zu vertreiben.

betrieben, 30 Mitarbeitern für 8000 m^2 Produktionsanlagen und mehr als 500 Anbauparzellen.[29] So **bestellte** etwa die Industriegenossenschaft **Hanffaser Uckermark eG** im Jahr 2022 in einer Sammelbestellung den Samen für „ihre“ Bauern, die etwa 400–500 ha Hanf anbauen, der dann in der eigenen Fabrik hauptsächlich zu Baustoffen verarbeitet wird.[30] Die badische Firma **BAFA Neu GmbH** (o. J.), die als erste deutsche Hanffaseraufbereitung seit 1996 einheimisches Hanfstroh mechanisch in Fasern und Schäben aufbereitet, **verkauft** dagegen sowohl französische wie auch in Frankreich selber produzierte Samen EU-zertifizierter Nutzhanfsorten.

3.3 Situation und Probleme des deutschen Nutzhanfmarkts

Bisher konnte die **marginale Situation des Nutzhanfanbaus** sowohl flächenmäßig im Weltmaßstab wie innerhalb Europas gegenüber Frankreich aufgezeigt werden, eine Situation, die sich dann auch im Import-Export-Defizit niederschlug. Diese Situation setzt sich auch innerhalb Deutschlands fort, und zwar sowohl gegenüber den bisher besprochenen drei **konkurrierenden Märkten** – medizinisches Cannabis sowie die illegalisierten Genussmittel- und CBD-Märkte – wie auch gegenüber den **konkurrierenden landwirtschaftlichen Anbaufrüchten.** Hier erreichte der **Nutzhanf** im Jahr 2022 mit 6943 ha Anbaufläche gerade einmal 0,06 % des in Deutschland verfügbaren **Ackerbaulands** (11.657.000 ha), während das **Getreide** zur Körnergewinnung (insbes. Weizen) 48,5 %, der **Mais** (insbes. Silomais) 21,3 % und **Raps**, das ja direkt als Ölpflanze konkurriert, mit 1.089.500 ha 9,3 % dieser Ackerbaufläche einnehmen konnte, also 155-mal so groß wie die Hanfanbaufläche ausfiel.[31]

3.3.1 Bäuerliche Betriebe und Anbauflächen von Hanf

Eine Randstellung, die ein letztes Mal auch im Verhältnis der in Deutschland aktiven, doch gegenüber den Großbetrieben schwindenden bäuerlichen Landwirtschaften deutlich wird. So bewirtschafteten 2020 insgesamt 195.200 **bäuerliche Betriebe** Ackerland, darunter 38.100 **Großbetriebe** mit einer Betriebsgröße von mehr als 100 ha. bzw. mit den Worten der Pressemitteilung von Destatis: „14 % der Betriebe bewirtschaften 62 % der landwirtschaftlich genutzten Fläche“, während man mit Stolz darauf hinweisen konnte, dass die

[29] *Hemp-it* (2022): An innovative cooperative rooted in the hemp sector since 1964, „HEMP-it is an agricultural cooperative specialised in producing and marketing industrial hemp seeds. We breed, produce and market our partner producers' seeds.“

[30] *Hanffaser Uckermark* eG, in einer persönlichen Mitteilung.

[31] Errechnet aus den Angaben in: Deutsches Maiskomitee (2022); Statista (2023) und BLE (2023).

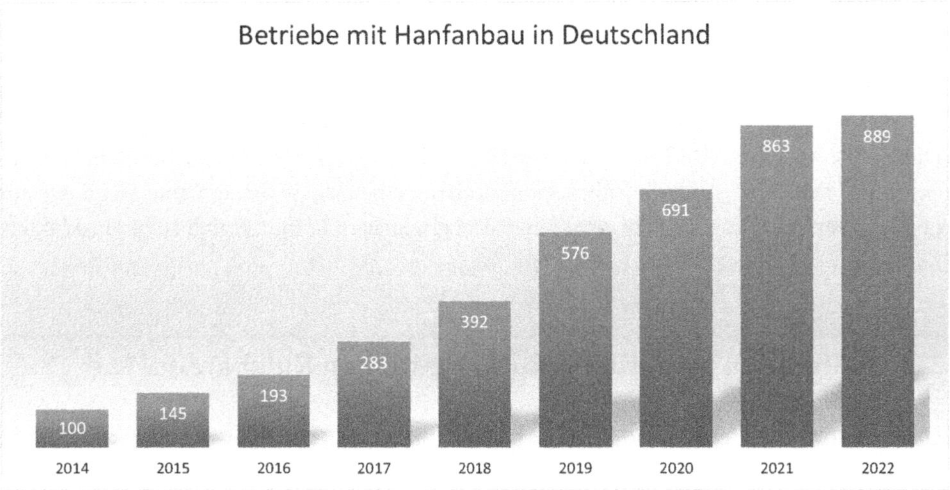

Abb. 3.11 Betriebe mit Hanfanbau in Deutschland, Stand: 22.12.22

Zahl der **bäuerlichen Hanfbetriebe** von 863 im Jahr 2021 auf 889 im Jahr 2022 angestiegen sei, also gerade einmal 0,45 % dieser Betriebe stellte.[32] Eine Randstellung, die im Vergleich der durchschnittlichen Betriebsgrößen noch einmal deutlich wird: Während die bäuerlichen Betriebe im Jahr 2020 im Allgemeinen im Schnitt fast 60 ha (59,72 ha) bearbeiten, sind es im Hanfbereich im Jahr 2022 gerade einmal 7,81 ha.[33]

In diesem engen Rahmen belegen die beiden Abb. 3.11 und 3.12 ein langsames **Ansteigen** sowohl der Nutzhanfflächen wie der bäuerlichen Betriebe bis zu den soeben eingesetzten Zahlen.[34]

Während es in Deutschland 2021 863 Landwirte gab, die auf einer Fläche von 6444 ha Nutzhanf anbauten, waren es **2022** bereits **889 Landwirte mit 6943 ha.** Damit hatte sich die Anbaufläche von 3114 ha aus dem Jahr 2018 mehr als verdoppelt. Dabei kann das zunächst unerwartete **Absinken** der Nutzfläche in den 2010er-Jahren dieses Jahrhunderts das Gewicht der in den Anfangszeiten eines solchen Produktionszweiges notwendigen Finanzierungshilfe belegen, da in diesen Jahren die bisher gewährte „Verarbeitungsbeihilfe" weggefallen war.[35]

---

[32] Errechnet aus: BLE (2023) und Destatis (2020).

[33] Errechnet aus der Tabelle in Abb. 3.9 „Betriebe mit Hanfanbau".

[34] Quelle: Abb. 3.11: eigene Darstellung in Anlehnung an BMEL-Statistik (2022): Tabellen zur Landwirtschaft – Betriebe MBT-0101270-0000 Betriebe mit Hanfanbau in Deutschland. Abb. 3.12: eigene Darstellung in Anlehnung an BMEL-Statistik (2022): Statistischer Monatsbericht des BMEL Kapitel A. Landwirtschaft – Flächen MBT-0104340-0000 Anbaufläche von Nutzhanf in Deutschland.

[35] So argumentiert jedenfalls die Bundesregierung in ihrer Antwort auf die Anfrage Der Linken, Drucksache 19/11377.

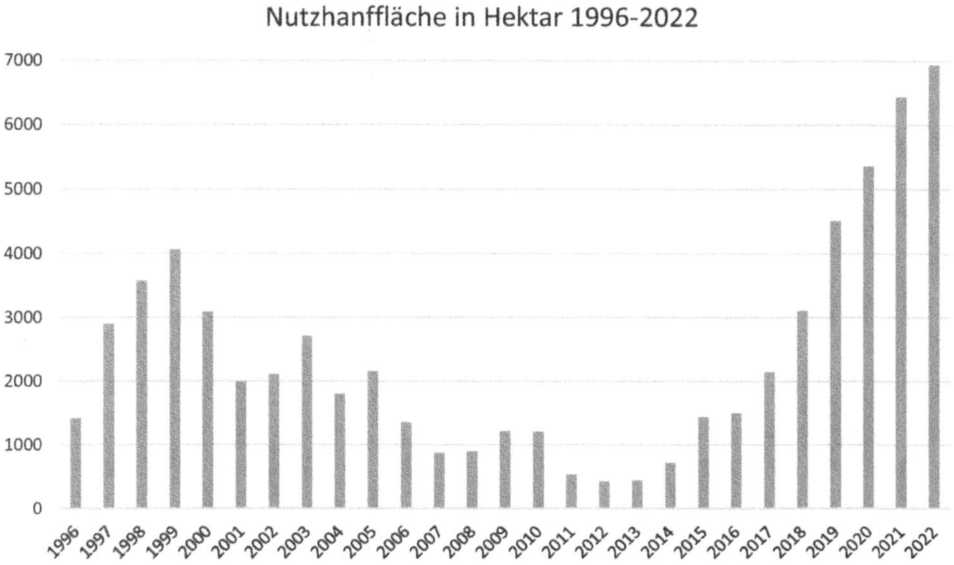

Abb. 3.12 Nutzhanffläche in Hektar 1996–2022, Stand: 22.12.22

Doch erreicht mich während meiner abschließenden Arbeiten an diesem Werk im November 2023 die unglaublich erschreckende Nachricht des BLE (2023), dass 2023 lediglich 643 Betriebe mit 5834 ha gezählt wurden, das ist ein **Minus** von 16 % bei den Betrieben und von 28 % bei der bebauten Nutzfläche.[36] Ein Hilferuf, den auch das Bundesministerium für Ernährung und Landwirtschaft in seiner begründung zum Nutzhanfliberalisierungsgesetz (NLG) anführt, und der die am Ende der Arbeit erhobenen Forderungen politisch eigentlich unabdingbar macht.

Untersucht man in der Tabelle in Abb. 3.13 die **Verteilung dieser Betriebe** mit Hanfanbau in Deutschland,[37] stechen zunächst **drei Bundesländer** mit Abstand zu den restlichen Bundesländern heraus: Niedersachsen mit 215 Betrieben, Bayern mit 214 Betrieben, Baden-Württemberg mit 118 Betrieben und an vierter Stelle, um die Differenz aufzuzeigen, Nordrhein-Westfalen mit 62 Betrieben, sodass also mehr als die Hälfte aller in Deutschland ansässigen Betriebe auf drei Bundesländer fallen.[38] Doch macht sich auch

---

[36] Allein „im Bundesland Brandenburg ist die Anbaufläche von 452 Hektar im Jahr 2022 auf fast 1500 Hektar im Jahr 2023 angestiegen. Dieser bemerkenswerte Anstieg ist wahrscheinlich auf die jüngst verstärkten Aktivitäten des in Brandenburg ansässigen Unternehmens Felde Fibre, vormals NFC Nettle Fibre Company zurückzuführen" (Kamperschroer und Schollen 2023).

[37] Quelle: eigene Darstellung in Anlehnung an BMEL-Statistik, Statistischer Monatsbericht des BMEL Kapitel A. Landwirtschaft – Flächen MBT-0104340-0000 Anbaufläche von Nutzhanf in Deutschland 2022 sowie Betriebe MBT-0101270-0000 Betriebe mit Hanfanbau in Deutschland 2022 und selbst errechneter durchschnittlicher Hektarwert in den einzelnen Bundesländern im Jahr 2022.

[38] BMEL-Statistik (2022): Tabellen zur Landwirtschaft – Betriebe – MBT-0101270-0000 Betriebe mit Hanfanbau in Deutschland.

Betriebe mit Hanfanbau – Anbaufläche, Anzahl der Anbauer und durchschnittlicher Hektar-Wert in den einzelnen Bundesländern im Jahr 2022			
Bundesland	Anbaufläche in Hektar	Anzahl der Anbauer	⌀ Hektar
Schleswig-Holstein	182	24	7,6
Niedersachsen	1 932	215	9,0
Nordrhein-Westfalen	333	62	5,4
Hessen	376	61	6,2
Rheinland-Pfalz	102	28	3,6
Baden-Württemberg	453	118	3,8
Bayern	832	214	3,9
Saarland	6	5	1,2
Berlin	1	2	0,5
Brandenburg	452	33	13,7
Mecklenburg-Vorpommern	700	28	25,0
Sachsen	230	22	10,5
Sachsen-Anhalt	763	44	17,3
Thüringen	578	32	18,1
Hamburg	3	1	3,0
Bremen	0	0	-
Deutschland insgesamt	**6 943**	**889**	**7,8**

Abb. 3.13 Betriebe mit Hanfanbau, Stand: 2022

hier der allgemeine Unterschied der landwirtschaftlichen **Betriebsgrößen** zwischen Ost- und Westdeutschland bemerkbar: Während im Jahr 2022 in Mecklenburg-Vorpommern, Thüringen, Sachsen-Anhalt und Brandenburg die bearbeiteten Ackerflächen im Durchschnitt jeweils 25,0 ha, 18,1 ha 17,3 ha und 13,7 ha umfassten, waren es in den westlichen Betrieben in Nordrhein-Westfalen, Bayern, Baden-Württemberg und Rheinland-Pfalz durchschnittlich nur 5,4 ha, 3,9 ha, 3,8 ha und 3,6 ha.

Womit die vier ostdeutschen Betriebe auf dieser betriebswirtschaftlich so wichtigen Kenngröße mit durchschnittlich 18 ha die vier westdeutschen Betriebe mit durchschnittlich 4,1 ha um das Vierfache übertrafen. Eine Nord-Süd-Verteilung, die im Übrigen zugleich belegen kann, wie der Hanfanbau relativ klimaneutral erfolgen kann.

3.3.2 Anbau und Vertrieb: Realität und Probleme

Für diesen Anbau stehen, wie oben – rechtlich und als Samenmarkt – näher beschrieben, **zertifizierte Samen** der im jährlich neu überarbeiteten „gemeinsamen Katalog" aufgeführten Sorten bereit. Unter diesen Sorten kann der Anbauer für den Anbau auswählen: Faserhanf für industrielle Zwecke, Samenhanf für die weitere Verarbeitung, CBD-haltige Pflanzen für Kosmetika oder Pflanzen, die sowohl Fasern wie Samen liefern, und, mit besonderer Lizenz, solche erlaubten Samen für den weiteren Anbau, während bisher für den seit 2017 zulässigen Winterhanfanbau spezialisierte Hanfsorten fehlen[!].

Der **Anbau** selber kann im Prinzip auf recht **unterschiedlichen Böden** erfolgen, doch meint Rafael Dulon, der in Melz/Mecklenburg an der Müritz die Hanffarm GmbH betreibt (mit 15 Angestellten), 600–800 ha für Samenhanf bestellt und in eigener Ölmühle 100 t Samen verarbeitet:

„Hanf wächst ja offensichtlich überall, auch auf schlechten Böden" – „Die Information, dass Hanf sehr anspruchslos ist und überall wächst, das ist eigentlich eine Mär. Das stimmt nur insoweit, als dass du überall Hanf findest, das ist richtig. Auch auf sehr schlechten Standorten findet man immer irgendwie Hanfpflanzen. Aber wenn man die Pflanze wirtschaftlich nutzen will, dann brauchst du Böden, die sehr tiefgründig sind und eine sehr gute Wasserführung haben. Und wir brauchen auch Böden, die von den Mineralstoffen her gut versorgt sind, also Böden, bei denen sich die Landwirte um die Nährstoffversorgung und Humusaufbau gekümmert haben. … mit Böden deutlich über 20 Bodenpunkten, lieber um die 30 oder bis 40" (Dulon 2022, S. 22).[39]

Der Anbau kann auch grundsätzlich ohne Pflanzenschutzmittel (PSM) – Schädlings- und Unkrautbekämpfungsmittel – erfolgen und zur eventuellen **Nitrat**-Düngung auf biologischen Dünger (Gülle) zurückgreifen:[40]

„Für alle Nutzungsrichtungen zeigte sich ein Stickstoffbedarf von 160 kg N/ha (inkl. Nmin). Zwar steigt der Kornertrag auch bei weiter zunehmender Stickstoffdüngung an, allerdings nehmen die Stickstoffverluste ebenfalls zu, weshalb einer Überschreitung von 160 kg N/ha nicht empfohlen wird. Der Röststrohertrag im Faserhanf dagegen erhöhte sich ab eine verfügbaren Stickstoffmenge von 160 kg N/ha nicht mehr" (Eichhoff et al. 2023, S. 22).[41]

Hanf ist wegen seiner tief reichenden Wurzeln sparsam im **Wasserverbrauch** und kann mehrere Jahre auf derselben Fläche oder mit Winterhanf als Zwischenfrucht angebaut werden:

„Es hat sich gezeigt, dass der Erfolg des Anbaus stark von den Aussaatbedingungen abhängt. Eine zu frühe Saat bei niedrigen Bodentemperaturen oder geringer Wasserverfügbarkeit mindert die Ertragserwartung. Auch die ersten Wochen des Wachstums sind entscheidend. In dieser Phase benötigen die Hanfpflanzen viel Wasser. Fehlt dieses, sind Ertragseinbußen zu erwarten. Bei niedrigen Hanfsorten ist eine eigene Unkrautunterdrückung meist nicht

[39] Jan Paki von der Projektgruppe Hanf (Klimahanf) im LPV Prignitz-Ruppiner Land meint dazu (auf Anfrage, per E-Mail): „Die unterschiedlichen Aussagen beruhen darauf, dass es verschiedene Meinungen und noch nicht genügend Daten gibt. Ich persönlich bin der Meinung, dass man Hanf auch auf mageren Standorten wirtschaftlich anbauen kann. Letztendlich ist die Frage entscheidend, wie hoch der Preis für Hanf im Vergleich zu der alternativen Kultur (Rogen/Gerste/…) ist. Gleichwohl ist die Aussage ‚Böden, die von den Mineralstoffen her gut versorgt sind, also Böden, bei denen sich die Landwirte um die Nährstoffversorgung und Humusaufbau gekümmert haben' natürlich richtig. Aber das kann man auf mageren Standorten auch erreichen."

[40] Vgl. Bafa Neu GmbH (o. J.a); Hanffaser Uckermark (2022a); Denner (2014).

[41] „Die Höhe der verfügbaren Stickstoffmenge hatte weder Auswirkungen auf die Faserqualität noch auf qualitätsbestimmende Eigenschaften der Körner, wie z. B. Rohfettgehalt oder THC-Gehalt. Dagegen nahm der Anteil an großen Körnern (> 3,0 mm) mit steigender Stickstoffmenge zu" (Eichhoff et al. 2023, S. 22).

gegeben. Es bietet sich an, einen weiten Reihenabstand zu nutzen und eine mechanische Unkrautregulierung mit der Hacke durchzuführen. Die optimale Saatdichte ist abhängig von der Sorte und der Nutzungsrichtung. In unseren Versuchen zeigte sich, dass für die Körner- und CBD-Nutzung eine Aussaatmenge von 100 und für die Fasernutzung von 350 keimfähigen Körnern pro Quadratmeter ausreichend ist. Die Behandlung mit Pflanzenschutzmittel ist aktuell nicht nötig und aufgrund fehlender zugelassener Mittel auch nicht möglich" (Eichhoff et al. 2023, S. 21).

So zeigte – während der oben angesprochenen „Hanf-Bus-Tour" am 6. September (LPV 2023) – der Vergleich von vier Winterhanfflächen, die im Juli/August ausgesät worden waren, je nach Vorfrucht, nach Art der Bodenlockerung, nach dem Zeitpunkt der Gülledüngung und nach Bodenbeschaffenheit, gewaltige Unterschiede, die in einem Fall zum Totalausfall und nur in einem weiteren Fall zum optimalen Aufbau führten. Wobei in der Diskussion mit den zuständigen Landwirten deutlich wurde, wie sehr man schon beim Anbau dieser ersten neuartigen Ackerfrucht mit sämtlichen Aspekten – Art der Vorfrucht, Tiefe der pfluglosen Bodenbearbeitung (Grubber), Art des Ausbringens des Saatgutes (Drillen) – insbesondere auch regional unterschiedlich „experimentieren" muss. Wobei, wie eine Landwirtin sagte: „Experimentieren Geld kostet", was beeindruckend offensichtlich war. Wie die Anbauleiterin Antonia Schlichter (LPV 2023) erklärte, kann dies bei Winterhanf noch ein wenig durch die GAP-Zuschüsse für die Winterbegrünung und die Ernteausfallentschädigung der Vertragsfirma *Felde Fibres* gemildert werden.

Versucht man, gegenüber diesen Vorteilen des Hanfanbaus, dessen Schwierigkeiten zu erfassen, ergeben sich **fünf Problemebenen**: Die fehlende Erfahrung der Landwirte, das mangelhafte Angebot an Landmaschinen, der bürokratische Aufwand sowie die fehlenden Fertigungs- und Lieferketten, auf die ich in den folgenden Abschnitten näher eingehe:

- Zunächst fehlt den Landwirten, wie ersichtlich, – ein **erstes Problem** – noch weitgehend eine zureichende **Beratung** – wie überhaupt die regional bezogene (verloren gegangene) **Erfahrung** und das „moderne Wissen" über den Anbau, die Art der Ernte[42] und des „Röstens"[43] wie über die weitere Verwertung, ein erster Teufelskreis: Je weniger Landwirte, desto weniger Erfahrungsaustausch sowie geringere Beratungsfinanzierung, desto weniger Landwirte riskieren den Anbau. So resümiert der *Optihemp*-Abschlussbericht:

[42] Von der entscheidend die Bastqualität abhängt: Welche Maschinen, in welcher Höhe soll wie geschnitten werden, wie und wann ist bei Faserhanf, wie bei Samenhanf, wie bei Sommer- wie bei Winterhanf vorzugehen – sowohl wegen der Qualität wie der behördlichen Auflagen wegen (bei Winterhanf: nicht vor dem 15. Januar, um die Winterprämie zu erhalten).

[43] Im Auftragsanbau der Firma *Felde Fibres* bevorzugt man jetzt für den Winterhanf das „stehende Rösten" des nicht gemähten Hanfs, der den Bast „rundum" gleichmäßig schält (Auskunft der Anbauleiterin A. Schlichter).

> „Für den Anbau der Kultur sind Spezialwissen und Erfahrungen notwendig, die für Bayern momentan nur in geringem Umfang zu Verfügung stehen. Damit der Nutzhanf sein Potential zur Wertschöpfung voll entfalten kann, müssen Daten und Erfahrungen zu allgemeinen Produktionstechniken erarbeitet werden. Generelle Kenntnisse über die geographisch bedingte Anbaueignung und standortbezogene Sortenwahl fehlen momentan genauso wie sorten- und standortbezogene Ertragserwartungen und Richtwerte für Qualitätsziele der verschiedenen Nutzungsrichtungen. Außerdem fehlen Informationen zur Preissituation für Hanfprodukte, da diese wichtige Entscheidungsgrundlage für den Anbau und die erfolgreiche Vermarktung sind. Die Verfügbarkeit und Existenz geeigneter Spezialtechnik stellt insbesondere für die Ernte eine große Herausforderung dar" (Eichhoff et al. 2023, S. 7).

- Nach Auskunft von Bernd Frank, dem langjährigen Gründer der *Bafa Neu GmbH*, kann man für die Aussaat wie die Ernte die üblichen **Maschinen** einsetzen, lediglich für die Ernte des sehr widerständigen Industriehanfs bedarf es besonderer Maschinen. Hierfür hat etwa die *Bafa Neu GmbH* eine eigene Erntemaschine entwickelt, während die oben genannte Schwesterfirma von *Sensi Seeds, HempFlax* (2023): „spezialgefertigte Maschinen zur Kultivierung von Hanf *entwickelt.*

> „Die Erntetechnik unterscheidet sich ebenfalls zwischen den Nutzungsrichtungen. Während niedrige Körnerhanfsorten mit gewöhnlichen Mähdreschern geerntet werden können, sind für die Ernte von Faserhanf und allgemein langstrohigen Sorten Spezialmaschinen notwendig. Die Ernte des oberen Pflanzendrittels kann für die CBD-Nutzung durch einen Grünguternter oder ebenfalls durch Spezialmaschinen erfolgen. Aktuell besteht vermehrt das Bestreben, die Faserstängel ohne Einkürzung zu ernten, um eine möglichst hohe Faserqualität zu erhalten, die sich auch für die textile Weiterverarbeitung eignet" (Eichhoff et al. 2023, S. 22).

Insgesamt fehlt bislang – ein **zweites Problem** – ein überzeugendes einschlägiges Landmaschinenangebot, sodass Start-ups häufig auf eigenaktive Lösungen zurückgreifen müssen. Ein zweiter Teufelskreis: Je weniger Anbau, desto geringeres Interesse einer einschlägigen Maschinenindustrie, desto aufwendiger der Anbau …

Ein Problem, das schon die Landtagsfraktionen der CDU/SPD/Die Grünen in ihrem Antrag an den Landtag Brandenburg vom 16.03.2021 festhielten: „Das wesentliche Hemmnis für einen nachhaltig wachsenden Anbau ist bislang das Fehlen von ausgereiften Ernte- und Verarbeitungstechnologien sowie mangelnde Verarbeitungskapazitäten im Land Brandenburg als auch im übrigen Bundesgebiet."

- Der Hanfanbau unterliegt strengen, mit Ordnungsstrafen belegten **bürokratischen Regeln.**[44] Er muss im landwirtschaftlichen „Gemeinsamen Antrag" registriert und bei der Bundesanstalt für Landwirtschaft mit der „Anbauanzeige" und der „Erklärung über die Aussaatflächen von Nutzhanf" gemeldet werden. Sobald der Hanf blüht, muss die „Meldung über den Beginn der Blüte" an die Bundesanstalt für **Landwirtschaft erfolgen.**

---

[44] Vgl. Agricultural Marketing Service (2019) zu den analogen bürokratischen Anbauregeln für die USA.

Bürokratische Regulierung[45]

- „Mehrfachantrag an das zuständige Amt für Ernährung, Landwirtschaft und Forsten (AELF) bis 15. Mai des Anbaujahres („Erklärung über Aussaatflächen" und Originaletiketten des verwendeten zertifizierten Saatguts müssen der Meldung beigelegt werden);
- zusätzlich Meldung des Nutzhanfanbaus mittels Anbauanzeige an die Bundesanstalt für Landwirtschaft und Ernährung (BLE) bis 1. Juli des Anbaujahres (in dreifacher Ausfertigung);
- Meldung des Blühbeginns an die Bundesanstalt für Landwirtschaft und Ernährung (BLE) zur Kontrolle des THC-Gehaltes; dient der Kontrolle, ob angebaute Sorten den Grenzwert von < 0,2 % [jetzt 0,3 %] THC einhalten und auch im Folgejahr wieder angebaut werden dürfen;
- [Dafür ist der Hanf] unter normalen Wachstumsbedingungen bis mindestens 10 Tage nach dem Ende der Blüte weiterzupflegen.
- [Wobei mit der] „Beerntung" erst begonnen werden [darf], wenn Freigabeschein von BLE erhalten wurde oder die Kontrolle auf der Fläche tatsächlich durchgeführt wurde."

Dieser bürokratische Aufwand stellt ein **drittes**, von den Anbauern beklagtes **Problem** dar, zumal die Wartezeit für die Kontrollen zurzeit des Blütebeginns die Ernteplanung behindern, die zur Überprüfung des THC-Wertes notwendigen Laborkosten vom Anbauer zu tragen sind und eine auch nur geringe Verletzung der 0,3 %-THC-Regelung zur Beschlagnahme des ganzen Feldes führen kann, sofern die Staatsanwaltschaft, wie oben (2.5.5) beschrieben, nicht sogar zuvor im Rahmen der CBD-Problematik – Verdacht der Gewinnung von CBD-Blüten-Tee o. Ä. – das Feld ohnehin beschlagnahmt hat: Je höher der bürokratische Aufwand und das Risiko, wegen eines Verstoßes belangt zu werden, desto mehr übernehmen dies „mutige Start-ups", desto größer der Behördenverdacht …

Ein „bürokratischer" Problembereich, den der Deutsche Bauernverband in seiner Stellungnahme zum Entwurf eines CanG (24.07.2023, S. 4) für die Regelung des Nutzhanfs beklagt:

> „Aktuell ist der Anbau besonders streng und bürokratisch reglementiert. Dies schreckt die deutsche Landwirtschaft oft vom Anbau ab, obwohl ihnen die ackerbaulichen Vorteile bewusst sind. Unattraktiv machen den Anbau vor allem die Meldung der Blüte und der Ernte … Optimal wäre allerdings das Wegfallen der vielfältigen Meldepflicht zu verschiedenen Produktionszeitpunkten. … Allein durch die Witterung unterliegt beispielsweise die Ernte einer gewissen Unsicherheit, wodurch sie nicht jederzeit erfolgen kann. … Die Entbürokratisierung des Nutzhanfanbaus in Deutschland ist ein entscheidender Schritt, um den Ausbau dieses vielseitigen Rohstoffs voranzutreiben."

[45] TFZ Bayern (o. J.). S. auch BLE (2017) mit den erforderlichen Formularen. S. auch BtMG: § 24a sowie die §§ 32, 34 im Referentenentwurf (2023) und Gesetzentwurf (2023).

Was dessen Generalsekretär, Bernhard Krüsken, in der *Rheinischen Post* (10.08.2023) mit der Aussage ergänzte: „Wichtiger aus landwirtschaftlicher Sicht wäre eine Beseitigung der Hürden für den Anbau von Nutzhanf, etwa als Grundstoff für Textilien."

Bürokratische Regulierungen und Kontrollen, deretwegen die BAFA Neu GmbH, die als einer der ersten deutschen Betriebe schon sofort nach der Freigabe des Nutzhanfanbaus (1996) in Baden-Württemberg mit dem Anbau begann, mittlerweile vollständig **in Frankreich** produziert. Da die dort erlaubte Vermehrung der Pflanzen, die Samenbeschaffung, die erlaubten Sorten und die rechtlich erleichterten Anbaubedingungen notwendig seien, um wirtschaftlich konkurrenzfähig zu bleiben.

3.3.3 Die Verarbeitung

Die Verarbeitung des Industriehanfs erfolgt im Rahmen einer Fertigungskette mindestens dreistufig, wie das in Abb. 3.14 (Nettle Fibre Company 2018) aufgeführte Schema der Firma NFC GmbH Nettle Fibre Company (NFC), die seit 2011 auf dem Fasermarkt tätig ist, verdeutlichen kann.

Und zwar (1) durch ein mehrwöchiges *Rösten*, bei dem der gemähte Hanf auf dem Feld bleibt, bis sich die Fasern von den Schäben lösen lassen,[46] (2) die maschinelle Entholzung und textile Faserherstellung[47] und (3) die industrielle Verwertung in den diversen Hanfsparten. In dieser Fertigungskette (*Supply Chain*), die für den industriellen Hanf bisher

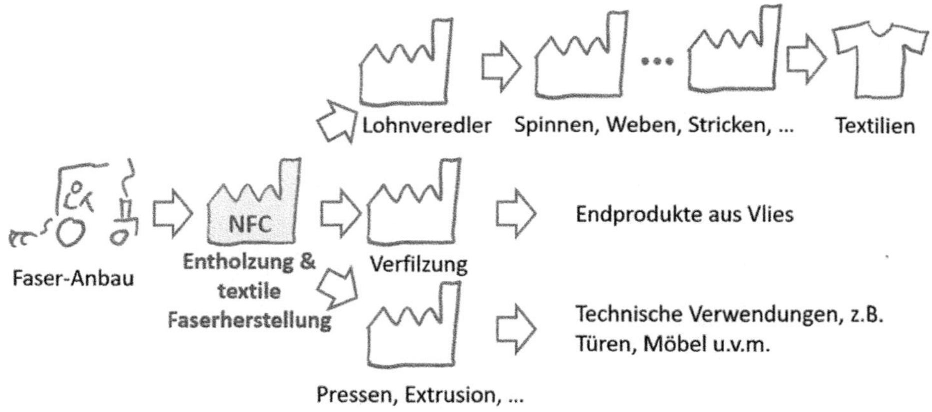

Abb. 3.14 Schema der Nutzhanffertigungskette

[46] Nach der Körner- und Blütenernte wird das Erntegut schonend getrocknet und gegebenenfalls gereinigt. Das Stroh bei der Faserproduktion wird auf dem Feld geröstet, in Ballen gepresst und muss in dafür ausgelegten Anlagen aufgeschlossen werden, um die Fasern und Schäben voneinander zu trennen und weiterverarbeiten zu können.

[47] Zu den diversen Verfahren ausführlich: Nebel (2007).

erst in Ansätzen entwickelt ist, liegt neben den bisher benannten drei Problemen der fehlenden Erfahrung, dem noch kaum entwickelten Markt maschineller Erntemaschinen und den bürokratischen Hemmnissen ein **viertes Problem**, und zwar sowohl in verkehrs- wie in markttechnischer Hinsicht: Der Transport des gerösteten Hanfstrohs, das bis zu vier Meter lang werden kann, ist aufwendig, weshalb „Verarbeitungsfabriken für Nutzhanf möglichst nicht weiter als 80 km von den dezentralen landwirtschaftlichen Anbau- und Logistikstandorten entfernt liegen" sollten (Bundesvereinigung Nachhaltigkeit 2021, S. 17). Was *Hanffaser Uckermark* damit begründet, „dass ein Schlepper-gezogener Strohhänger bei einer Entfernung bis ca. 30 km etwa 10 €/t kostet, während ein Truck bei 100 km: 25 €/t kostet" (Hanffaser Uckermark 2022a). Je weniger Verarbeitungsmöglichkeit, desto weniger der dadurch riskante Anbau, desto größer das Beschaffungsproblem, desto weniger lohnt sich dessen Einrichtung …

Was Karolin Eichhoff et al. vom bayerischen TFZ Straubing wie folgt unterstreichen:

> „Bevor Nutzhanf angebaut wird, sollten die Abnehmer für das Erntegut feststehen, da sich der Absatz schwieriger als für andere landwirtschaftliche Kulturen erweist. Während die Vermarktung von Hanfkörnern meist problemlos über Lebensmittelhersteller oder die Direktvermarktung möglich ist, ist die Abnahme des Hanfstrohs nicht garantiert. Um an die Fasern und Schäben zu gelangen, muss es in einem weiteren Verarbeitungsschritt aufgeschlossen werden. Dafür sind spezielle Verarbeiter mit entsprechenden Anlagen nötig, welche in der aktuellen Situation in Bayern nicht existieren.[48] Eine regionale Verarbeitung für Faserstroh ist somit ausgeschlossen" (Eichhoff et al. 2023).

Ein Landwirt aus dem Projekt Klimahanf des *Landschaftspflegeverbands Prignitz – Ruppiner* e.V., der selber im „Vertragsanbau" aktiv ist, schreibt mir dementsprechend zu meiner Frage nach den größten Hindernissen für deutsche Landwirte, die in den Hanfanbau einsteigen wollen: „Unübersichtlicher, chaotischer und volatiler Markt bislang, ohne vertragliche Absatzsicherung sehr hohes Absatzrisiko." Um zu ergänzen: „Marktchancen bislang eher theoretisch, realisierbar nur mit vertraglicher Absatzsicherung (Vertragsanbau)". „Als Erzeugerbetrieb ist der wichtigste Absatzweg ein direkter Absatz an Verarbeitungsbetriebe bzw. an Zwischenhandel (Großhandel wie z. B. Agrarvis/HG oder andere)."

Das bringt zugleich ein **Beschaffungsproblem**, weshalb die **NFC Nettle Fiber Company** (2023) ihr Stroh „aus Nordrhein-Westfalen, Niedersachsen, Bayern und Mecklenburg-Vorpommern" beziehen muss, um „jährlich ca. 6000 t Hanfstroh" verarbeiten zu können. Ein Problem, das Linde Snijders von der **HempFlax Building Solutions GmbH** mir in

[48] Obwohl Bayern (2022) mit 832 ha Anbaufläche und 214 Betrieben in der Bundesrepublik an zweiter Stelle steht (Abb. 3.11), wirkt hier auf der Regierungsebene der (s. unten Hauptteil 3) angesprochene „ideologische Hintergrund", wofür etwa der in der anstehenden Wahlkampfzeit besonders deutliche Widerstand von CSU-Chef Markus Söder und Bayerns Gesundheitsminister Klaus Holetschek (CSU) gegen die Entkriminalisierungspläne der Bundesregierung sprechen könnte (Söder 2023).

ihrer E-Mail vom 11.01.2023 bestätigte: „Unsere größte Herausforderung besteht derzeit darin, genügend Landwirte zu finden, die Hanf für uns anbauen wollen." Beziehungsweise: „Die Nachfrage nach Fasern ist gestiegen, d. h. die Nachfrage ist da, aber wir müssen auch genügend Rohstoffe zur Verfügung haben."

Ein Problem, das umgekehrt aber auch den Landwirten, vor allem von Start-ups, immer wieder **Abnehmersorgen** bereitet, und zwar nicht nur für die maschinelle Fasertrennung, sondern auch, wenn diese in Eigenregie erfolgt, für die Abnahme von deren Produkten zur Weiterverarbeitung. Ein Problem, das dazu führt, sämtliche Prozesse „aus einer Hand" zu erledigen, was seinerseits wiederum das kleinräumige Inseldasein dieser Nutzhanfenklaven fördert.

3.3.4 Die Fertigung

Diese kleinräumige Lage führt nun auch bei der dritten Fertigungsstufe dazu, dass sich das Anbauunternehmen eher auf die **direkte Verarbeitung** der voneinander getrennten Hanfbestandteile konzentriert, die zudem zumeist nur in der näheren Umgebung verkauft werden. Dies gilt etwa für die Firma **Bafa Neu GmbH** (2023b), die neben Saatgut und CBD-Öl Fasern und in ihrem Shop Hanfstreu verkauft, oder für die Firma **Uckermark Hanffaser** (2023a), die sich u. a. mit Filzen, Dämmungsmaterial und Hanfkalk auf den Bauhandel konzentriert: „Doch sind auch hier die Baustoffe aus Hanf nur bei den Herstellern zu bekommen und nicht etwa im Baumarkt nebenan."

So will auch die 2011 gegründete Firma **Felde Fibres** bei Neuruppin in Brandenburg[49] „spätestens Anfang 2025" bis zu 6000 t „feinste Fasern [liefern], aus denen in der Textilindustrie weiche, besonders atmungsaktive und feuchtigkeitsregulierende Stoffe gewebt werden" können, wofür „inzwischen Landwirte in Ostprignitz-Ruppin, Oberhavel und im Havelland auf 1500 ha [Winter-]Hanf anbauen."[50]

Doch besteht auch hier das Problem, dass noch entwickelte Verarbeitungsmaschinen fehlen: „Ein Teil der Maschinen für die Faserverarbeitung ist ganz alt und kommt aus Frankreich, ein Teil sind etablierte Maschinen aus der Textilindustrie. Manche Maschinen haben wir aber auch selbst völlig neu entwickelt" (Grubow 2023).[51]

---

[49] Zur Vorgeschichte vgl. Paul et al. (2021).

[50] S. auch Dickeduisberg und Beckhaus (2023) zum entsprechenden Vorhaben in NRW: „Eine Neuanlage für 20.000 t/a Hanfstroh wird im ersten Quartal 2024 mit Hilfe eines Investors in Betrieb genommen", sowie zur Art der Verarbeitung inklusive dem dabei eingesetzten „Abkochprozess".

[51] Bei einem Besuch anlässlich der erwähnten „Hanf-Bus-Tour" am 06.09.2023 (LPV 2023) standen die Fertigungshallen mit etlichen Faserhanfballen u. a. aus Bayern (!), während die Verarbeitungshalle im Aufbau für das Jahresende erwartet wurde. Die Anbauleiterin Antonia Schlichter meinte, dass die Faserverarbeiter „nach Fasern schrien", dass es also kein Absatzproblem geben würde.

Und zwar in einem interessanten Kombiprojekt, in dem die Firma den Landwirten im Rahmen eines Anbauvertrages, wie bei der Firma *Uckermark*, zentral bei *Hemp it*/Frankreich eingekauftes Saatgut (Preis z. Z. 5 €/kg) für den Anbau von Hanf zur Verfügung stellt, beim Anbau berät und die Erntezeit (für den optimalen Faseransatz) festlegt sowie plant, diese einheitlich per Lohnauftrag durchführen zu lassen und ggf. auch die Logistik zu übernehmen. Mit einem stufenweisen Bonusvergütungsmodell sowie Zahlung von Entschädigungen bei Ernteausfall.[52]

Während umgekehrt bei den **weiteren Fertigungsstufen** etwa in der Papier-, Textil- oder in der Plastikindustrie, die im obigen Schemabild auf die „Lohnveredler" folgen, „Versuche, eine hanfbasierte Textilindustrie in Europa zu etablieren, bisher an vergleichsweise hohen Kosten der Einführung der erforderlichen Technologien zum Erreichen einer hohen Qualität scheiterten" (Bundesvereinigung Nachhaltigkeit 2021).

Weshalb man insoweit auf das Ausland und hier insbesondere auf **China** zurückgreift, das seit 2016 in der Provinz Heilongjiang auf 16.000 ha die Hälfte der weltweiten Produktion von Hanffasern produziert, wovon der Kreis Qinggang 70 % dieser Produktion herstellt.[53] Der in diesem Landkreis mögliche und staatlich geförderte Verbund belegt sehr gut das Potenzial und die Chancen, die ein künftiger Nutzhanfanbau auch in Deutschland haben könnte. Dieser Kreis hat „seine Flotte an großen Präzisionssämaschinen, unbemannter Pflanzenschutztechnik; und selbstfahrenden Erntemaschinen auf insgesamt 120 Geräte erweitert; verfügt nun über fünf Langhanf-Spinnereien; eine neue Produktionslinie für Kurzhanf-Textilien hinzugefügt; erreichte 60.000 Spindeln in der Textilverarbeitungskapazität und hat Fabriken zur Herstellung von Spanplatten und Paletten aus Faserhanfmaterial in Betrieb genommen"[54].

Drei Beispiele für gleichwohl auch bei uns **erfolgreiche Firmen**, die jüngst Preisträger der größten europäischen Auszeichnung für ökologisches und soziales Engagement, dem **deutschen Nachhaltigkeitspreis** (Universität Hohenheim 2018), waren, sind:

- **Südtiroler Schönthaler Bausteinwerk GmbH,** die 2022 den Deutschen Nachhaltigkeitspreis (2022) in der Rubrik Design verliehen bekommen hat. Gegründet 1964, hat sie sich seit 2012 auf die Produktion von Hanfsteinen, Hanfputz und Hanfbeton konzentriert (Hanfstein o. J).

[52] Leaflet „Infomaterial für Landwirte: Winterhanf als Zwischenfrucht/Zweitfrucht" und persönliche Auskunft.

[53] Hemp Today (2021): 16.200 ha Faserhanf beflügeln Chinas Strategie. „Die Provinz Heilongjiang hat massive Forschungs- und Entwicklungsanstrengungen unternommen, um feine Hanffasern in großem Maßstab zu einer Alternative zu Baumwolle zu machen."

[54] Insofern klingt die gesprächsweise geäußerte Meinung des erfahrenen Geschäftsführers der Bafa Neu GmbH, dass man in Deutschland etwa 10 % der Ackerbaufläche, das wären 1.165.700 ha, mit Nutzhanf bebauen könnte, zwar gegenüber den gegenwärtigen 0,06 % ein wenig utopisch, jedoch, voll durchdacht, keineswegs sinnentleert.

- Die **Büttenpapierfabrik Gmund GmbH & Co. KG** (o. J), gegründet seit 1829, Gewinner des Deutschen Nachhaltigkeitspreises (2021) in der Rubrik Verpackung 2022, die laut Firmenaussage die einzige Fabrik der Welt ist, die Papier zu hundert Prozent aus Hanf großindustriell fertigen kann und dies nach dem industriellen Maßstab (Neulinger 2021), und
- die **Holzwerk Rockenhausen GmbH & Co. KG** (2023), gegründet 1906, die mit ihrem Verbundstoff *OrganiQ* eine Alternative zu Massivholz entwickelt hat und damit am 01.12.2022 Preisträger des Deutschen Nachhaltigkeitspreises in der Rubrik Nachhaltiges Design 2023 wurde.

3.3.5 Das Lieferkettenproblem

Das in dieser „unterentwickelten" Lage des deutschen Nutzhanfanbaus entscheidende **fünfte Problem** liegt organisatorisch vor allem im Fehlen eines netzwerkartig ausgebauten **Lieferkettensystems.**[55] Solche regulären **Lieferketten** ergäben die Basis eines ökonomisch fundierten Nutzhanfmarktsystems vom Anbau über die Verwertung bis zum einschlägigen Handel. Sie garantierten den Bauern stabile Preise und damit den Anreiz, den Hanfanbau selber voranzutreiben. Doch zeigt das oben (2.5.5) beschriebene Beispiel der Beschlagnahmedrohung gegenüber der **Firma Lidl**, die 2021 mit dem Start-up **The Green Dealers** einen Vertrag für 21 verschiedene Hanfprodukte mit insgesamt 1,5 Mio. Artikeln abgeschlossen hatte, wie riskant solche Versuche, die Abnahmekette auszuweiten und abzusichern, ausfallen können.

Die hier anstehende Zukunftsaufgabe, solche Lieferkettenverbünde zu fördern und gemeinsam zu entwickeln, belegt das folgende **Beispiel** des Antrags der Brandenburger Landtagsfraktionen CDU/SPD/Die Grünen vom 16.03.2021.

Antrag der Landtagsfraktionen CDU/SPD/Die Grünen in Brandenburg

> „a) … auf der Basis abgeschlossener sowie laufender durch Bund und EU geförderter FuE-Projekte zu identifizieren, die Hemmnisfaktoren zu erörtern und Maßnahmenempfehlungen zu entwickeln;
>
> b) die Einrichtung von Förderprogrammen für Forschung und Investitionen zu prüfen, mit deren Hilfe die Investitionen in Schlüsseltechnologien der Nutzhanfernte und -verarbeitung zu industrietauglichen Halbzeugen gefördert werden können;

[55] So auch Dogby und Revoredo-Giha (2022, S. 7) in ihrem Gutachten für Schottland: „The supply chain is exposed to many threats limiting its development, including no established market routes, low profitability, lack of technical support, weather limitation, lack of financial assistance."

> c) die Etablierung von hanfbasierten Wertschöpfungsketten unter Einbindung von brandenburgischen Landwirten und dem Brandenburger sowie dem Berliner Markt zu unterstützen, … und die Bildung von zwei Hanfclustern in Brandenburg anknüpfend an bestehende Initiativen (Prignitz-Ruppin-Havelland und Lausitz) zu befördern."

Ein erfolgreicher Antrag der Regierungsfraktionen (Bauernzeitung 2021), denn im Sommer 2022 stellte das Ministerium für Landwirtschafts- und Klimaschutz in Brandenburg (MLUK 2022) in einer aufgelegten **Förderrichtlinie** mit „knapp 1,4 Mio. Euro" finanzielle Hilfen bereit, um „im Lebensmittel- und im Baubereich in den nächsten drei Jahren **Wertschöpfungsketten** von der Produktion bis zum Absatz aufzubauen". Auf dieser Basis wurde am Forschungsinstitut für Bergbaufolgelandschaften **(FIB;** 2023) eine „**Netzwerkstelle** Nachwachsende Rohstoffe" für die Zeit vom 01.12.2021 bis zum 31.12.2024 eingerichtet, die in Zusammenarbeit mit der **Deutschen Hanfakademie** vor allem Wissenstransfer- und Beratungsaufgaben wahrnimmt. Folgende weitere Projekte wurden in der Folgezeit bewilligt:

- Am **Leibnitz Institut** (2021) in Potsdam das Projekt „Industrie-Hanf in Brandenburg – **Kohlenstoff-Sequestrierung** entlang der Wertschöpfungskette vom Anbau bis zum Produkt" (vom 01.11.2021 bis 31.10.2024), das sich vor allem mit der unterirdischen CO_2-Speicherung im Hanfanbau beschäftigt, um „die bisher nur sehr lückenhafte Datengrundlage hinsichtlich des möglichen Beitrages von Anbau und Nutzung (in einer ausgewählten Anwendung) von Faserhanf zur Verbesserung der Klimabilanz in der landwirtschaftlichen Produktion deutlich zu erweitern. Darüber hinaus soll eine erst damit realisierbare Bilanzierung der Kohlenstoff-Flüsse entlang der Wertschöpfungskette vom Anbau bis zum Produkt Chancen einer CO_2-Zertifizierung sowie Möglichkeiten zur Teilhabe der Vorproduktionskette nachwachsender Rohstoffe am Zertifikathandel bewerten bzw. perspektivisch ermöglichen."
- Die **Projektgruppe Hanf** (2023) des Landschaft Pflege Verbands (LPV) Prignitz Ruppiner Land möchte mit ihrem Projekt „Effizienter Klimaschutz durch Nutzhanf-Anbau in Nordwestbrandenburg" (Klimahanf) zeigen, „wie Betriebe durch den Anbau von Nutzhanf ihre Klimaresilienz verbessern und zum Klimaschutz beitragen können", indem sie „die ‚Haus vom Acker' Idee bzw. ‚grow your own house' [verbreiten]. Mit einem kleinen Maschinen-Park ermöglichen wir jedem, sich in seinem oder ihrem eigenen Bauprojekt zu verwirklichen und aktiv das Klima zu schützen."[56]
- Das neueste geförderte Projekt ist „**Hanfkalk** – Aufbau einer klimapositiven Wertschöpfungskette" der „Klimapraxis" (01.01.2023–31.12.2025): „Es soll eine mobile Hanfkalkmanufaktur zur Fertigung des Baumaterials entstehen. Handwerker*innen,

[56] Mit einer interessanten einschlägigen Broschüre: Kompetenznetzwerk Nutzhanf (2022): „Hanf – Neue Perspektiven für Wirtschaft, Klima und Region".

Bauherr*innen, Planer*innen und Architekt*innen sollen in der Verarbeitung geschult werden, um das Wissen über den Baustoff Hanfkalk zu verbreiten. Umgesetzt werden sollen zudem: Langfristige, stabile Vermarktungsmöglichkeiten für Landwirt*innen, um den Hanfanbau in der Region zu steigern inklusive Initiierung und Begleitung weiterer Bauprojekte; eine Ausstellung, die Möglichkeiten der Verarbeitung veranschaulicht; eine abgestimmte Maschinentechnik zur Aufbereitung des geernteten Hanfs; sowie eine Machbarkeitsanalyse zu CO_2-Zertifikaten" (Franke 2023).

Die Notwendigkeit und die Chancen, solcher – bisher noch beispielhaften, doch relativ zaghaften – Vorhaben angesichts des bundesdeutschen 400.000-Hausbauprogramms und der in meinem Buch (Westphal 2022) beschriebenen Renovierungsaufgaben zeigt das jüngste **schwedische Projekt**, ein klimaneutrales 8000 m^2 großes Logistikzentrum mit Hanfdämmung und Solarpanelen aufzubauen: „This is a very important development for the hemp building industry requiring approximately 240 tons of hemp fiber or at least 70 hectares of industrial hemp" (Hemp Today 2023).

3.3.6 Finanzierungsfragen

Aus dem oben (2.4.4) beschriebenen europäischen **GAP-Programm** kann auch der Nutzhanfanbau, ebenso wie etwa der Anbau von Getreide oder Raps, sofern er die beiden Bedingungen der 0,3 %-THC-Grenze und der zugelassenen Sorte einhält, zunächst aus der „ersten Säule" eine **Basisunterstützung**[57] erhalten, „die 2023 und 2024 auf etwa 155 €/ha Einkommensgrundstützung sinken" wird, und sodann, je nach Bundesland, etwa:

- eine **Junglandwirte-Einkommensstützung** mit 134 €/ha und
- eine **Umverteilungseinkommensstützung** zur Förderung kleinerer und mittlerer Betriebe mit Fördersätzen von etwa 69 €/ha für die ersten 40 ha und von etwa 42 €/ha von 41–60 ha,
- eine Beihilfe bei einer der freiwilligen, einjährigen **Ökoregel** der ersten Säule, wie etwa bei einer „Bewirtschaftung von Acker- oder Dauerkulturflächen des Betriebes ohne Verwendung von chemisch-synthetischen Pflanzenschutzmitteln"
- sowie ggf. Beihilfen aus dem regional landesspezifisch zu regelnden Bereich der **zweiten Säule,**
- während **gekoppelte Zahlungen** bei uns bisher lediglich für Mutter-Ziegen, -Schafe und -Kühe vorgesehen sind (Niedersachsen 2022).

Auch hier gilt als weitere Voraussetzung die Einhaltung der Grundanforderungen an die Betriebsführung, die sogenannte Konditionalität, also der gute landwirtschaftliche und öko-

---

[57] GAPDZG (§ 4 (3)): „Die Einkommensgrundstützung wird als bundeseinheitlicher Betrag je Hektar förderfähiger Fläche gewährt."

Deckungsbeitragsrechnung von Hanferzeugnissen und Winterweizen					
	Kosten	Ertrag	Marktpreis	Verkauf zur Ernte	Verlust
Faserhanf	1.335,00 €	10t/ha Faserhanf + 0,5 t/ha Same	180€/t	2.160,00 €	125€/ha
Samenhanf	1.455,00 €	t/ha Faserhanf + 0,9-1 t/ha Same	900€/t	1.575,00 €	830€/ha
Winterweizen	1.225,00 €	8,5t/ha	256€/t	2.175,00 €	

Abb. 3.15 Deckungsbeitragsrechnung von Hanffasern, Hanfsamen und Winterweizen. (Quelle: eigene Berechnung in Anlehnung an Hanffaser Uckermark 2022a)

logische Zustand der Flächen (**GLÖZ**) mitsamt der darin aufgenommenen **Cross-Compliance**, „das sind gewisse Verpflichtungen aus den Bereichen Umweltschutz, Gesundheit von Mensch, Tier und Pflanze sowie Tierschutz“ (BMEL 2019; GAPKondV 2022).

Rentabilitätsberechnungen sind für das Jahr 2023 nicht ganz unproblematisch, da bei stark schwankenden Marktpreisen der Diesel teurer und die Preise für – teilweise schon nicht mehr verfügbare – Pflanzenschutz- und Düngemittel extrem gestiegen sind. Um trotzdem einen Überblick zu bekommen, verwende ich in der Tabelle der Abb. 3.15 die Deckungsbeitragsrechnung der **Hanffaser Uckermark** (2022a) für das Jahr 2021.

In einem Vergleich zwischen Faserhanf, Samenhanf und Winterweizen fallen zunächst als **Anbaukosten** zwei Posten besonders auf: die hohen Saatgutkosten bei Hanf mit 280 €/ha im Vergleich zu 140 €/ha bei Winterweizen sowie der aufwendige Mähdrusch, also die Ernte, die beim Samenhanf mit 320 €/ha mehr als dreimal und bei Faserhanf mit 200 €/ha doppelt so viel kostet wie beim Winterweizen. Doch braucht man umgekehrt für Hanf keine Pflanzenschutzmittel, die beim Winterweizen mit 400 €/ha den höchsten Kostenblock ausmachen. Wegen der zusätzlichen Kosten durch das Pressen, die Samentrocknung und vor allem den Transport seien die Hanfprodukte jedoch insgesamt kostspieliger als beim Winterweizen. So lagen nach dieser Berechnung 2021 die Gesamtkosten im Faserhanfanbau bei 1335 €/ha und für den Samenhanf bei 1455 €/ha, während der Winterweizen nur 1225 €/ha kosten würde.

Beim **Ertrag** wird bei Faserhanf von 2160 €/ha und bei Samenhanf von 1575 €/ha[58] ausgegangen, wobei bei beiden Sorten jeweils sowohl Stroh wie auch Samen verkauft werden, und zwar bei Faserhanf 9–10 t/ha Stroh und 0,5 t/ha Samen, während der Samenhanf 4 t/ha Stroh und 0,9–1 t/ha Samen erbringt, die dann jeweils zu einem Marktpreis von 900 €/t für Samen und 180 €/t für Faserstroh verkauft werden. Winterweizen hingegen erwirtschaftet 8,5 t/ha und wird zu einem Marktpreis von 256 €/t, also mit einem Ertrag von insgesamt 2175 €/ha, verkauft. Dies ergibt zu den anfangs errechneten Preisen zurzeit noch einen **Verlust von 125 €/ha für Faserhanf und 830 €/ha für Samenhanf.**

Bei einem Anbau des erst seit 2017 zugelassenen **Winterhanfs** als „Zwischen“- oder „Zweit“-Frucht – wie bei der *Felde Fibres* GmbH in Mölln und in Dabergotz vorgesehen – könnte man dagegen nicht nur dessen Ertrag demjenigen der vorausgegangenen

[58] Selbst errechnet aus den angegebenen Preisen.

Erstfrucht – z. B. Gerste – hinzurechnen, sondern ihn zugleich als „Winterbedeckung“ im Sinne der Ökoprämie des GAP geltend machen: „Der Ertrag liegt zwar mit zwei bis vier Tonnen (in trockenen Jahren auch weniger) deutlich niedriger als beim Sommerhanf mit zehn und im Ausnahmefall bis zwölf Tonnen, stellt jedoch einen zusätzlichen Ertrag dar und konkurriert nicht mit anderen Hauptfrüchten. Der finanzielle Aufwand für Hanf als Zwischenfrucht ist somit im Vergleich zu sonst üblichen Zwischenfrüchten geringer, da das Hanfstroh bei ausreichendem Ertrag einen Deckungsbeitrag bringt. Dieser liegt bei zwei Tonnen Stroh pro Hektar bei rund 300 € und bei drei Tonnen Stroh pro Hektar bei rund 600 €“, meinten Paul et al. (2021).

Dabei werden jedoch sowohl die positiven bodenverbessernden Eigenschaften, die sowohl die Nitratbelastung vermindern und in der weiteren Fruchtfolge 10–15 % mehr Ertrag bringen, wie auch der anfangs angesprochene **CO_2-Gewinn** außer Acht gelassen, die man ggf. durch Zertifikate zugunsten des Nutzhanfs anrechnen müsste.

3.4 Ein „ökonomisches“ Zwischenfazit

Ökonomisch erbringt der Anbau von Nutzhanf zurzeit noch eine geringere direkte Rendite als der Anbau etwa von Winterweizen oder anderer landwirtschaftlicher Produkte. Daran ändert auch die EU-GAP-Förderung wenig, da diese als Direktförderung für alle Anbauarten pro angebauten Hektar berechnet wird, also insofern den bisherigen Nachteil nicht ausgleicht, und weil hiervon vor allem noch immer die Großbetriebe, die im Bereich Nutzhanf nicht vorkommen, profitieren: „Den größten Anteil machen Direktzahlungen an Agrarbetriebe aus – rund 4,9 Milliarden Euro. Davon profitieren besonders die Betriebe, die viel Fläche bewirtschaften. In Deutschland kassieren 1,7 Prozent der Betriebe ein Viertel aller Direktzahlungen“ (BUND 2022).

Die höheren **Kosten** entstehen, wie die vorausgegangenen Ausführungen zeigen, hauptsächlich durch das gegenwärtige bürokratisierte Regelsystem und das erst minimal ausgebaute Fertigungs- und Lieferkettensystem. So wäre es etwa ohne weitere Probleme möglich, seine selbst geernteten anstelle der zertifizierten Samen für die Aussaat zu nutzen. Gäbe es zusätzlich mehr Know-how, Erfahrung und verfügbare Maschinen, könnte der Kostenblock der Ernte geringer ausfallen. Existierte im Umkreis eine organisierte Hanffaseraufbereitung könnte man Transportkosten einsparen. Und wäre ein geregelter Absatz auch für die höheren Verarbeitungsstadien gesichert, könnte man anstelle der bisherigen relativ groben Hanffaserproduktion auf textilen Hanf umsteigen. Um damit ein besseres Kosten- und Leistungsverhältnis zu erreichen.

Literatur

Agricultural Marketing Service (2019): „Establishment of a Domestic Hemp Production Program“. Federal Register. https://www.federalregister.gov/documents/2019/10/31/2019-23749/establishment-of-a-domestic-hemp-production-program, (letzter Aufruf: 18.2. 2023, 19:10).

Anbau-Allianz für Deutschland (o. J.): https://www.anbau-allianz.de/, (letzter Aufruf18.10.2023, 21:30).
Anfrage der Fraktion DIE LINKE (4.7.2019): Antwort der Bundesregierung auf die Kleine Anfrage der Fraktion, Die Linke – Drucksache 19/11377: Nutzhanf – Agrarstoff mit Potential.
Anfrage der Fraktion DIE LINKE (29.11.2022): Antwort der Bundesregierung auf die Kleine Anfrage der Fraktion Die Linke – Drucksache 20/4755: Anbau und Import von medizinischem Cannabis in Deutschland, (letzter Aufruf 21.2.2023, 15:09).
Apotheke adhoc (30.11.2022): Verbände: G-BA treibt Patienten in Illegalität. https://www.apotheke-adhoc.de/rubriken/detail/medizinisches-cannabis/verbaende-g-ba-treibt-patienten-in-illegalitaet/, (letzter Aufruf: 21.02.2023, 18:10).
Auf dem Hövel, Jörg (3.3.2018): Der Knaster-Mythos. In: https://joergo.de/der-knaster-mythos/, (letzter Aufruf 10.10.2023, 17:40).
BAFA Neu GmbH (o.J.): Der Hanfpionier. https://bafa-gmbh.de/Produkte-Saatgut.asp, (letzter Aufruf: 15.1.2023, 14:00).
BAFA Neu GmbH (o.J.a): Hanf-Anbautipps und Erntehinweise. HYPERLINK „http://www.bafa-gmbh.de/Downloads/20201124_Anbautipps_Hanf.pdf"www.bafa-gmbh.de/Downloads/20201124_Anbautipps_Hanf.pdf, (letzter Aufruf: 15.1.2023, 14:10).
Barmer (2023): Zulassungsverfahren von Arzneimitteln: Ablauf in Phasen. In: https://www.barmer.de/gesundheit-verstehen/medizin/medikamente/zulassungsverfahren-1056064, (letzter Aufruf: 10.10.2023, 17:51).
Bauer, Clara (31.8.2023): Cannabis : l'Allemagne légalise, la France pénalise. (Deutsch in: https://www.euractiv.de/section/gesundheit/news/cannabis-deutschland-legalisiert-frankreich-bestraft/), (letzter Aufruf: 10.10.2023, 17:54)
Bauernzeitung (30.4.2021): Nachrichten aus Brandenburg: Brandenburg will Anbau von Nutzhanf fördern. In: https://www.bauernzeitung.de/news/brandenburg/brandenburg-will-anbau-von-nutzhanf-foerdern/, (letzter Aufruf: 10.10.2023, 17:55)
BfArM FAQ (2023): Bundesinstitut für Arzneimittel und Medizinprodukte. Bundesopiumstelle. Häufig gestellte Fragen (FAQ): - Wieviel Cannabis wird derzeit zu medizinischen und wissenschaftlichen Zwecken nach Deutschland importiert? In: https://www.bfarm.de/DE/Bundesopiumstelle/_FAQ/Cannabis/faq-liste.html?cms_fid=566334 (letzter Aufruf: 10.10.2023, 12:26).
BLE (2017): Bundesanstalt für Landwirtschaft und Ernährung: Anbau von Nutzhanf. https://www.ble.de/DE/Themen/Landwirtschaft/Nutzhanf/nutzhanf_node.html, (letzter Aufruf: 21.2.2023. 21:10).
BLE (25.9.2023): Bundesanstalt für Landwirtschaft und Ernährung, Pressemitteilung: Nutzhanfanbau: Nach zehn Jahren erstmals rückläufig. In: https://www.ble.de/SharedDocs/Pressemitteilungen/DE/2023/230925_Nutzhanfanbau.html (letzter Aufruf: 30.9.2023, 23:12).
BLE (26.9.2023): Bundesanstalt für Landwirtschaft und Ernährung, Pressemitteilung: Nutzhanf auf fast 7.000 Hektar angebaut. https://www.ble.de/SharedDocs/Pressemitteilungen/DE/2022/220926_Nutzhanf.html, (letzter Aufruf 21.2.2023, 21:35).
BMEL (4.7.2019): Bundesministerium für Ernährung und Landwirtschaft: Cross-Compliance. https://www.bmel.de/DE/themen/landwirtschaft/eu-agrarpolitik-und-foerderung/direktzahlung/cross-compliance.html, (letzter Aufruf: 21.12.2022, 21:35).
BMEL (28.12.2022): Bundesministerium für Ernährung und Landwirtschaft: Direktzahlungen. https://www.bmel.de/DE/themen/landwirtschaft/eu-agrarpolitik-und-foerderung/direktzahlung/direktzahlung_node.html, (letzter Aufruf: 5.1.2023, 17:30).
BMEL-Statistik (2022): Tabellen zur Landwirtschaft -Betriebe - MBT-0101270-0000 Betriebe mit Hanfanbau in Deutschland: in: BMEL-Statistik. https://www.bmel-statistik.de/landwirtschaft/tabellen-zur-landwirtschaft#c8257:~:text=MBT%2D0101270%2D0000%20Betriebe%20mit%20Hanfanbau%20in%20Deutschland (letzter Aufruf: 04.11.2023, 16:33).
BPC (21.07.2023): Der Bundesverband pharmazeutischer Cannabinoidunternehmen. S. Stellungsnahmen
Bricken, Hilary (3.1.2023): FDA CBD Regulations Are On the Way (Sorta). https://harris-sliwoski.com/cannalawblog/fda-cbd-regulations-are-on-the-way-sorta/, (letzter Aufruf: 15.2.2023, 17:50).
BUND (2022): Gefördert werden die Großen. https://www.bund.net/themen/landwirtschaft/eu-agrarpolitik, (letzter Aufruf: 15.2.2023, 18:30).

Bund Deutscher Cannabispatienten e.V. (BDCan) (24.7.2023): S. Stellungnahmen (2023)

Bundesanstalt für Arzneimittel- und Medizinprodukte (BfArM) (6.7.2022): Abschlussbericht der Begleiterhebung nach § 31 Absatz 6 des Fünften Buches Sozialgesetzbuch zur Verschreibung und Anwendung von Cannabisarzneimitteln. In: https://www.bfarm.de/DE/Bundesopiumstelle/Cannabis-als-Medizin/Begleiterhebung/_node.html, (letzter Aufruf: 10.10.2023, 18:28).

Bundesvereinigung Nachhaltigkeit e.V. (2021): Hrsg., Implementierung einer „Nutzhanfindustrie" in der Lausitz. Machbarkeitsstudie. Berlin 2021, https://nachhaltigkeit.bvng.org/wp-content/uploads/2021/09/BVNG-Implementierung-einer-Nutzhanfindustrie-in-der-Lausitz-Machbarkeitsstudie-Berlin-2021.pdf, (letzter Aufruf: 15.2.2023, 19:20).

BVL (o. J.), Bundesamt für Verbraucherschutz und Lebensmittelsicherheit: Neuartige Lebensmittel, Novel Foods. https://www.bvl.bund.de/DE/Arbeitsbereiche/01_Lebensmittel/04_AntragstellerUnternehmen/05_NovelFood/lm_novelFood_node.html, (letzter Aufruf: 15.2. 2023, 20:15).

BzGA (2022): Bundeszentrale für gesundheitliche Aufklärung Der Substanzkonsum Jugendlicher und junger Erwachsener in Deutschland. Ergebnisse des Alkoholsurveys 2021 zu Alkohol, Rauchen, Cannabis und Trends. BZgA Forschungsbericht Juni 2022. https://www.bzga.de/fileadmin/user_upload/PDF/studien/BZgA_Alkoholsurvey_2021.pdf, (letzter Aufruf: 11.10.2023, 14:20).

BZL (24.10.2022): Bundesinformationszentrum Landwirtschaft: Welches Potenzial hat Hanf als Nutzpflanze? https://www.landwirtschaft.de/landwirtschaft-verstehen/wie-arbeiten-foerster-und-pflanzenbauer/welches-potenzial-hat-hanf-als-nutzpflanze, (letzter Aufruf: 10.10.2023, 18:34).

Canatura (23.05.2022): Ist THC in CBD-Öl enthalten? https://www.canatura.com/de/a/ist-thc-in-cbd-ol-enthalten, (letzter Aufruf: 15.2.2023, 20:25).

Cannovum Cannabis AG (o.J.): Die Cannabis-Legalisierung kommt – sicher und nachhaltig: https://www.cannovum.de/, (letzter Aufruf: 08.10.2023, 17:40).

Cansativa (2023): Über uns. https://www.cansativa-group.de/

Cantourage Clinic (o. J.): https://medbud.wiki/clinics/cantourage/, (letzter Aufruf: 15.2.2023, 20:40).

Charlotte's Web (27.1.2023): Charlotte's Web Issues Statement on Hemp CBD Regulation. https://investors.charlottesweb.com/press-releases/press-release-details/2023/Charlottes-Web-Issues-Statement-on-Hemp-CBD-Regulation/default.aspx, (letzter Aufruf: 22.2.2023, 12:56).

CHTA (o. J.) Canadian Hemp Trade Alliance. https://www.hemptrade.ca/content.aspx?page_id=0&club_id=950211, (letzter Aufruf: 15.2.2023, 20:50).

Dahy, Hanaa; Teuffel, Patrick; Prösler, Martin (2021): Biokomposite in der Architektur. In DBZ 07/08/2021, https://www.dbz.de/artikel/dbz_Biokomposite_in_der_Architektur-3662917.html, (letzter Aufruf: 10.10.2023, 18:48).

Demecan (16.8.2023): DEMECAN-Geschäftsführer von der Groeben: „Der vorliegende Gesetzesentwurf benachteiligt den Anbau von medizinischem Cannabis in Deutschland.", https://cannabis-wirtschaft.de/wp-content/uploads/2023/08/20230816-PM-BPK-Cannabis-Gesetz-1.pdf, (letzter Aufruf: 10.10.2023, 18:49).

Demecan (2023): Qualität aus einer Hand. Vom Anbau bis zur Apotheke., (letzter Aufruf: 19.5.2023, 23:10). https://www.demecan.de/ueber- uns/

Denner, Gerda (2014): Hanf mehr als nur ein Suchtmittel. https://www.hanfland.at/wp-content/uploads/2014/07/Der-Pflanzenarzt-Okt-2014.pdf, (letzter Aufruf: 19.1.2023, 23:15).

Der CBD-Großhändler, o. J., https://dercbdgrosshandler.de/, (letzter Aufruf: 19.1.2023, 23:18).

Destatis (21.1.2020): Statistisches Bundesamt, Pressemitteilung: Strukturwandel in der Landwirtschaft hält an. https://www.destatis.de/DE/Presse/Pressemitteilungen/2021/01/PD21_028_412.html, (letzter Aufruf: 19.1.2023, 23:24).

Deutschen Nachhaltigkeitspreis (01.12.2021): Verpackung. https://www.nachhaltigkeitspreis.de/verpackung/preistraeger-verpackung/2021/sieger-und-finalisten-2021/buettenpapierfabrik-gmund/, (letzter Aufruf: 23.02.2023, 18:12).

Deutscher Nachhaltigkeitspreis (1.12.2022): Nachhaltiges Design. https://www.nachhaltigkeitspreis.de/design/preistraeger-design/2022/sieger/, (letzter Aufruf: 23.02.2023, 18:32).

Deutsches Maiskomitee (DMK) (08. 2022): Fakten. https://www.maiskomitee.de/Fakten/Statistik/Deutschland, (letzter Aufruf: 19.1.2023, 23:38).

Dickeduisberg, Michael; Beckhaus, Heiko (2023): Textilhanf Made in Germany. Spitzenqualität und Ökologie vom Acker bis zum Hemd. In: Cannavision 02/2023. https://issuu.com/eyepressfachmedien/docs/cv_2302/s/41688689, (letzter Aufruf 26.12.2023)

Dogby, Wisdom; Revoredo-Giha Cesar (2022): Current and Potential Market Opportunitys for Hempseed and Fibre in Scotland. https://sefari.scot/document/potential-market-opportunities-for-hempseed-and-fibre-in-scotland, (letzter Aufruf: 20.1.2023, 13:00).

Dulon, Rafael (2022): Interview Hanfverarbeitung an der Müritz. In: Kompetenznetzwerk Nutzhanf (2022: 20–24)

Eichhoff, Karolin et al. (2023): Verwertung und Anbauoptimierung von Hanf als Nachwachsender Rohstoff. Kurzfassung TFZ-Bericht 78. Technologie- und Förderzentrum im Kompetenzzentrum für Nachwachsende Rohstoffe (TFZ), Straubing. https://www.tfz.bayern.de/mam/cms08/rohstoffpflanzen/dateien/tfz_abschlussbericht_kurzfassung_optihemp.pdf, (letzter Aufruf: 10.10.2023, 18:53)

EIHA (o. J.): European Industrial Hemp Association: All you need to know about the EIHA Novel Food Consortium.https://eiha.org/wp-content/uploads/2020/09/Novel-Food-info-text.pdf, (letzter Aufruf: 20.1.2023, 14:01).

Europäische Kommission (2022), Agriculture and rural development. Hanf, https://agriculture.ec.europa.eu/farming/crop-productions-and-plant-based-products/hemp_de, (letzter Aufruf: 18.2.2023, 19:22).

Eurostat. (09.02.2024): Europäische Länder mit der größten Anbaufläche von Hanf in den Jahren 2019 bis 2022 (in 1.000 Hektar). https://ec.europa.eu/eurostat/databrowser/view/apro_cpsh1_custom_9811534/default/table?lang=de, (letzter Aufruf 11.02.2024, 18:15).

Feurer, Sebastian (19.11.2021): Nach Verkaufsstopp bei Lidl: Cannabis-Hersteller übt schwere Kritik am Discounter. https://www.chip.de/news/Nach-Verkaufsstopp-bei-Lidl-Cannabis-Hersteller-uebt-schwere-Kritik-am-Discounter_183952873.html, (letzter Aufruf: 20.1.2023, 15:38).

Forschungsinstitut für Bergbaufolgelandschaften (FIB) (2023): Netzwerk Nachwachsende Rohstoffe im Land Brandenburg, https://fib-ev.de/projekte/netzwerk-nachwachsende-rohstoffe-im-land-brandenburg/, (letzter Aufruf: 10.10.2023, 19:28)

Franke, Sassa (2023): Hanfkalk. Aufbau einer klimapositiven Wertschöpfungskette für einen regionalen Baustoff, https://uploads-ssl.webflow.com/5ff715f809738716619d0c79/63a464d80bd706c05e8d62c6_221221_Projektsteckbrief%20Klimapraxis_Hanfkalk.pdf, (letzter Aufruf: 10.10.2023, 19:38).

GAPKondV (21.11.2022): Verordnung zur Durchführung der im Rahmen der Gemeinsamen Agrarpolitik geltenden Konditionalität. https://www.gesetze-im-internet.de/gapkondv/, (letzter Aufruf: 20.1.2023, 18:01).

G-BA (25.10.2022): Beschluss über die Einleitung eines Stellungnahmeverfahrens zur Änderung der Arzneimittel-Richtlinie., (letzter Aufruf: 20.1.2023, 18:09). https://www.g-ba.de/downloads/39-261-5693/2022-10-25_AM-RL_Einleitung_SN-Verfahren_Paragraf-4a-Abschnitt-N-Paragrafen-44-46.pdf

G-BA (16.3.2023): Beschluss. Pressemitteilung: G-BA regelt Verordnung von medizinischem Cannabis bei schweren Erkrankungen: Keine zusätzlichen Anforderungen, die über die gesetzlich zwingenden und für den G-BA verbindlichen Verordnungsvoraussetzungen hinausgehen, https://www.g-ba.de/presse/pressemitteilungen-meldungen/1098/, (letzter Aufruf: 10.10.2023, 19:42).

Gesetzentwurf der Bundesregierung (16.8.2023): Entwurf eines Gesetzes zum kontrollierten Umgang mit Cannabis und zur Änderung weiterer Vorschriften. (Cannabisgesetz – CanG), https://www.bundesgesundheitsministerium.de/fileadmin/Dateien/3_Downloads/C/Cannabis/Gesetzentwurf_Cannabis_Kabinett.pdf, (letzter Aufruf: 10.10.2023, 19:46)

GKV Gamsi (2023): Bruttoumsätze und Verordnungen von Cannabinoidhaltigen Fertigarzneimitteln und Zubereitungen von Januar bis März 2023, https://www.gkv-gamsi.de/media/dokumente/quartalsberichte/2023/q1_27/Bundesbericht_GAmSi_202303_konsolidiert_Sonderbeilage_Cannabis.pdf, (letzter Aufruf: 10.10.2023, 19:47)

Grubow, Reyk (17.8.2023): Cannabis zum Anziehen: Hanf-Firma im Temnitzpark will Faserproduktion noch 2023 starten. Märkische Zeitung, https://www.maz-online.de/lokales/ostprignitz-ruppin/amt-temnitz/cannabis-fuer-kleidung-hanf-fabrik-bei-neuruppin-sucht-mitarbeiter-im-temnitzpark-ONIF4QSLOFGNZBKA2HDE6HFQDU.html?outputType=valid_amp, (letzter Aufruf: 10.10.2023, 20:05).

Hanffaser Uckermark (2022a): Informationen für Vertragspartner. https://www.hanffaser.de/uckermark/index.php/uber-hanf/landwirtschaft, (letzter Aufruf: 20.1.2023, 18:47).

Hanffaser Uckermark (2023a): Hanf ist der Stoff der Zukunft, 2023, https://www.hanffaser.de/, (letzter Aufruf: 20.1.2023, 19:10).

Hanfstein (o. J.): Bauen mit Hanf, Hanfsteine, Hanfputze, Hanfmörtel., (letzter Aufruf: 23.02.2023, 17:50). https://www.hanfstein.eu/

Haucap, Justus; Knoke, Leon (16.11.2021): Fiskalische Auswirkungen einer Cannabislegalisierung in Deutschland: Ein Update. https://www.dice.hhu.de/fileadmin/redaktion/Fakultaeten/Wirtschaftswissenschaftliche_Fakultaet/DICE/Bilder/Nachrichten_und_Meldungen/Fiskalische_Effekte_Cannabislegalisierung_final.pdf, (letzter Aufruf: 20.1.2023, 19:13).

Hemp-it (2022): An innovative cooperative rooted in the hemp sector since 1964. https://www.hemp-it.coop/en/hemp-it/, (letzter Aufruf: 20.1.2023, 20:00).

Hempati (2023): Ihr Großhändler und Ihr Shop CBD in Italien & Europa. https://hempati.com/de/, (letzter Aufruf: 20.1.2023, 19:17).

HempFlax (2023): equipment. https://www.hempflax.com/de/equipment/, (letzter Aufruf: 20.1.2023, 19:20).

Hemp Today (02.07.2021): Nachrichten: 16.200 Hektar Faserhanf beflügeln Chinas Strategie „ein Land, eine Industrie“. https://hemptoday.net/de/16-200-hektar-faserhanf-befluegeln-chinas-strategie-ein-land-eine-industrie/, (letzter Aufruf: 20.1.2023, 20:04).

Hemp Today (19.01.2023): Sweden's Ekolution supplies insulation for 'world's largest' hemp project, https://hemptoday.net/swedish-developer-plans-largest-building-in-world-using-hemp-insulation/, (letzter Aufruf: 20.1.2023, 20:10).

Hemp Today (11.09.2023): Hemp fiber production worldwide. https://hemptoday.net/sustainability-benefits-can-be-lost-if-hemp-textile-production-follows-conventional-ag/, (letzter Aufruf 08.10.2023, 21:34).

Hermann, Derik/Kratz, Dirk (16.11.2022): Cannabislegalisierung in Kanada seit 2018. Erfahrungen und Daten aus den ersten drei Jahren. https://www.konturen.de/fachbeitraege/cannabislegalisierung-in-kanada-seit-2018/, (letzter Aufruf: 20.1.2023, 20:18).

Holzwerk Rockenhausen GmbH & Co.KG (22.2.2023): Über uns., (letzter Aufruf: 23.02.2023, 18:24). https://www.rockenhausen.com/ueber-uns/

Israel, Solomon (28.11.2022): Does Canada's shrinking medical cannabis market offer lessons for other nations? https://mjbizdaily.com/shrinking-canadian-medical-cannabis-market-might-offer-lessons-for-us-germany/, (letzter Aufruf: 24.2.2023, 21:01).

Klotz, Nina Annika (19.12.2022): Wieder Geld für Cannabis-Senkrechtstarter Demecan. https://www.businessinsider.de/gruenderszene/health/wieder-geld-fuer-cannabis-senkrechtstarter-demecan/, (letzter Aufruf: 20.1.2023, 21:14)

Kompetenznetzwerk Nutzhanf (2022): Broschüre: Hanf. Neue Perspektiven für Wirtschaft, Klima und Region, https://www.bienen-opr.de/files/theme/Redaktion/Projekte/Hanf/Downloads/Hanf_-_Neue_Perspektiven.pdf, (letzter Aufruf: 10.10.2023, 20:50)

Kraushaar, Simon (14.12.2022): Kanada steuert bei Legalisierung nach. https://hanfverband.de/nachrichten/news/kanada-steuert-bei-legalisierung-nach, (letzter Aufruf: 20.1.2023, 21:26).

Leibniz-Institut für Agrartechnik und Bioökonomie e.V. (ATB) (2021): Industrie-Hanf in Brandenburg - Kohlenstoff-Sequestrierung entlang der Wertschöpfungskette vom Anbau bis zum Produkt, https://www.atb-potsdam.de/de/forschung/forschungsprojekte/projektsuche/projekt/projekt/klimahanf, (letzter Aufruf: 10.10.2023, 20:50).

LPV (6.9.2023), Hanf-Bus-Tour am 6. September: 2023, https://www.lpv-prignitz-ruppin.de/nachrichten/80.html (letzter Aufruf: 8.10.2023, 13:40).

Manthey, J; Hayer, T. Jacobsen, B. et al. (April 2023): Institut für interdisziplinäre Sucht- und Drogenforschung (ISD). Technischer Bericht. Auswirkungen der Legalisierung von Cannabis, https://www.bundesgesundheitsministerium.de/fileadmin/Dateien/5_Publikationen/Drogen_und_Sucht/Abschlussbericht/230623_Technical_Report_de_bf.pdf, (letzter Aufruf: 10.10.2023, 20:42).

MarketScreener (12.07.2023): Cannovum Cannabis AG : Cooperation with Osnabrück University of Applied Sciences. https://www.marketscreener.com/quote/stock/CANNOVUM-CANNABIS-AG-122799016/news/Cannovum-Cannabis-AG-Cooperation-with-Osnabruck-University-of-Applied-Sciences-44315654/, (letzter Aufruf: 20.10.2023, 20:55).

Mluk (28.12.2022): Brandenburg Ministerium für Landwirtschaft, Umwelt und Klimaschutz: HYPERLINK „https://mluk.brandenburg.de/mluk/de/aktuelles/presseinformationen/" Presseinformationen MLUK fördert gezielt Wertschöpfungskettenaufbau. https://mluk.brandenburg.de/mluk/de/aktuelles/presseinformationen/detail/~28-12-2022-mluk-foerdert-gezielt-wertschoepfungskettenaufbau, (letzter Aufruf: 15.2.2023, 17:45).

Nebel, Kai (2007): Verfahren des Faseraufschlusses für Hanf und Nessel. In: Faserpflanzen aus ökologischem Anbau. Tagungsband Kassel (19.Juni 2007) Schriftenreihe IBDF Bd. 20, S. 49–59

Neulinger, Angela (11.12.2021): BR, Nachrichten: Papier aus Hanf, eine knifflige Aufgabe. https://www.br.de/nachrichten/bayern/papier-aus-hanf-eine-knifflige-aufgabe,Sr0eJnG, (letzter Aufruf: 23.02.2023, 18:20).

NFC GmbH (2023): Nettle Fibre Company: Feine Naturfasern aus Hanf und Nesseln, made in Germany. https://felde-fibres.com/, (letzter Aufruf: 20.1.2023, 22:20).

Nichols, Kristen (26.7.2022): Is Canada (finally) going to allow CBD to be sold in mainstream retail? https://mjbizdaily.com/when-will-canada-allow-cbd-to-be-sold-in-mainstream-retail-stores/, (letzter Aufruf: 20.1.2023, 22:23).

Niedersachsen (22.12.2022): Landwirtschaftskammer Niedersachse: Die neue GAP ab 2023, eine ökonomische Optimierung der Anträge wird wichtiger! https://www.lwk-niedersachsen.de/lwk/news/38437_Die_neue_GAP_ab_2023_-_eine_oekonomische_Optimierung_der_Antraege_wird_wichtiger, (letzter Aufruf: 20.1.2023, 22:24).

Nünchert, Ike (14.11.2022): Cantourage: Kursanstieg nach Börsenstart. https://www.goingpublic.de/being-public/cantourage-kursanstieg-nach-boersenstart/, (letzter Aufruf: 20.1.2023, 22:35).

Paul, Nicole; Rinklebe, Prof. Jörg; Sporrer, Nadine (2021): Mit Winterhanf zurück in die Zukunft. Ein Unternehmen in Mecklenburg-Vorpommern stellt Textilfasern aus Hanf her, der als Winterzwischenfrucht angebaut wurde, https://www.fnr.de/fileadmin/Projekte/2021/Artikel/Bau21_16_026_028_AuP_Winterhanf.pdf, (letzter Aufruf: 12.10.2023, 21:48)

Projektgruppe Hanf (2023) (Klimahanf) im LPV Prignitz-Ruppiner Land. https://www.lpv-prignitz-ruppin.de/hanf.html, (letzter Aufruf: 15.10.2023, 23:32)

Referentenentwurf des Bundesministeriums für Gesundheit (2023): Entwurf eines Gesetzes zum kontrollierten Umgang mit Cannabis und zur Änderung weiterer Vorschriften (Cannabisgesetz – CanG), https://www.bundesgesundheitsministerium.de/fileadmin/Dateien/3_Downloads/Gesetze_und_Verordnungen/GuV/C/Cannabisgesetz-CanG_RefE.pdf, (letzter Aufruf: 12.11.2023, 12:20).

Reiff, Nathan (17.1.2023): 7 Biggest Canadian Marijuana Companies. https://www.investopedia.com/top-canadian-cannabis-companies-by-revenue-4587803, (letzter Aufruf: 20.1.2023, 23:39).

Sanity Group (2023): Das therapeutische Potenzial von Cannabis ausschöpfen. sanitygroup.com/unser-ziel/, (letzter Aufruf: 21.4.2023, 08:57).

Schoesslers (15.2.2022): The Green Dealers übernehmen Vertrieb von Produkten der CannaCare Health GmbH im Bereich Lebensmitteleinzelhandel, Discount und Biomarkt https://schoesslers.com/the-green-dealers-uebernehmen-vertrieb-von-produkten-der-cannacare-health-gmbh-im-bereich-lebensmitteleinzelhandel-discount-und-biomarkt/, (letzter Aufruf: 21.1.2023, 08:38).

Scholz, Claudia (27.9.2022): Kanadas Cannabis-Konzerne hoffen auf den deutschen Markt. https://www.handelsblatt.com/politik/international/legalisierung-kanadas-cannabis-konzerne-hoffen-auf-den-deutschen-markt/28693900.html, (letzter Aufruf: 21.1.2023, 08:55)

Sensiseeds (2021): Geschichte von Sensi Seeds. https://sensiseeds.com/de/ueber-sensi-seeds/, (letzter Aufruf: 21.1.2023, 09:01).

Sinclair, Sarah (23.08.2023): Report reveals countries leading the way in cannabis-related clinical trials, in: Cannabis Health News. https://cannabishealthnews.co.uk/2023/08/22/report-reveals-countries-leading-cannabis-related-clinical-trials, (letzter Aufruf: 10.10.2023, 20:28).

Söder (16.8.2023): „Nichts Gutes": Was Söders Cannabis-Blockade für München und Bayern bedeutet. In: AZ München, https://www.abendzeitung-muenchen.de/muenchen/nichts-gutes-fuer-bayern-was-soeders-cannabis-blockade-fuer-den-freistaat-bedeutet-art-921360, (letzter Aufruf: am 12.10.2023, 21:01).

Statista (2023): Landwirtschaftliche Nutzfläche in Deutschland nach Nutzungsart in den Jahren 2010 und 2022. https://de.statista.com/statistik/daten/studie/183734/umfrage/landwirtschaftliche-nutzflaeche-in-deutschland-2010/, (letzter Aufruf: 21.7.2023, 09:29).

Stevens, Ben (12.6.2023): New hemp research set to increase carbon capture through cropping. In Bussiness of Cannabis Europe, Press releases, https://businessofcannabis.com/new-hemp-research-set-to-increase-carbon-capture-through-cropping/, (letzter Aufruf 11.10.2023, 22:49).

Stevens, Ben (14.7.2023): Pharmaceutical Cannabis Industry Sales to Grow 20% to $1,37bn by 2027, According To New Report, https://businessofcannabis.com/pharmaceutical-cannabis-industry-sales-to-grow-20-to-1-37bn-by-2027-according-to-new-report/, (letzter Aufruf: 12.11.2023, 08:00), S. BvCW Newsletter 17.7.2023

TFZ Bayern (o.J.): Technologie und Förderzentrum im Kompetenzzentrum für nachwachsende Rohstoffe: Rechtliche Regelungen zum Anbau von Nutzhanf, o.J., https://www.tfz.bayern.de/rohstoffpflanzen/einjaehrigekulturen/236957/index.php, (letzter Aufruf: 21.1.2023, 09:48).

Tilasto (2020), Hanfwerkanfälle, Produktionsmenge (Tonnen) für China. https://www.tilasto.com/thema/geographie-und-landwirtschaft/ernte/hanfwerkanfaelle/hanfwerkanfaelle-produktionsmenge/china (letzter Aufruf: 23.02.2023 12:21).

Tilasto (2022): Alle Länder: Hanfsamen (2021). https://www.tilasto.com/thema/geographie-und-landwirtschaft/ernte/hanfsamen/hanfsamen-ernteflaeche/china, (letzter Aufruf: 10.10.2023, 23:55).

Tilray (03.05.2021), Tilray & Aphria Announce Closing of Transaction That Creates the "New" Tilray, a Global Cannabis Leader. „https://tilray.gcs-web.com/news-releases/news-release-details/tilray-aphria-announce-closing-transaction-creates-new-tilray"tilray.gcs-web.com/news-releases/news-release-details/tilray-aphria-announce-closing-transaction-creates-new-tilray, (letzter Aufruf: 21.1.2023, 09:55).

Universität Hohenheim (3.9.2018): Nachhaltigkeitspreise für Unternehmen: Glaubwürdigkeit ist Trumpf. https://www.uni-hohenheim.de/pressemitteilung?tx_ttnews%5Btt_news%5D=41289&cHash=267a0b35d487a0d43629ab740ece4ca2, (letzter Aufruf: 21.1.2023, 10:10).

USDA (24.2.2020): United States Department of Agriculture. Foreign Agriculture Service. Report Name: 2019 Hemp Annual Report. Country: China, Peoples Republic of. https://fas.usda.gov/data/china-2019-hemp-annual-report, (letzter Aufruf: 21.1.2023, 09:43).

VCA (24.07.2023): Verband der Cannabisversorgenden Apotheken. S. Stellungnahmen

Wallstreet online (27.9.2022): Sanity Group GmbH: Erfolgreicher Abschluss, https://www.wallstreet-online.de/nachricht/15980742-ots-sanity-group-erfolgreicher-abschluss, (letzter Aufruf: 21.1.2023, 10:45).

Westphal, Jonas M. W (2022): Die Nachhaltigkeit von Hanf: Ein Überblick über Produkt und Nutzung in der Wirtschaft Springer, (essentials).

Z-company (2023): Europas #1Hanfproduzent. Ihr One-stop-Großhandelspartner. https://www.z-company.nl/de/Über-uns/, (letzter Aufruf: 21.1.2023, 11:30).

4 Der kulturell-ideologische Hintergrund

4.1 Politisches Umfeld: Politik, Verbände, Medien

Die seit etwa 100 Jahren etablierte „negative" Wahrnehmung des Cannabis wird nun im alltäglichen „politischen" Geschäft in der politischen Diskussion, von den einschlägigen Verbänden und durch die Medien realisiert und evolutionär vorangetrieben. Wobei die beteiligten „Akteure", sicher im allgemeinen *Common Sense* verankert, mit diesem keineswegs stets böswillig, sondern „ganz selbstverständlich" umgehen, so sehr er auch ihren jeweiligen Interessen entgegenkommt. Zumal der etwas langweilige „irdische" Nutzhanf gegenüber der dominierenden „Gefährlichkeit" von „Haschisch und Marihuana" mit seinem emotional-moralischem Aufruf stets den Kürzeren ziehen wird.

In diesem Sinne lohnt es sich, **politisch** in das wahlwirksame „Für und Wider" einer Entkriminalisierung einzusteigen, während man die Qualitäten des Nutzhanfs den – eher sachlich-nüchternen – Anfragen der Opposition überlässt. Hanfeigenschaften, die ihrerseits von den einschlägigen, an spezifische Interessen gebundenen **Verbänden** mehr oder weniger lautstark oder doch, wirksamer, lobbyistisch unterstützt werden. Dabei haben dann wiederum die besser finanzierten Akteure, insbesondere aus der Pharma- und Apothekenszene, die besseren Chancen, eben weil sie dem herrschenden *Common Sense* folgen, wenn sie nicht diesen gar gezielt stabilisieren.

Eine höchst einseitig ausbalancierte Wahrnehmungsfolie, die sich schließlich auch im Bereich der **Medien** niederschlägt und von diesen entsprechend inhaltlich fixiert und ausgebaut wird. Wobei die Tagespresse, dem Geschmack des Publikums entsprechend, deren emotional-moralische Qualitäten einträglicher umsetzen kann, als die relativ seltenen Fernseh-Features im Kreis der ohnehin an diesen Themen Interessierten. Eine einseitig ausgelastete Bilanz, für die auch der Buchmarkt zeugt, dessen Autoren und Lesepublikum ja *per definitionem* eben diesen *Common Sense* repräsentieren.

J. M. W. Westphal, *Einsatz von Nutzhanf in Deutschland*,
https://doi.org/10.1007/978-3-658-44413-6_4

4.1.1 Ein punitiv ausgerichteter Common Sense als kulturell-ideologischer Hintergrund

Die bisher angesprochenen beiden materiellen – juristischen und wirtschaftlichen – Schranken werden entscheidend durch ihren **ideell-kulturellen Hintergrund** bestimmt, der den Nutzhanf als „gefährliche Ausnahme" wahrnimmt und behandelt, ein „gesundheitspolitischer Alarmismus", der nicht nur „den Konsum zumindest unterschwellig weiterhin als ‚Drogenübel' einordnet" (LEAP 2023).

Eine kleine, fast zu übersehende Änderung auf dem Weg vom Referentenentwurf (2023) zum Gesetzentwurf (2023) belegt diesen „gesundheitspolitischen Alarmismus" besonders eindrücklich: Die Gefahr des **Missbrauchs zu Rauschzwecken.** Eine Gefahr, die in Art 28. III der Single Convention vorgegeben ist[1] und die in der Anlage 1 zu § 1 I BtMG entsprechend übernommen wurde.[2] Eine Missbrauchsklausel, die dem *Law in Action* bei der Bekämpfung des CBD in nahezu sämtlichen oben angeführten (2.5) Beispielen als zentrale Begründung dazu diente, das CBD zu verbieten, um eben diese Missbrauchsgefahr zu verhindern.

Umso erstaunlicher war es, dass der **Referentenentwurf** (2023, S. 122 f.), der zwar dieses CBD-Verbot in § 2 II bestätigte, ansonsten jedoch auf eine solche Missbrauchsklausel (die sog. Rausch-Klausel) verzichten wollte:

> „Eine wesentliche Neuerung besteht jedoch darin, dass der über den Anbau hinausgehende Verkehr von Nutzhanf [diesen] nicht mehr auf gewerbliche und wissenschaftliche Zwecke beschränkt, die einen **Missbrauch zu Rauschzwecken ausschließen,** wie es bisher aus Ausnahmeregelung b) zur Position ‚Cannabis' in Anlage I des BtMG folgte. Der Grund der Liberalisierung liegt darin, dass aufgrund der veränderten Risikobewertung des Verkehrs mit Cannabis zu nicht-medizinischen Zwecken davon ausgegangen wird, dass sich Nutzhanf, der in der Regel einen maximalen THC-Gehalt von 0,3 Prozent aufweist, nicht für einen ‚Missbrauch zu Rauschzwecken' eignet" (Referentenentwurf 2023, S. 122 f.; fett J.M.W. Westphal).

Während dann jedoch der **Gesetzentwurf** (2023), nach Einholung der Stellungnahmen, umgekehrt zwar das zuvor verbotene CBD in § 2 II Nr. 2 freigeben, dafür aber in § 1 Nr. 9a bei der „Definition von Nutzhanf" diese höchst umstrittene **Missbrauchsklausel** aus dem alten BtMG ohne weitere Erläuterung wieder einführen will [die aktuell durch den Entwurf des NLG vom 8.7.2024 wieder aus dem geltenden KCanG **gestrichen** werden soll]:

> **„Nutzhanf**: Pflanzen, Blüten und sonstige Pflanzenteile der zur Gattung Cannabis gehörenden Pflanzen, … wenn der Verkehr mit ihnen – ausgenommen der Anbau – ausschließlich gewerblichen oder wissenschaftlichen Zwecken dient, **die einen Missbrauch zu Rauschzwecken ausschließen**" (fett J.M.W. Westphal).

---

[1] Art. 28 III der Single Convention lautet: „Die Parteien treffen solche Maßnahmen, die notwendig sind, um den Missbrauch [Misuse] und den illegalen Handel in den Betrieben der Cannabispflanze zu verhindern."

[2] Im Betäubungsmittelgesetz (BtMG lautet in der Anlage 1 zu § 1 I unter Cannabis Ausnahme b) der entscheidende Satz: wenn „der Verkehr mit ihnen (ausgenommen der Anbau) ausschließlich gewerblichen oder wissenschaftlichen Zwecken dient, die einen Missbrauch zu Rauschzwecken ausschließen".

Dieser immaterielle Hintergrund wirkt als emotional und moralisch hoch geladener **Common Sense**, in dem ausschließlich die – stets auch vorhandenen – Negativseiten des Cannabis die Perspektive bestimmen, und zwar in einer zweifachen einander eher entgegengesetzten Richtung: Primär dominiert darin dessen Aspekt der **Gefährlichkeit**, und zwar sowohl für das Individuum wie für seine dadurch gefährdete soziale Umwelt, und damit auch für die Gesellschaft insgesamt: Vom jugendlichen Gehirnschaden über den „Einstieg in die Suchtkarriere" und das die Gemeinschaft schädigende „amotivationale" Syndrom bis hin zur Gefährdung des Straßenverkehrs. Andererseits soll aber auch seine Qualität als **Rauschmittel** gleichsam als „sündige Lust" dazu verführen, aus der eigenen sozialen Verantwortung auszusteigen. Während umgekehrt die **positiven** Seiten derselben Pflanze, nunmehr als „Nutzhanf" definiert, wie ich sie zu Beginn umrissen habe, also insbesondere ihre klimafreundliche CO_2-Bilanz, nahezu völlig aus dem „öffentlichen Bewusstsein" ausgeklammert werden.

Der ausführliche und inhaltsreiche Spiegelbericht „Ernährungswende. Wie wir künftig essen müssen, um die Welt zu retten" von Johann Grolle (2023) bietet hierfür ein überzeugendes Beispiel, sofern er unter dem Subtitel „Neue Pflanzen braucht das Land" zwar Vorteile ausführt, jedoch im gesamten Artikel kein einziges Mal den Nutzhanf erwähnt:

> „Erbsen, Bohnen, Kichererbsen und Linsen zählen zu den Leguminosen, aber auch Lupinen, Klee und Sojabohnen. All diese Pflanzen leben in Symbiose mit stickstofffixierenden Bakterien, was den Landwirten erlaubt, an Nitratdünger zu sparen. Außerdem verbessern sie mit ihren Pfahlwurzeln die Bodenstruktur und befördern die Humusbildung" (Grolle 30.09.2023).

Ein Einstellungsmuster, das erst zu Beginn des letzten Jahrhunderts den **traditionellen Common Sense**, der den „Hanf" als normales Landwirtschaftsprodukt begriff, ablösen sollte. Eine negative Cannabisperspektive, die bis heute gleichsam im Tandem sowohl **psychiatrisch** wie auch **strafrechtlich** produziert wird. Dabei begründen die mit „Drogen" befassten **Psychiater** ihre Warnungen,[3] persönlich überzeugt, mit ihren Erfahrungen

[3] S. dazu die Stellungnahme des DGPPN zum Referentenentwurf (2023) vom 19.07.2023 mit einschlägigen Literaturhinweisen sowie den dort **nicht** erwähnten Übersichtsartikel von Cobb Scott (2023): „A substantial literature examining risks of adolescent cannabis use for brain and cognitive outcomes has amassed in the past 2 decades, but there is considerable heterogeneity in this research. Studies differ in the timeframe of measurements, frequency of use, measurements of cannabis quantity, types of cannabis used, and measures to assess neurocognitive functioning, brain structure, and brain functioning." Auch der *Technische Bericht* (ISD; 2023, S. 47) hält in seiner Übersicht über relevante Legalisierungsfolgen fest: „Es gibt nicht genug Evidenz, um allgemeine Schlussfolgerungen zu den Auswirkungen abzuleiten, die die Cannabislegalisierung auf Psychosen oder Schizophrenie bei Jugendlichen hat. In einer kanadischen Provinz wurde keine kurzfristige Veränderung festgestellt."

und Beispielen[4] aus dem ausgelesenen „Patientengut", das man ihnen als seltene Ausnahme – hilflos und dem *Common Sense* folgend („ängstliche Eltern")[5] – anvertraut.[6] Indem sie aus dieser eingeengten Perspektive heraus auf die „Normal"-Situation zurückschließen – ähnlich, wie man vor dem Genuss von „rotem Fleisch" als „wahrscheinlich krebserregend" warnt, ohne es jedoch bisher zu verbieten. Während das – international abgesicherte – strafrechtliche **Kriminaljustizsystem,** aktualisiert durch das jeweilige *Law in Action*, die kriminellen Drogengefahren mithilfe von 181.040 Tatverdächtigen „konsumnaher Cannabisdelikte" (Bundeskriminalamt 2022, S. 23) bis hin zur „internationalen Drogenmafia" unterstreicht. In einem „Tandem", in dem der Strafrichter sich auf das psychiatrische „Gutachten" verlässt und der Psychiater in der Strafe das probate Gegenmittel gegen diese Drogengefahren begreift. Weswegen beide einerseits (im üblichen „Neusprech")[7] gegen eine „Legalisierung" argumentieren (während sie damit tatsächlich für eine „Bestrafung" plädieren, da eine Legalisierung ja die „Behandlung" nicht ausschließt) und andererseits die „iatrogenen" – also hier die durch das Strafregime – hervorgerufenen „sekundären" Schadensfolgen – „Stigmatisierung" auf der individuellen, Mafia und Schwarzmarkt auf der gesellschaftlichen Ebene – überhaupt nicht wahrnehmen können.[8]

Ein sich selbst fortschreibender „Teufelskreis", der intensiv auch die „gefährliche Ausnahme" des **Nutzhanfs** einfärbt. Bis vor Kurzem noch völlig untersagt, wurden seine Anwendungsfälle erst jüngst recht zaghaft „erlaubt": der bis dahin verbotene Industriehanf seit 1996, Winterhanf seit 2017, Medizinalhanf seit 2017, freier Samenhandel, 0,3 %-THC-Grenze (15.02.2023) und beschränkter Genusskonsum im noch immer strittigen Gesetzentwurf 2023, der durch das KCanG vom 27.3.2024 vorsichtig realisiert wurde Ein zaghafter Weg zurück zu den Anfängen, der sich auch international zeigt: Wechsel des Cannabis von Anlage IV in Anlage I der Single Convention (02.12.2020),

[4] So auch der Psychiater Rainer Thomasius im Interview mit Großekemper (2023): „Im Universitätsklinikum Hamburg-Eppendorf haben wir im Zusammenhang [?] mit Cannabis jährlich 1200 Fälle [?], die wir behandeln [?] müssen." Und so reagiert der erfahrene Jugendpsychiater Helmut Remschmidt in seinem Spiegelgespräch mit Großekathöfer und Thimm (2023) auf die „Legalisierungspläne" der Bundesregierung: „**Remschmidt**: Ich finde den Plan verheerend. Es ist zwar richtig, dass man nicht bestraft werden sollte, wenn man ein paar Gramm Marihuana besitzt. Aber die Verharmlosung der Droge ist gefährlich. Ich kenne Fälle, in denen Menschen verdämmert sind und sich nie wieder erholt haben. Ich weiß von jungen Erwachsenen, bei denen Marihuana eine Psychose ausgelöst hat und die nicht mehr resozialisierbar waren."

[5] „Ängstliche Eltern", die europaweit in einer *Foundation for Drug Free Europa* (FDFE 2023) mit der Psychiatrie Hand in Hand gehen.

[6] Vgl. dazu die jüngste Meldung der *FAZ*, die mich beim Schreiben dieser Zeilen erreichte: „Drogenpolitik: Kinder- und Jugendmediziner warnen vor Cannabis-Legalisierung" (FAZ.NET 26.07.2023).

[7] Ein Begriff aus George Orwells Dystopie „1984" zur verdeckenden Sprachpolitik.

[8] In seiner Stellungnahme zum Referentenentwurf vom 24.07.2023 schreibt der Schildower Kreis einleitend: „Nicht nur unter uns als Schildower Kreis, sondern in weiten Teilen der Fachwelt besteht mittlerweile der Konsens, dass sich Androhung und Vollzug von Strafe sowie die damit verbundene Polizeiarbeit stark negativ auf Konsumierende und die Gesellschaft auswirken."

Erhöhung des THC-Wertes auf 0,3 % durch das Europäische Parlament (02.12.2021), Tee aus Hanfblättern in den *Novel-Food*-Katalog aufgenommen (02.06.2023).

Doch stets – etwa analog zu den Vorsichtsmaßnahmen einer Minenentschärfung – eingehegt durch ein intensiv **kontrolliertes Regelsystem,** misstrauisch gegenüber dem eigenen Bürger, um – natürlich „die Jugend" – selbst vor minimalen THC-Dosen (0,3 %) bzw. vor einem CBD zu schützen, aus dem man THC „extrahieren" könne. Insofern wird vielleicht auch verständlich, wenn der *Dachverband deutscher Cannabis Social Clubs* (CSCD 2023) in seiner Stellungnahme zum Referentenentwurf (2023) vom 24.07.2023, der stattdessen ein „alternatives Cannabisgesetz" vorschlägt, dem Gesetzgeber einleitend unter anderem eine realitätsferne Einschätzung vorwirft:

> „Der Entwurf stellt Konsumentinnen und Konsumenten von Cannabis als Predatoren dar, von denen grundsätzlich gewaltige Risiken für Kinder und Jugendliche ausgehen und unterstellt ihnen eine grundsätzliche Neigung zu rechtswidrigem Verhalten, insbesondere notorischen Willen zur widerrechtlichen Weitergabe von Genusscannabis. Diese Einschätzung ist realitätsfern. Zu lange hat Politik diese falsche Geschichte erzählt. So lange, dass selbst Cannabisnutzerinnen und -nutzer oft von sich als BürgerInnen zweiter Klasse denken" (CSCD 2023).

Ein grundsätzliches Misstrauen, das sich ja auch tatsächlich bei allen fünf Nutzarten zeigt, und zwar bei:

- **Medizinalhanf:** „Der Anbau von Medizinalhanf muss geradezu festungsartig abgesichert werden: Alles ist geregelt, vor allem die Sicherheit: dicke Stahlbetonmauern, Panzerglas, spezielle Abwasserbehandlung. … Jede Öffnung, jeder Lüftungsschacht muss hier vergittert, Hunderte Kameras eingebaut, Infrarotsensoren und Körperschallmelder installiert werden, so schreibt es die sogenannte Sicherungsrichtlinie vor. Kein Gramm Cannabis darf illegal nach draußen gelangen" (Aster 2021).
- **Genusshanf:** nach den letzten Entwürfen, maßvoll in Besitz, Eigenanbau und Anbauvereinigungen erlaubt, doch derart von bürokratischen Regeln eingehegt, dass Justus Haucap (2023) von einem „bürokratischen Ungetüm" sprechen kann: „Gelegenheitsnutzer, die nur geringe Mengen konsumieren, werden daher für die Klubs uninteressant sein – sie nehmen letztlich nur Platz weg, ohne dass sie zur Finanzierung der Kosten wirklich beitragen. Das Gros der Gelegenheitsnutzer – und das ist die Mehrheit der heutigen Nutzer – wird daher wohl weiter auf den Schwarzmarkt angewiesen sein."
- **CBD:** erlaubt unter den Bedingungen von „Nutzhanf" und praktisch ohne THC mit eingeschränkter Verwertungsmöglichkeit – zulässig im Kosmetikbereich, bisher nicht als Lebensmittel;
- **Samen:** sofern er in der EU in einem ausgefeilten Kontrollprozess „als ‚Basis-Saatgut' oder ‚Zertifiziertes Saatgut' amtlich anerkannt worden ist" oder zuvor sterilisiert wurde;
- **Nutzhanf***:* „Der Hanfanbau ist nur mit zugelassenen Nutzhanfsorten mit entsprechendem THC-Gehalt [0,3 % THC], die im Gemeinsamen Sortenkatalog der EU aufgeführt sind, und nur in landwirtschaftlichen Betrieben erlaubt, die zudem den

Anbau neben der BLE auch dem zuständigen Bundesland anzeigen müssen. Die Kontrolle des psychoaktiven Cannabinoids THC erfolgt durch die BLE. Ihr muss auch der Blühbeginn gemeldet werden, damit sie vor Ort Proben zur Bestimmung des THC-Gehalts nehmen kann. Erst nach Freigabe durch die BLE darf mit der Ernte des Nutzhanfs begonnen werden."[9]

Ein Gedankengefängnis,[10] das sich nicht nur in der Politik in den extrem vorsichtigen Regulierungen des Referentenentwurfs (2023)[11] bzw. im jüngsten Gesetzentwurf (CanG) vom 16.08.2023, wie im KCanG vom 27.3.2024 wiederfindet, um dort den „Nutzhanf" noch immer in einem Cannabis-Konsum-Gesetz für die Teillegalisierung von THC-Hanf einzuordnen, anstatt ihn, wie etwa im Tabakgesetz,[12] in einem eigenen Nutzhanfgesetz zu regulieren. Ein Teufelskreis (Abb. 4.1), der in den Medien den „Neuigkeitswert" der Cannabismeldungen regiert und den Anbau, die Wirtschaft und die Banken nur zögernd zugreifen lässt. Eine selbstverständliche THC-Einstellung, nach der jedermann als potenzieller „Kiffer" gilt, der über „Nutzhanf" redet oder forschen möchte.

4.1.2 Wie die Politik informiert

Neben der gesetzlichen Regelung der Regierung – Gesetze, Verordnungen – wird das Feld der politischen Information über den Nutzhanf zunächst von deren **Bürokratie** bestellt: So beantwortet das Bundesinstitut für Arzneimittel und Medizinprodukte (BfArM) „Häufig gestellte Fragen (FAQ o. J.): Sind Nutzhanf/CBD-produkte aus betäubungsrechtlicher Sicht verkehrsfähig?" und die Bundesanstalt für Landwirtschaft und Ernährung (BLE 2017) informiert über den „Anbau von Nutzhanf" ebenso gut, wie das Bundesinformationszentrum Landwirtschaft (BZL 2022), während man in den Bundesländern etwa die übersichtlichen Informationen zum Nutzhanf mit ihren FAQ des Bayerischen TFZ (o. J.) oder die ausführlich gute Information der Landwirtschaftskammer Niedersachsen über „Die neue GAP ab 2023 – eine ökonomische Optimierung der Anträge wird wichtiger!" finden kann.

Doch kann auch die **Opposition** in dieser Frage aktiv werden, indem sie im Bundestag Anfragen an die Regierung stellt oder entsprechende Anträge im Bundestag einbringt, wofür die beiden folgenden Aktionen beispielhaft das übliche „politische Spiel" belegen mögen:

---

[9] Wissenschaftliche Dienste (2023) in ausführlich belegter Stellungnahme.

[10] Stephan Quensel im Vorwort zu meinem Buch (Westphal 2022).

[11] Der etwa im Kap. 4 CanG für den „Gemeinschaftlichen Eigenanbau und kontrollierte Weitergabe von Cannabis und Vermehrungsmaterial in Anbauvereinigungen zum Eigenkonsum" für 20 Paragrafen (§§ 11–30) 15 Seiten (S. 12–27) benötigt.

[12] Bzw. exakter: Tabakerzeugnisgesetz vom 04.04.2016 in seiner Fassung vom 21.07.2023, das jedoch in seinen §§ 31–33 ähnlich umfangreiche Sanktionen für die zahllosen Regelüberschreitungen vorsieht.

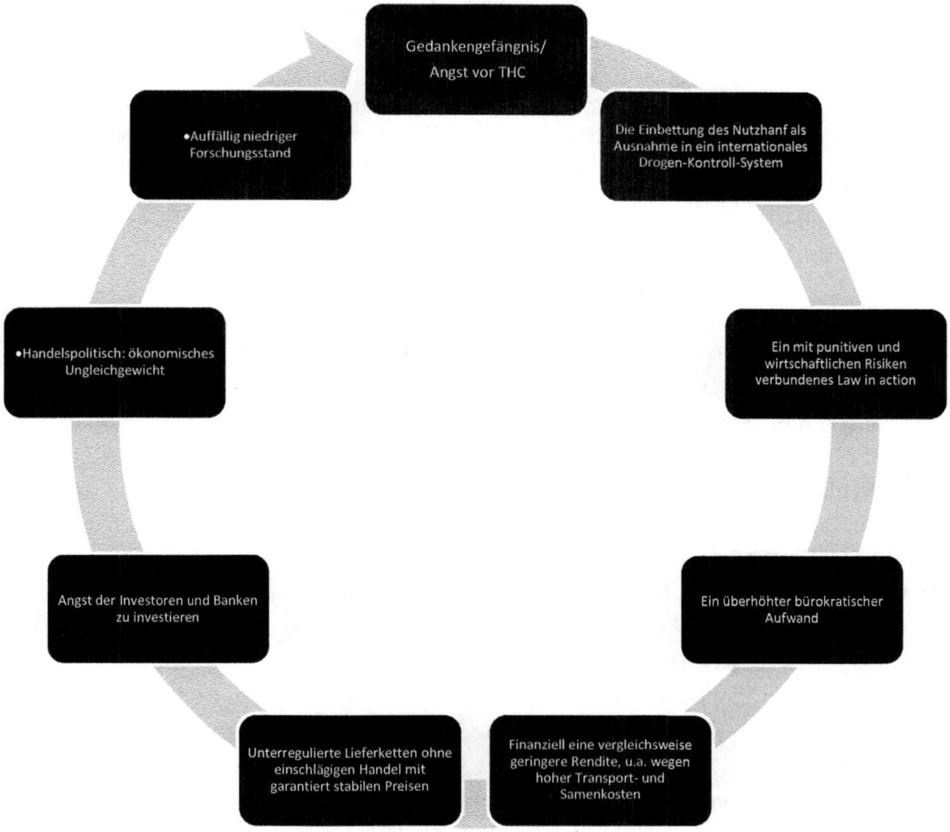

Abb. 4.1 Teufelskreislauf (eigene Darstellung)

- In jüngerer Zeit während der gegenwärtigen 20. Wahlperiode findet man neben einer Anfrage von Die Linke vom 29.11.2022 insoweit lediglich eine **Kleine Anfrage der Fraktion der CDU/CSU** vom 28.01.2022, in der sie auf die Bemerkung des Bundesministers für Ernährung und Landwirtschaft, Cem Özdemir (Merkur.de 2021), reagiert, er gehe „davon aus, dass viele Bäuerinnen und Bauern bereits in den Startlöchern stünden, um Hanf anzubauen" (Bild am Sonntag vom 26.12.2021), um am 16.02.2022 auf die etwas sparsame Antwort der Bundesregierung mit einem abschließenden „Hanf-Ankündigungen von Minister Özdemir sind unausgegoren" zu reagieren (CDU/CSU 2022). Doch sprechen beide, der Minister wie die Anfrager, hier nicht von „Nutzhanf", sondern vom „Genusshanf", wie dies auch ganz überwiegend in den in der Anfrage kritisierten Plänen der Bundesregierung (Eckpunktepapier) der Fall ist.
- Direkt auf den Nutzhanf bezogen begründeten dagegen die damals in der Opposition stehenden **Fraktionen der Linken und das Bündnis 90/die Grünen** vor nunmehr zwei Jahren am 14.01.2021 ihren Antrag an den Bundestag mit den besonderen

„Nachhaltigkeits"-Chancen von Nutzhanf, die jedoch durch die geltenden rechtlichen und bürokratischen Schranken erheblich behindert würden:

So sähen sich „viele Landwirtinnen und Landwirte, die am Anbau von Nutzhanf interessiert sind, nicht in der Lage, die sehr hohen rechtlichen Hürden zu nehmen", und zwar insbesondere dadurch, „dass der rechtliche Rahmen für Nutzhanf trotz der niedrigen Grenzwerte für Delta-9THC auch im Betäubungsmittelgesetz (BtMG) geregelt" werde, und dass „bestimmte Pflanzenteile des Nutzhanfs dem BtMG unterfallen, obwohl sie keinerlei berauschende Wirkung besitzen" (Bundestag Drucksache 19/25883).

Antrag der Fraktionen der Linken und des Bündnis 90/die Grünen

- Den Nutzhanf und die daraus resultierenden Produkte insbesondere deren Extrakte **aus dem BtMG** zu streichen und die Delta-9-THC-Grenze von momentan 0,2 % **THC-Gehalt auf 0,6 %** der Trockenmasse zu erhöhen (Pkt. 1 und 2)
- **Rechtssicherheit** für Anbaubetriebe zu schaffen: „Straffreiheit bei anbaubedingtem Überschreiten der THC-Grenzwerte", *keine* „Vernichtung von nutzbarer Ernte" (Pkt. 5)
- „den Beitrag von Nutzhanf zum **Umweltschutz** anzuerkennen und die Verwendung der Pflanze für eine klima- und bodenschonende sowie biodiversitätsfördernde Landwirtschaft zu fördern" (Pkt. 6)
- „**regionale Wertschöpfungspotenziale** zu erschließen und zu fördern", und zwar insbesondere: „**Wertschöpfungsketten** für Kurz- und Langfasern … zum Aufbau von Verarbeitungskapazitäten"; „Nutzung von hanfbasierten Baustoffen" *und* „Förderung von **Hanferzeugernetzwerken** für die Vernetzung und Zusammenarbeit von Landwirtinnen und Landwirten sowie weiterverarbeitenden Unternehmen" (Pkt. 11)
- *Sowie* **„Förderung von Wissenschaft und Forschung"** für „Anbau- und Erntetechnik sowie Verarbeitung"; „Cannabidiol und andere Cannabinoide" und für die „Sortenzüchtung" (Pkt. 12; fett durch J.M.W. Westphal)

Ein insgesamt **plausibles Reformprogramm**, das dann jedoch durch die **Beschlussempfehlung** des Ausschusses für Ernährung und Landwirtschaft vom 2021 „mit den Stimmen der Fraktionen der CDU/CSU, SPD, AfD gegen die Stimmen der Fraktionen DIE LINKE und BÜNDNIS 90/DIE GRÜNEN bei Stimmenthaltung der Fraktion der FDP" **abgelehnt** wurde. Um nach dem Eintritt der Grünen in die Ampelregierung in deren **Eckpunktepapier** neben der europäischen 0,3 %-THC-Regel lediglich die Herausnahme des Nutzhanfs aus dem BtMG vorzuschlagen und in den beiden Gesetzentwürfen (2023) sowie im KCanG om 27.3.2024 in den §§ 31–34 – bis auf den Eigenanbau von maximal 3 Nutzhanfpflanzen (§ 9 I, Nr. 2) – die alten BtMG-Regeln zu übernehmen.

4.1.3 Die Rolle der Verbände

Die Verbände der Branche sind teilweise so jung wie die Märkte selbst. Während die Bauernverbände und die der Mediziner sowie der auf Legalisierung spezialisierte Deutsche Hanfverband seit Beginn dieses Jahrhunderts bestehen, wurde in Deutschland erst in jüngster Zeit ein einschlägig umgreifender Branchenverband gegründet.[13]

International wird die **Hanfwirtschaft** seit 2004 durch die *European Industrial Hemp Association* (**EIHA**) für „Unternehmen, Landwirte, Verarbeiter und Hersteller der gesamten Supply Chain" vertreten. Ihre kanadisch-amerikanischen Pendants sind die bereits 1996 gegründete *Hemp Industries Association* (**HIA** 2023) sowie die 2003 gegründete *Canadian Hemp Trade Alliance* (**CHTA** o. J.): „Members include farmers, processors, manufacturers, researchers, entrepreneurs, and marketers." Beide Verbände – EIHA und CHTA – zusammen präsidieren die jüngst gegründete Federation of International Hemp Organization (**FIHO** 2021) mit derzeit 14 internationalen Mitgliederverbänden: „One of its first goals is to build common industry positions and fill in data gaps by creating a common database of hemp research and knowledge, whilst working to establish international policies and regulations" (Peter 2022).

Frankreich, das in Europa die größten Nutzhanfflächen ausweist, organisiert die gesamte Hanfwirtschaft unter einer Dachorganisation – **Interchanvre org**[14] – mit elf Unterorganisationen, wie etwa die oben angesprochene Samengenossenschaft **Hemp It** oder die unten angeführte Forschungsorganisation *Fibres Recherche Développement* (**FRD**).

Die **Medizinbranche** wird durch die im Jahr 2000 gegründete *gemeinnützige Internationale Arbeitsgemeinschaft Cannabis als Medizin* (**IACM** 2023) vertreten. In ihrem nationalen Vertreter, der 1997 gegründeten *Arbeitsgemeinschaft Cannabis als Medizin* e. V. (**ACM** 2023), „haben sich Ärzte, Apotheker, Patienten, Juristen und andere Interessierte aus Deutschland und der Schweiz organisiert". Ihre ACM-Mitteilungen informierten 14-täglich vor allem über medizinisch relevante Daten. Auch der 2019 gegründete **VCA** (2023) – *Verband der Cannabis versorgenden Apotheken e. V.* – ist auf diesem Gebiet, u. a. mit einem Newsletter, aktiv, während der 2002 gegründete *Deutsche Hanfverband* (**DHV** 2023) – „mit mehr als 9000 Unterstützern sowie 24 lokalen Ortsgruppen" – für die Legalisierung des **Genusshanfs** wirbt.

Der jüngste nationale *Branchenverband Cannabiswirtschaft* e. V. (**BvCW** 2023) wurde dagegen erst Ende 2019 gegründet – mit derzeit (Nov. 2022) 90 Mitgliedern. Fünf

[13] Zur tatsächlichen Vielzahl der einschlägigen deutschen Vereine, Verbände und sonstigen interessierten Organisationen lohnt ein Blick auf die 57 Stellungnahmen zum Referentenentwurf (CanG vom Juli 2023) in: Bundesministerium für Gesundheit – Cannabisgesetz – Stellungnahmen 2023.

[14] Interchanvre (2023): Ökonomie und Öko-Verantwortung: „InterChanvre works for the common good with 3 areas of focus: ecology, efficiency and eco-responsibility. Its goals include: (1) Unite industry players (2) Represent and defend industry interests and stakeholders in technical, economic and political circles (3) Support scientific and technical research in the sector (4) Promote the environmental virtues of hemp, the industry and its markets."

Branchensegmente – vom Nutzhanf und Lebensmitteln, CBD, Medizin- und Genusscannabis und deren Verarbeitung sowie Techniken bis hin zum Handel und Dienstleistungen – informieren über das für alle Sparten geltende aktuelle Tagesgeschehen.

Diese **Europäischen** Verbände konzentrieren ihre Arbeit auf Wirtschaft, Politik, Medizin und Verarbeitung,[15] während die **international** orientierten Amerikaner und Kanadier auch bei der in diesem Feld so notwendigen **Rechtsberatung** vorangehen: fünf ständige Cannabisanwälte in der **Harris Bricken Law, Firm** (2023) und in **Kanada** die 14 Anwälte umfassende *Practice Group Lawyers* von **Torkin Manes** mit dem Ziel:

> „[E]arly stage and mature companies regarding organization, raising capital, licensing, M&A, listing on a recognized stock exchange (by way of IPO, CPC transaction or reverse takeover) and the ongoing requirements of being a public company in this sector. We focus on clients in the mid-market who expect first class service and advice in an efficient and cost-effective manner" (Torkinmanes 2023).

Diese **Verbände** werden als Teil der in den letzten drei Jahrzehnten sprunghaft anwachsenden Cannabiswirtschaft auch auf **politischem Gebiet** deutlich sichtbar (also nicht nur als verdeckte Lobbyisten) aktiv. Auf der **UN-Ebene** kämpfen vornehmlich **zivile** NGOs – wie die VNGOC in Wien und die YNGOC in New York (Fordham und Haase 2018) – oder die **Global Commission on Drug Policy** (GCDP) mit ihren einflussreichen Reports (2021, 2022) – ebenso wie der nationale *Deutsche Hanfverband* (**DHV**) – für eine **Legalisierung**.

Auf **europäischer** und **nationaler** Ebene vertreten dagegen die vorgenannten Verbände überwiegend **wirtschaftliche** Interessen durch Beratung, Aufklärung und Lobbyismus. So schreibt der **BvCW** (2023):

> „Zu unseren Aufgaben soll die Mitarbeit in Fachräten/-ausschüssen der Ministerien sowie Anhörungen im Deutschen Bundestag oder der Bundesregierung gehören. Wir bündeln industriepolitische, technologische und wirtschaftliche Expertise und setzen uns für bessere politische Rahmenbedingungen ein. Notwendige regulatorische Fragen werden wir auf allen Ebenen begleiten. Hierzu organisieren wir Veranstaltungen und sprechen Entscheidungsträger direkt an" (BvCW 2023).

In diesem Sinne verfasste etwa **EIHA ein Manifest** (2020), das sie am Earth Day 2020 (22.04.2020) der EU-Kommissionspräsidentin Ursula von der Leyen übergab, „um den Übergang zu einer emissionsfreien, ökologischen und nachhaltigen Wirtschaft im Einklang mit dem europäischen ‚Green Deal' voranzutreiben." Neben einer Vergütung für die positiven externen Umwelteffekte im Rahmen eines Emissionshandelssystems und einem Ausbau der Förderungsmittel verlangte die EIHA insbesondere „die Entwicklung nachhaltiger Wertschöpfungsketten" *sowie* „die Nutzung von hanfbasierten Baustoffen und anderen Materialien" und forderte – auf der EU-Ebene insoweit inzwischen realisiert – die Ein-

[15] Doch hat der deutsche BvCW jüngst seine Elemente Bd. 13: Anwälte für die Cannabiswirtschaft Rechtsanwälte als Fördermitglieder im BvCW (öffentliche Liste) aktualisiert.

führung der **0,3 %-THC-Grenze** und die Aufnahme des CBD in die Datenbank für kosmetische Inhaltsstoffe ***Cosing***.

Ein Programm, das der Branchenverband Cannabiswirtschaft e. V. (**BvCW**) in seinem **6-Punkte-Plan** u. a. durch die Forderungen ergänzte,

- den Cannabisanbau in den Green Deal zu integrieren,
- den Nutzhanf aus dem BtMG zu entfernen
- und die THC-Grenze auf 1 % heraufzusetzen (Elemente Bd. 18).

4.1.4 Der Einfluss der Medien

Neben „Politik" und Verbänden sind es vor allem die **Massenmedien**, die mit ihren Informationen die Art und Weise, wie der *Common Sense* das Hanfgeschehen versteht, entscheidend mitprägen. Dabei dominiert heute noch nahezu ausschließlich die „Cannabis"-Thematik i. e. S.: Gefahren und Freuden des Cannabiskonsums,[16] Legalisierungsdiskussion und, in geringerem Maße, das medizinische Cannabis, während der Nutzhanf bis heute eher ein Schattendasein führt.

So ergab etwa eine **Recherche im Spiegel-Archiv** zum Stichwort Cannabis seit 2005 554 Artikel (Überschriften und Vorspann), während das Stichwort CBD für dieselbe Zeit 3 eher warnende Beiträge enthält. Das Stichwort **Nutzhanf** benennt insgesamt 7 Artikel, von denen jedoch für den gesamten Zeitraum der letzten 17 Jahre nur 3 einschlägig – und insgesamt recht objektiv – über Nutzhanf berichten, und zwar: Martin Cyris in einem frühen Artikel vom 24.08.2011 über den **Hanfanbau in Österreich**, Lutz Meier in einem Bericht vom 05.10.2018 über den Demeter-Hof Gut Peetzig in Angermünde/Brandenburg sowie, aus dem Manager Magazin übernommen, Arvid Kaiser (2021) über die Firmenchancen auf dem **deutschen Cannabismarkt**: „Tilray-Chef Irwin Simon verspricht den Aktionären, ‚die fast 200 Milliarden Dollar große globale Cannabis-Marktchance zu ergreifen'. Simon, zuvor an der Spitze des Wettbewerbers Aphria, hat die beiden Marktschwergewichte im Mai fusioniert" (Kaiser 2021).

Ein krasses Missverhältnis, das in gleicher Weise auch für den **Buchmarkt** gilt, wie eine Recherche im ***Slub-Katalog*** ergab: Während dort unter dem Stichwort Cannabis 906 einschlägige Bücher benannt werden, erbrachte das Stichwort Nutzhanf lediglich 7 Nennungen – einschließlich meines veröffentlichten Buches *Die Nachhaltigkeit von Nutzhanf* (2022).

[16] Zur Art und zum Einfluss der entsprechenden Popkultur und der sozialen Medien vgl. das aus Sicht der Szene geschriebene Buch von Mišel Kajić (2023, S. 132): „Aber es sind die sozialen Medien, die wirklich allen die Show gestohlen haben, indem sie das Aufkommen und die Verbreitung von Cannabisbezogenen Memes und Trends ermöglicht haben. … Letztendlich hat die Popkultur zu einer gewissen Liberalisierung in der öffentlichen Meinung beigetragen, wobei Cannabis ein weniger kontroverses Thema war."

Während also auf dem **Print-Markt** der „Nutzhanf" gegenüber dem Interesse am verbotenen „Cannabis" eher ein Schattendasein führt, findet man auf dem **Video-Markt** seit Mitte des letzten Jahrzehnts ein ausgesprochen buntes und stellenweise durchaus eindrucksvolles **Informationsangebot** über die diversen Aspekte des Nutzhanfanbaus und seiner Verwendungsmöglichkeiten, so sehr auch hier die „Cannabis"-Szene dominiert. So schreibt Michael Knodt (2020) in seiner Zusammenstellung „über 10 YouTube-Kanäle über Cannabis, die man kennen sollte": „Wer auf YouTube nach dem Wort ‚Cannabis' sucht, wird von den Millionen Suchergebnissen fast erschlagen. Es gibt nicht nur Millionen Clips zum Thema, in den letzten Jahren sind auch immer mehr Kanäle mit dem Fokus auf die verbotene Pflanze entstanden. Bei vielen steht der eigene Konsum im Mittelpunkt, andere versuchen mehr oder weniger objektiv über die aktuelle Entwicklung zu berichten."

Doch bieten gerade die **Fernsehanstalten** immer wieder **Vor-Ort-Berichte**, die einen guten Eindruck von den Möglichkeiten, Anfangsschwierigkeiten und Verwertungsproblemen erlauben.

- So hat der **Bayerische Rundfunk** schon am 2014 in einer 29-minütigen Sendung Rohstoff Hanf – Faszination Wissen mit 185.059 Aufrufen über das „Thema Hanf in Industrie, Technik, Ökologie & Medizin" berichtet.
- Sieben Jahre später berichtet das **Hessische Fernsehen** am 11.09.2021 mit einer 43-Minuten-Sendung (15.981 Aufrufe) „Drei Jungunternehmer starten durch | Mit Hanf in die Zukunft" sowie am 24.04.2022 in ihrer 5-Minuten-Sendung „Hochwertige Produkte aus Nutzhanf | Grüne Gründer" überzeugend über die Gründerprobleme einer Gruppe von drei Junglandwirten, die **Green Pioneers**. Die Sendung geht dabei auch auf die Folgen einer frühen Beschlagnahme durch die **Staatsanwaltschaft Fulda** ein,[17] die so sehr an die oben (Abschn. 2.5.5) behandelte Beschlagnahmepraxis der Staatsanwaltschaft Itzehoe erinnert.

Die Fuldaer Staatsanwaltschaft hatte am 21.07.2022 im „Verfahren gegen drei Inhaber eines CBD-Produkte vertreibenden Unternehmens Anklage zum Amtsgericht Fulda wegen des Verdachts des fahrlässigen Handeltreibens mit Betäubungsmitteln (Cannabis)" erhoben, weil sie „trotz objektiv bestehender Möglichkeit – nicht erkannt hätten, dass insgesamt vier der von ihnen vertriebenen Produkte einen THC-Gehalt aufgewiesen hätte, der geeignet gewesen sei, einen Rauschzustand zu erzeugen, weshalb ein Missbrauch zu diesem Zweck durch Käufer nicht auszuschließen gewesen sei". Nachdem der Staatsanwalt 220 Tagessätze à 60 € gefordert hatte, hat das AG Fulda am 09.02.2023 freigesprochen, „da es praktisch ausgeschlossen sei, 60 Milliliter des Produkts zu rauchen oder 150 Milliliter in kürzester Zeit als Backwaren zu verspeisen" (Osthessen-Zeitung 10.02.2023).

[17] Osthessen-news (2022); vgl. auch die Video-Reaktion der Green Pioneers (2022).

4.1.5 Ein Zwischenfazit: Eine einseitige Negativperspektive

Zunächst fällt auf, wie interessengebunden diese **Informationen** auf der Print-Ebene ausfallen: politisch, verbandspolitisch oder am „illegalen" Neuigkeitswert orientiert, während „objektive" Informationen weithin fehlen. Eine erfreuliche Ausnahme bieten die Informationen der Plattform **Hemp Today** „für Nachrichten und Wissensvermittlung aus der nationalen und internationalen Hanfindustrie"[18]. Doch kann man bestimmte Grundinformationen auch bei den staatlichen Behörden relativ trocken, an der juristischen Regelung orientiert, finden oder auf der Video-Ebene eingebettet in der Masse der szenebedingten Produkte. Wobei diese **positiven Informationsbeispiele** im Zweifel nur die ohnehin Interessierten, kaum jedoch die üblichen Vertreter des *Common Sense* erreichen dürften. Ein Dilemma, das noch intensiver den hier nicht näher behandelten einschlägigen **Messemarkt** betrifft (Savus 2023), auf dem etwa am 06. und 07.12.2022 die Messe **Canna-B** in Freiburg als „Plattform für Unternehmer und Interessierte aus Landwirtschaft, Behörden, Institutionen, Pharmazie, Handel, Wirtschaft und Gesellschaft" diente (Canna-B 2022).

Insgesamt zeigt sich hier zusätzlich zu den oben (im Abschn. 3.3) behandelten fünf „wirtschaftlichen" Problemen das „mental" wirksame **sechste Problem**, das den gesamten Nutzhanfmarkt als „Ausnahme" unter der **Negativperspektive** einer mit Strafe bedrohten THC-Gefahr wahrnimmt und behandelt. Weshalb etwa die einschlägig positive Diskussion als Einleitung stets betonen muss, dass man sich mit Nutzhanf „nicht berauschen" könne.

So beginnt das Bundesinformationszentrum Landwirtschaft (BZL 2022) seine Information „Welches Potenzial hat Hanf als Nutzpflanze?" mit dem Disclaimer: „Hanf wird oft auf seine berauschende Wirkung reduziert. Doch die Kultur ist ein idealer Rohstoff für viele Bereiche", während der Verlag des Buches *Cannabidiol* von Grotenhermen/Berger/Gebhardt im Impressum versichert: „Der Verlag ruft mit diesem Buch nicht zu Gesetzesübertretungen auf und verfolgt auch nicht die Absicht zum Gebrauch illegaler Hanfprodukte zu ermuntern oder ihn zu fördern" (Grotenhermen et al. 2018).

Ebenso wie umgekehrt die „Freunde des Cannabis" gelegentlich hoch erfreut den angebauten Nutzhanf mit THC-Hanf verwechseln oder „Spaziergänger Felder melden, die angeblich Cannabis darstellen sollten, aber eigentlich Nutzhanf sind"[19] bzw. auch offizielle Ordnungshüter befürchten, aus 0,3 %-THC-Hanf könne man Rauschgift extrahieren oder aus CBD-Hanfblüten THC „erbacken".

---

[18] „HempToday® wird unter der Leitung der in Polen ansässigen Nakło-Stiftung betrieben, die Umweltschutz, Unternehmertum und Vordenkerschaft weltweit unterstützt, sowie historische Bewahrung, wirtschaftliche Entwicklung, kulturelle und andere gemeinschaftsbildende Aktivitäten auf lokaler Ebene. In beiden Fällen ist Hanf ein großer Teil der Aktivitäten" (Hemp Today o. J.).

[19] Geiger in ihrer email-Antwort vom 2023: „Wichtig wäre, ein Wissen in der Gesellschaft für eine Unterscheidung zwischen Cannabis und Nutzhanf zu schaffen. Noch häufig kommt es leider vor, dass Spaziergänger Felder melden, die angeblich Cannabis darstellen sollten, aber eigentlich Nutzhanf sind."

Eine „Ausnahme"-Perspektive, die nicht nur das Übermaß der juristischen Kontrollregeln und das besorgte *Law in Action* bestimmt, sondern die – dadurch legitimiert – ganz generell den in der Gesellschaft dominierenden **Common Sense** entsprechend ausrichtet. Was sich in gleicher Weise im **politischen** Raum in der Dominanz der Legalisierungsdiskussion etwa schon zu Beginn der aktuellen Entkriminalisierungsdiskussion im „Eckpunktepapier" der Regierung, das den Nutzhanf eher nur beiläufig erwähnt, zeigt wie auf **wirtschaftlicher** Ebene bei der eher zaghaften Förderung des Anbaus und der Forschung, im geringen Grad der Vernetzung und in der „Benachteiligung von Hanfunternehmen durch Zahlungsdienste und Banken"[20].

Es liegt daher nahe, in Zukunft verstärkt bzw. überhaupt erst einmal in eine „positiv" ausgerichtete **Aufklärung** und insbesondere auch **Fortbildung** über den Nutzen des Nutzhanfs zu investieren, und zwar sowohl auf der politischen und ministeriellen Ebene wie vor allem auch im Bauwesen (Allin 2023) und auf der Ebene der landwirtschaftlichen Praxis, bei den Bauernverbänden wie bei den zu interessierenden Landwirten. Eine Forderung, die auch Dogby und Revoredo-Giha (2022, S. 7) in ihrem Gutachten für Schottland an die erste Stelle rücken: „First, there is the need for regular extension services to educate on the agronomic requirements of the crop." Entsprechend ausgerichtete, finanziell ausgestattete, spezifische Förderprogramme wären hier sicher von Nutzen. Die von der gegenwärtigen Bundesregierung angestrebte **Entkriminalisierung** betrifft diese Aufgabe zwar nicht direkt – da es hier um THC-reiches Genusshanf geht –, doch könnte sie indirekt auch eine Veränderung des im Hintergrund relevanten THC-*Common-Sense* anregen.

4.2 Forschung und Förderung

Man könnte meinen, angesichts des großen Nachhaltigkeitspotenzials des Nutzhanfs müsse man zwingend auf Forschung setzen, zumal im EU-GAP-Programm und in den einschlägigen Ministerien entsprechende Finanzierungen und allgemein formulierte Forschungsprogrammatiken bereitstehen.

Dies wäre in dreifacher Hinsicht dringend notwendig:

- Zunächst ginge es darum, den entstandenen Rückstand des inzwischen vergessenen Wissens **aufzuholen**,[21] der durch das Verbot des Nutzhanfs von 1982 bis 1996 und die Förderung alternativer Landwirtschaftsprodukte – Mais, Raps, Weizen – bzw.

[20] BvCW: Elemente Bd. 17, S. 9: „Die wirtschaftlichen Schäden durch die Einschränkungen werden von den Teilnehmenden aus der Branche bisher durchschnittlich auf ca. 60.000 Euro pro Unternehmen/Gewerbetreibenden geschätzt."

[21] Während der erwähnten Hanf-Bus-Tour vom 06.09.2023 (2023) wurde u. a. auch überlegt, dem *Felde-Fibres*-Faserbetrieb eine Spinnerei anzugliedern, „solange es noch in diesem einst so gut besetzten Umfeld das letzte ‚wissende' Fachpersonal gibt".

alternativer Industrien – Baumwolle, Plastik, Beton – entstanden ist, und die **neuen**, anfangs angesprochenen Nachhaltigkeitschancen in geeignete Forschungsprogramme umzusetzen.
- Ganz abgesehen davon, dass die **internationale Konkurrenz**, die gerade auf der Forschungsebene offensichtlich ist, angesichts unserer Rohstoffarmut, ein entsprechendes Forschungsprogramm erzwingt, sollte man – vielleicht gerade noch rechtszeitig – den Fehler der „grünen Energiewirtschaft" – Fotovoltaik, Windkraft, Batterien, Chips und Elektroautos – vermeiden.
- Eine solche Intensivierung einschlägiger Forschung könnte, zum Dritten, auch eine **solide Basis** bereitstellen, um einerseits die bisher noch eher stiefmütterlich behandelte **Aufklärung** und Beratung zu intensivieren. Eine Beratung, die heute sowohl in der Landwirtschaft wie im Verwertungsbereich die jungen Start-ups weitgehend sich selber bzw. den Internetforen entsprechend hilfloser Leidensgefährten überlässt.

4.2.1 Der Common-Sense-Teufelskreis

Doch gilt auch für diese Forschungsebene der zuvor aufgezeigte, mehrfach verschlungene, sich selbst erhaltende *Common-Sense*-**Teufelskreis**:

Das negative „Drogenimage" mitsamt der damit verbundenen Außenseiterposition des Nutzhanfs minimalisiert zunächst die dafür bereitgestellten speziellen Förder- und Forschungsmittel, weshalb die an sich einschlägigen Forschungsinstitute und -verbände mitsamt ihrem Forschungspersonal sich finanziell und prestigeträchtig lohnenderen Projekten zuwenden, was dann auch sowohl die Ausbildung künftiger Forscher:innen wie die so fruchtbare und notwendige Konkurrenz und Zusammenarbeit dämpft, weswegen, mangels fehlender Lobby, die möglichen Finanziers abwinken und mögliche Nutzhanfprogramme mitsamt deren notwendigen – bundesweiten – Organisation gar nicht erst entwickelt werden. Ein Teufelskreis, den auch das Bundesinformationszentrum Landwirtschaft abschließend unterstreicht:

> „Aufgrund der geringen Anbaubedeutung wird in Deutschland relativ wenig zu Hanf geforscht. Lediglich das Technologie- und Förderzentrum im Kompetenzzentrum für Nachwachsende Rohstoffe in Bayern (TFZ) und die Landwirtschaftskammer Nordrhein-Westfalen führen häufiger Versuche zu Anbau und Verarbeitung durch" (BZL 2022).

Ein Teufelskreis, der seinerseits wiederum in einer **medizinisch** infizierten Einstellungsstruktur wurzelt, wofür der im Gesundheitsministerium entwickelte Referentenentwurf (CanG 2023) ein überzeugendes Beispiel liefert: Während grundsätzlich der Anbau zu **wissenschaftlichen Zwecken** nur bestimmten Landwirten entsprechend den für Nutzhanf gültigen Regeln (0,3 % THC) erlaubt ist und man im Eigenanbau, nicht jedoch in Anbauvereinigungen, unter den dort geltenden Regeln tatsächlich mit drei Pflanzen unbeschränkt „experimentieren" darf, spricht der Entwurf ansonsten im MedCanG stets nur von *medizinisch-wissenschaftlichen Zwecken* (Art. 2 MedCanG), die in allen Kontrolleinzelheiten dem besonders abgesicherten medizinischen Cannabisanbau entsprechen und die auch in dessen § 2 Ziff. 4 nicht näher erläutert werden, um sie in den (nichtverbindlichen) Erläuterungen zu § 2 (S. 140) wie folgt zu konkretisieren:

> „Dabei soll Cannabis zu medizinisch-wissenschaftlichen Zwecken nicht nur zur medizinischen Forschung, sondern zu jeglicher Forschung, sei sie pharmazeutisch, biologisch, chemisch oder Grundlagenforschung, eingesetzt werden dürfen."

Doch muss man selbst in diesen Fällen dem möglichen Missbrauch vorbeugen:

> „Da es im Rahmen des MedCanG im Gegensatz zum CanAnbauG nicht um die Ermöglichung eines verantwortungsvollen Konsums geht, sondern neben der Versorgung der Patientinnen und Patienten auch um die gewerbliche und wissenschaftliche Nutzung von Cannabis zu medizinischen Zwecken, **bei denen größere Mengen von Cannabis betroffen sein können,** ist hier ein strengerer Maßstab bezogen auf die Sicherheit und Kontrolle anzulegen" (Referentenentwurf (CanG) 2023, S. 138; fett J.M.W. Westphal).

Ein doppelter *Cordon Sanitaire*: keine landwirtschaftliche Forschung zur dringend notwendigen Züchtung unterschiedlich angepasster Sorten – wie etwa für die bisher fehlenden Winterhanfsorten –, bei denen das Risiko eines 0,3-THC besteht oder die übrigen Nutzhanfkontrollen nicht eingehalten werden; medizinische Cannabiskontrollen bei „biologischer" Forschung, die diese Grenzwerte überschreiten könnte.

Mit Recht moniert dagegen die European Industrial Hemp Association (EIHA) in ihrer Stellungnahme zum Referentenentwurf (§ 4 MedCanG):

> „Es ist unerlässlich, dass die züchterische Weiterentwicklung von Nutzhanf ohne Einschränkung möglich ist. Das Erfordernis von Ausnahmegenehmigungen für wissenschaftliche Zwecke zur Erforschung und Züchtung von Nutzhanf-Genetiken mit über 1,0 % THC sollte generell entfallen, und nur noch anzeigepflichtig sein, und zwar bei der Bundesanstalt für Landwirtschaft und Ernährung (BLE), da dort die erforderliche landwirtschaftliche Fachkompetenz zur Beurteilung und Bewertung entsprechender Anträge für die Forschung angesiedelt ist, während das BfArM die Fachexpertise für Medizin und Lebensmittelprodukte hat" (EIHA 2023, S. 7).

4.2.2 Vier internationale Forschungsprogramme

Ein kurzer Blick auf vier unterschiedliche internationale Forschungsprogramme belegt auch auf diesem Feld die oben analysierte Nischenposition der deutschen Nutzhanfwirtschaft.

So sollen etwa in **China** im Kreis Qinggang „2600 Hektar Hanf allein zu Forschungszwecken im Kreis angepflanzt" worden sein: im Rahmen eines „umfangreichen Forschungsprogramms, an dem Universitäten aus der Provinz Heilongjiang und Partner aus der Ukraine und Kanada beteiligt sind, [hier] entwickelt [man] ertragreiche Hanfsorten, optimiert Mähdrescher für Stängel und Samen und führt biotechnologische Verfahren ein, die eine umweltfreundliche Produktion von Hanf-Textilfasern mithilfe von Enzymen ermöglichen" (Hemp Today 2021).

In **Frankreich** untersucht die **FRD** (*Fibres Recherche Développement*), eine der in der **Interchanvre org**. vereinten elf Unterorganisationen (s. o. Abschn. 4.1.3), mit einer beneidenswerten Fülle von Projekten:

> „[E]ine Reihe von Fraktionen (Fasern, Mehle, Zuschlagstoffe) und Verstärkungen (Compounds, Vliesstoffe, Rovings, unidirektional, multiaxial usw.) zu perfektionieren und zu entwickeln, die für die Märkte der 1., 2. und 3. Generation bestimmt sind. Die Strategie zur Reichweitenverbesserung dreht sich um 3 Achsen: (1) Identifizierung der Schlüsseleigenschaften von Fasern entsprechend dem Herstellungsverfahren und der beabsichtigten Anwendung (2) Etablierung von Charakterisierungsmethoden für diese Schlüsseleigenschaften auf den verschiedenen Materieskalen, falls erforderlich und (3) Verbesserung der Prozesse zur Gewinnung von Fasern und verwandten Materialien in Bezug auf die Schlüsseleigenschaften: Verständnis und Kontrolle der Parameter, die diese Eigenschaften beeinflussen" (FRD 2023).

Und in **England** will das *Centre for High Carbon Capture Cropping* (CHCx3) seit 2023 in einem 4-Jahres-Projekt, das mit 5,9 Mio. Pfund unterstützt wird, den oben aufgeführten wichtigsten Beitrag, den auch Cannabis liefern kann, untersuchen: die CO_2-Speicherung (*Carbon Capture*; Stevens (2023)). Das Projekt wird von einem Konsortium aus 22 Industrie- und Forschungspartnern unter der Leitung des Pflanzenbauinstituts *National Institute of Agricultural Botany* (NIAB) unterstützt und wird vom Department for Environment, Food & Rural Affairs (Defra) im Rahmen des Farming Futures R&D Fund gefördert. Stuart Knight, Projektleiter für den Wissensaustausch und NIAB-Direktor für Agronomie, schwärmt entsprechend:

> „Das Projekt wird wichtige neue Kooperationen zwischen Forschern, Saatgutlieferanten, Landwirten und der Industrie anstoßen, um das volle Potenzial pflanzenbasierter Produkte auszuschöpfen, neue Einnahmequellen auf dem Kohlenstoffmarkt zu erschließen und unser gemeinsames Ziel, den CO_2-Ausstoß zu reduzieren, voranzutreiben"
>
> (BvCW Newsletter vom 20.06.2023).

Eine ganz andere Art der Forschung realisiert die **Schweiz** im Rahmen der Forschungsklausel der *Single Convention* (s. o. 2.2.2) in zunächst zwei regionalen Entkriminalisierungsprojekten, die auch bei uns für ein 2. CanG vorgesehen sind. Nachdem Basel vorangegangen war,[22] hat auch Zürich mit dem Modellprojekt *ZürCan* nachgezogen.

In Zusammenarbeit zwischen der Firma *Cannavigia*[23] und dem Schweizer *Bundesamt für Gesundheit* (BAG, FOPH) soll jetzt ein Modellprojekt realisiert werden, mit „über

[22] Türschmann (2022), Habich (2023), Hassenkamp (2023).

[23] The Swiss Company *Vigia* AG, a frontrunner in the cannabis industry and provider of track & trace software for the cultivation, manufacturing and distribution of cannabis, S. Cannabis Compliance Software – Cannabis Compliance Software (CANNAVIGIA 2022).

2100 Teilnehmern" und 21 Ausgabestellen, einschließlich Apotheken, *social clubs* und einem Drogen-Informationszentrum:

> „Each dispensary is authorized to accommodate 50–150 participants. ... A key focus of this investigation is to comparatively analyse the health outcomes among cannabis consumers in relation to regulated cannabis sales, utilizing three distinct supply point models. ... An innovative aspect ... is the inclusion of social clubs, marking the first non-profit associations in Europe where members possess legal entitlement to purchase and collectively consume cannabis."

Wobei mithilfe der Firma Cannavigia der Verlauf des Cannabis auf der ganzen Supply Chain von den beiden Kultivierungsfirmen bis hin zum Endverbraucher „getrackt" werden soll:

> „Our software reassures that participants and stakeholders are in line with the FOPH's quality and legal requirements during the performance of the pilot trials. It allows the collection of all the data necessary for the research of the associated study of the pilots and gives the regulator the instrument to fulfil the monitoring requirements according to international standards" (Stevens 2023).

4.2.3 Medizinische, CBD- und Lebensmittelforschung

Im **Medizin- und CBD-Bereich** dominieren die USA und England. In Auswertung von über 400 klinischen Versuchen (*Clinical Trials*) aus den Jahren 2010–2023 stammten 54 % aus den USA und 13 % aus England: „This topped Canada (7,7 %) and Israel (6,8 %), two countries which are widely thought to be progressing quickly in the field of cannabis research. Despite both having long-standing medical cannabis legislation in place, Germany and Italy saw far fewer clinical trials than the above with each accounting for just 1,4 % of the total number. ... Of the 107 trials beginning in 2022 onwards, approximately 50 % of them included only CBD" (Sinclair 2023).

Und zwar zumeist als branchentypische Forschung: Für das medizinische Cannabis die üblichen, leicht erweiterten Fallgeschichten, wie sie etwa in den *ACM*-Mitteilungen aufgeführt werden.[24] Hinsichtlich der eigentlich „wissenschaftlichen" **medizinischen**

---

[24] Doch schlägt der *ACM* (2023, S. 12) „zur Förderung der Forschung vor:

A) Die Einrichtung eines staatlichen Forschungsförderungsprogramms zur Erforschung der Wirksamkeit und Sicherheit von Cannabis und Cannabinoiden.

B) Die Einrichtung eines medizinischen Registers, das Cannabispatienten unabhängig von Indikation und Kostenübernahme anonymisiert einschließt. Vorbild könnte hier das britische Register für medizinisches Cannabis sein.

C) Die Einrichtung einer staatlich geförderten Forschungsgruppe zu Cannabis und Cannabinoiden.

Auch hier könnte Großbritannien als Vorbild dienen mit der Forschungsgruppe zu Cannabis am Imperial College in London."

Cannabisforschung meinte der *Bundesverband pharmazeutischer Cannabinoidunternehmen* (BPC) in seiner Stellungnahme zum Referentenentwurf (CanG) 2023:

> „Deutschland ist der in Europa heute größte und am weitesten entwickelte Markt für medizinisches Cannabis. Dennoch liegt die Forschungsleistung auf vergleichsweise geringem Niveau. Während in Israel Forschung u. a. auch staatlich finanziert stattfindet, ist es in Deutschland derzeit häufig den Universitäten und Privatunternehmen überlassen, Forschung zu finanzieren. Die medizinische Cannabis-Branche ist jedoch geprägt von kleinen und mittelständischen Unternehmen mit begrenzten Ressourcen für (klinische) Forschung und Entwicklung. Auch die Daten der vom BfArM durchgeführten und abgeschlossenen Begleiterhebung [BfArM 2022] können klinische Studien in keiner Weise ersetzen, bilden jedoch eine wertvolle Grundlage für die Planung und Durchführung ebendieser. Um bestehende Wissenslücken zu schließen, muss die Forschung im Bereich Medizinalcannabis daher dringend durch bessere Rahmenbedingungen und Forschungsgelder gefördert werden“(BPC 2023).

Im **CBD-Bereich** imponiert neben der patentgeschützten Firmenforschung das CBD-Forschungsprojekt des **Konsortiums** der *EIHA* im Rahmen der „neuartigen“ Lebensmittelprüfung (s.o. 2.5.6). So erforschte man in **Thüringen** als „Multitalent Thüringer Bio-Hanföl“ (01.01.2019–31.12.2020) „den Aufbau und Etablierung der regionalen Wertschöpfungskette Hanfanbau und -verwertung für hochwertige Speiseöle und -eiweiß“ (Ökotrend o. J.). Während etwa das Tastino-Projekt der **Universität Hohenheim** „Mit Hanf die Welt ein bisschen retten“ mit einem Zuschuss des Ministeriums für Ländlichen Raum und Verbraucherschutz Baden-Württemberg in Höhe von 365.000 € die Möglichkeit untersuchte, aus Hanfsamen Fleischersatzprodukte herzustellen (Brand 2021; Wölk 2021). Ein Projekt, das inzwischen als *hemp4Food*, von dem Unternehmen *Signature Products* organisiert, „[g]emeinsam mit der Universität Bonn, der Rügenwalder Mühle, einem der größten Hersteller von pflanzenbasiertem Fleisch in Deutschland, sowie Südzucker, ICL Ladenburg und weiteren Subunternehmern … im Rahmen des Innovationsraums NewFoodSystems mit einer Million Euro ausgestattet [wurde]. Ziel sei diesmal, nachhaltige Verfahren zur Gewinnung hochwertiger und funktioneller Proteinzutaten aus Hanfsamen zu erforschen und zu entwickeln.“ Dabei „kümmere sich die Universität Bonn um die Forschung, speziell was die Nährwerte betreffe; die Rügenwalder Mühle arbeite an den Endprodukten und Südzucker sowie ICL Ladenburg seien für die Verarbeitung zuständig. Signature Products übernehme nach eigenen Angaben die Produktentwicklung, Supply-Chain, Organisation, Qualitätssicherung, Marketing und Vermarktung“ (Förster 2023).

4.2.4 Nutzhanfforschung in Deutschland

In **Deutschland fehlt** dagegen im Bereich Nutzhanf – wie im gesamten Cannabisbereich – auch nur der Ansatz einer übergreifenden **Forschungsorganisation**. Dies gilt für die mannigfachen Forschungsförderprogramme sowohl auf der Bundes- wie auf der Landesebene.

4.2.4.1 Auf Bundesebene

Auf der **Bundesebene** kämen an sich Programme des Bundesministeriums für Ernährung und Landwirtschaft (BMEL) in Betracht, die etwa vom Projektträger **BLE** (PT BLE) oder von der Fachagentur für nachwachsende Rohstoffe (**FNR**) betreut werden. Hier läge es nahe, im Rahmen der **PT BLE** etwa das „Bundesprogramm ökologischer Landbau und andere Formen nachhaltiger Landwirtschaft" (**BÖL** 2023) einzusetzen, zumal man „Vorhaben zur Pflanzenzüchtung" und zu „Regionalen Bio-Wertschöpfungsketten" suchte (BÖLN-Programm 2023), aber dabei wohl eher nicht an *Cannabis sativa* dachte. Dasselbe gilt für den Forschungsverbund **Impress**: Gesunde Agrarökosysteme durch Biodiversität, der am 01.01.2023 – als Teil des gleichnamigen, transnationalen EU-Verbundes „Verbesserung der Agrobiodiversität für resiliente Schädlingsbekämpfung in Agrarlandschaften" – startete: „Mit dem Projekt sollen Erkenntnisse darüber gewonnen werden, wie biologische Vielfalt in der Landwirtschaft (Agrobiodiversität) zur Widerstandsfähigkeit von Agrarökosystemen bei der biologischen Schädlings- und Unkrautbekämpfung beiträgt" (BLE 2023). Ein weiteres, scheinbar wohlklingendes Programm: „Energieeffizienz und CO_2-Einsparung in Landwirtschaft und Gartenbau" (BMEL 2021), das 900 Euro je jährlich eingesparter Tonne CO_2 verspricht, beschränkt sich auf die üblichen technischen Energiesparmaßnahmen, bei denen die oben (1.2) genannten CO_2-Einsparungen eines Nutzhanfanbaus nicht berücksichtigt werden können.

Im Rahmen des von der **FNR** betreuten Förderprogramms für nachwachsende Rohstoffe (BMEL 2015), das seit 2015 „die Entwicklung innovativer, international wettbewerbsfähiger biobasierter Produkte sowie Verfahren und Technologien zu deren Herstellung" fördert (FPNR, BMEL o. J.), findet man jedoch[25] – neben einem inzwischen (01.09.2019–31.12.2022) abgeschlossenen **Leichtbau**-Projekt mit drei Teilprojekten (**LeichtPRO**; FNR LeichtPr (2022) – zwei interessante, noch laufende Beispiele für eine technisch fortgeschrittenere **Verbundforschung** zur Verwertung der Nutzhanffaser. So etwa der Einsatz von „in biogenem Epoxidharz eingebetteten Hanffasern im **Automobilbau"** in einem „Verbundvorhaben: Biogene Hochleistungsverbundwerkstoffe für Strukturbauteile der Automobilindustrie aus schädigungsarm isolierter Hanf-Bastrinde mit Plasmabehandlung" (Akronym **Hipster**), das vom 01.03.2020 bis 31.05.2023 in zwei Teilvorhaben die gesamte Fertigungskette vom „optimierten Hanfanbau, der Optimierung der Faser-Matrix-Wechselwirkung mittels inline-fähiger Atmosphärendruck-Plasmabehandlung der Hanf-Bastrinde, über die Halbzeug-Entwicklung und Verarbeitung zu Formteilen, der Analyse der Steifigkeit der entwickelten Formteile bis hin zum Verarbeitungs- und Funktionstest beim OEM (OEM = Original Equipment Manufacturer)" untersucht (FNR Hipster 2023).

Sowie, noch interessanter: Das **Verbundvorhaben** „Dauerhafte und ressourcenschonende Composit-Strukturbauteile auf Basis neuartig vorbehandelter und verarbeiteter

[25] Für die nachfolgenden Hinweise danke ich Dr. Hans-Jürgen Froese, Leiter des Referats 525 „Energie, Bioökonomie, Nachwachsende Rohstoffe" Bundesministerium für Ernährung und Landwirtschaft.

Bastfasern" (Akronym **DuroBast**), das von 01.03.2021 bis 29.02.2024 in 6 *Teilvorhaben* „thermoplastisch umformbare naturfaserverstärkte Kunststoffe (NFK) mit geringer Feuchteaufnahme" entwickelt, den Herstellungsprozess durch das Nova-Institut wirtschaftlich begleitet und praxisnahe „Faltenbälge für Übergangssysteme im öffentlichen Nah- und Fernverkehr" entwickelt hat (FNR DuroBast o. J.).

Doch geht auch hier die ausländische Forschung voran, wenn etwa die kanadische Firma **Inca Renewtech** „einen Zuschuss in Höhe von 10 Millionen kanadische Dollar [ca. 7 Mio. Euro] erhalten [hat], der die Entwicklung einer Produktionsstätte zur Herstellung von Produkten für die Automobil-, Schifffahrts-, Windenergie- und Konsumgüterindustrie unterstützen wird" (Hemp Today 2023).

4.2.4.2 Auf Landesebene

Schließlich findet man auf dem Feld der länderspezifischen Forschung zunächst im Rahmen der Diskussion um die Zulassung des Anbaus von **Winterhanf** (2017) diverse Winterhanfprojekte: etwa das Leibnitz-Institut für Agrartechnik und Bioökonomie, (2010–2011; ATB Potsdam 2011) oder die Bergische Universität (2012–2016; FNR 2016). Das Projekt der Landwirtschaftskammer Nordrhein-Westfalen (2016–2019): „Winterhanf, von der ökologischen Winterzwischenfrucht zur feinen Faser" (Projekt EIP 2019), war ein Projekt des Programmes **EIP** (Europäische Innovationspartnerschaften „Landwirtschaftliche Produktivität und Nachhaltigkeit"; BMEL LEADER 2020), in dem zurzeit in Mecklenburg-Vorpommern ebenfalls mehrere Projektpartner unter dem Titel **ZwiHanf** untersuchen, „wie der Anbau von Nutzhanf als Zwischenfrucht zur Verringerung der Nitratkonzentration im Boden führt und wie die Fütterung von Hanfblättern den Sojaanteil in der Ration von Milchkühen ersetzen kann" (Proplanta 2022).

In **Thüringen** förderte das Ministerium für Infrastruktur und Landwirtschaft (TMIL; 2023) im Rahmen der EU-ELER-Finanzierung (Verordnung () 2021/2115; s. o. 2.3.2.3) zwei weitere, eher „provinzielle" Nutzhanfprojekte, und zwar:

- Multitalent Hanf – vom Tierwohl bis zur Landschaftspflege (01.01.2019–31.03.2021): Aufbau und Etablierung der regionalen Wertschöpfungskette Hanfanbau zur Verarbeitung der Fasern und Schäben zu innovativen Produkten im Bereich Tierhaltung und Gartenbau (Thüringen 2021) und
- „Torf aus Hanf" (Pahren o. J.) „Stoffliche Nutzung verfügbarer organischer Produktionsreststoffe aus der Hanfproduktion" mit dem Ergebnis, dass diese Nutzung „aus ökologischer Sicht zu begrüßen, doch bei wirtschaftlicher Betrachtung wegen der Bereitstellungskosten davon abzuraten wäre" (Biogas 2016).

Hier entwickelte zudem eine interessante **industrienahe Forschungskooperation** zwischen der TU Dresden, Institute of Plant and Wood Chemistry (IPWC) und dem thüringischen Institut für Textil- und Kunststoff Forschung e. V. Rudolstadt (TITK) eine neue Art der Faserverwertung. In einem größeren Forschungsverbund auch mit Hanfanbauern aus diversen ostdeutschen Bundesländern und Frankreich untersucht man auf der Basis eines besonderen Zelluloselösungsprozesses zunächst aus der ganzen Hanfpflanze, als Lyonhemp^R schon 2019 registriert,[26] und zuletzt aus deren Schäben, also aus dem Abfall etwa von Samen- oder Medizinhanf (Thümmler et al. 2022), ökologisch neutral, **fein verspinnbare Fasern** – in der Substanz vergleichbar dem cottonisiertem[27] Hanf: In „einer durchgängigen Prozesslinie …, um kontrolliert biologisch angebauten Hanf für die Herstellung umweltfreundlich erzeugter Bekleidungstextilien nutzbar zu machen. Dabei standen auch neue Verfahren zur Ernte und Aufbereitung der Hanfpflanze im Fokus. Der Schwerpunkt lag darauf, alle Pflanzenbestandteile zu verwenden. Vor dem Hintergrund der zunehmenden Legalisierung des Medizinhanf-Anbaus, bei dem nur das obere Drittel der Pflanze – Blüten und Samenstände – Verwendung finden, können Hanfanbauern nunmehr zusätzliche Einkünfte durch den Verkauf der Pflanzenstengel zufließen" (TITK 2023).

Weshalb im **sächsischen Landtag** ein Antrag der oppositionellen Linkspartei vom 02.11.2022 für ein Fördervolumen von 30 Mio. Euro, „um die industrielle Textiltradition und die Landwirtschaft über faserpflanzenbasierte Wertschöpfungsketten in Sachsen deutlich zu stärken", nahelag:

- um „die vorhandenen Potenziale und derzeitig bestehenden Hemmnisse (u. a. Wettbewerbsnachteile aufgrund von Bürokratie, Zucht, THC-Grenzwerte, Bindung an Betäubungsmittelgesetz) für faserpflanzenbasierte – insbesondere Nutzhanf – Wertschöpfungsketten für Sachsen festzustellen";
- die „bereits vorhandener industrietauglicher Nullserien sowohl in der Textilindustrie als auch in der Faserpflanzen- und insbesondere Nutzhanfernte und -verarbeitung, sowie die damit verbundenen klein- und mittelständischen Unternehmen in Sachsen finanziell" zu fördern
- und „die Etablierung von faserpflanzenbasierten Wertschöpfungsketten und Hanf- bzw. nachwachsenden Rohstoff-Clustern, unter Einbindung von Akteuren aus Landwirtschaft, Wirtschaft und Wissenschaft, voranzutreiben" (Sächsischer Landtag Drucksache 7/11253 vom 01.11.2022).

Weitere Projekte aus diesem Bereich nennt die Pressestelle des Niedersächsischen Ministeriums für Ernährung, Landwirtschaft und Verbraucherschutz auf meine entsprechende Frage am 20.09.2023 per E-Mail: „Hier gibt es eine Vielzahl von Projekten. Nur als Beispiele zu nennen, ein Projekt der Martin-Luther-Universität in Halle, wo z. B. die Möglichkeit untersucht wird, mit dem Hanfanbau ehemalige Braunkohle-Abbauflächen zu rekultivieren. Ferner lohnt sich auch der Blick auf die Internetseite der Hochschule Merse-

[26] Deutsches Patent- und Markenamt: Auskunft zu einer Unionsmarke, Lynohemp.

[27] „Die mechanisch cottonisierten Fasern sind ca. 30 mm lang und eignen sich daher für Ring-, OE- und Airjet-Garne. Die cottonisierten Fasern können mit Baumwolle, Regeneratfasern etc. gemischt werden und ermöglichen eine nahezu unbegrenzte Anzahl von Anwendungen wie Jersey, Sweatfleece, Feinstrick, Denim, Oberbekleidung, Hemden, Kleider und vieles mehr." Felde Fibres GmbH – Elementary Textile Fibres, 2023. S. auch: Westphal 2022, S. 26 f.

burg, die im Bereich Hanf sehr aktiv ist und neben der Fasernutzung auch die Bereiche Produktketten und Naturkosmetik im Blick hat. Das Faserinstitut Bremen beschäftigt sich aktuell u. a. mit den unterschiedlichen Faserqualitäten/-bedarfen und der entsprechenden Messbarkeit."

Weitaus interessanter ist – neben den oben (3.5.5) angesprochenen Brandenburger „Klima"-Projekten – das vom **Bayerischen** Staatsministerium für Ernährung, Landwirtschaft und Forsten (StMELF) geförderte und von der Hochschule Weihenstephan-Triesdorf (HSWT) als Projektpartner realisierte Forschungs- und Innovationsprojekt **Opti-Hemp**: Verwertung und Anbauoptimierung von Hanf als Nachwachsender Rohstoff (01.01.2020–31.12.2022), das als „mehrjähriges Folgeprojekt ... unterschiedlicher Aspekte zur Hanfproduktion bzgl. Sortenwahl, Anbau- und Ernteverfahren sowie Verarbeitung von Korn, Faser und Öl für Bayern" untersuchte (Schöberl et al. 2020). Wobei insbesondere die Bedeutung der Nitratdüngung interessierte: „In allen Nutzungsrichtungen lag der Nmin-Gehalt im Boden nach der Ernte niedriger als zu Vegetationsbeginn und nahm mit steigender N-Verfügbarkeit leicht zu."[28]

4.2.5 Zwischenfazit: Forschungsdefizit in Deutschland

Insgesamt werden in Deutschland die **GAP**-Chancen der „zweiten Säule" und der an sich möglichen „gekoppelten" Zahlungen (s. o. 2.3.2.3) kaum oder gar nicht genutzt, obwohl doch das oben angeführte Beispiel von „Hanfkalk", das „durch den europäischen Landwirtschaftsfonds für die Entwicklung des ländlichen Raums, kofinanziert aus Mitteln des Landes Brandenburg", gefördert wird (Franke 2023), belegen kann, wie sinnvoll solche gemeinsam finanzierten Projekte ausfallen können.

Als **hinderliche Barriere** erweist sich dabei die zumeist noch immer fehlende Einsicht, im Nutzhanf ein ökologisch vielversprechendes, doch bisher mental wie praktisch unterentwickeltes Zukunftsprojekt im Griff zu haben, dass jedoch eben deswegen einer besonderen Förderung bedürfte. **Mental** zeigt sich das etwa in der „Neuen sächsischen Rohstoffstrategie: Rohstoffe schaffen Zukunft", die nahezu ausschließlich auf ihre „essenziellen Bodenschätze" verweist, die Notwendigkeit „nachhaltiger Nutzung **mineralischer** Primär- und Sekundärbaustoffe" (fett J.M.W. Westphal) betont und in ihrer 66 Seiten langen Broschüre „Hanf" nur einmal beiläufig zur „Körner- und Fasergewinnung" erwähnt (Sachsen 2022, S. 20). **Praktisch** verweisen die von mir angeschriebenen Ministerien für Landwirtschaft entweder auf die gängigen allgemeinen Forschungsprogramme[29] oder reagieren allgemeiner mit einem:

[28] TFZ Bayern, Zwischenbericht Optihemp; Mangold (2021); so auch Endbericht TFZ Bayern von Eichhoff et al. (2023; s. o. 3.3.2).

[29] Die etwa Herwig Vopel (2023) dankenswerter Weise in seinem Antwort-E-Mail aufführte.

„Spezielle Fördermittel für den Anbau von Nutzhanf gibt es in NRW nicht, es werden jedoch die üblichen EU-Fördermittel oder solche der ‚zweiten Säule' gewährt. Ebenso existiert keine spezielle Forschungsförderung für Nutzhanf. Projekte mit Nutzhanf müssen in die allgemeine Forschungsförderung ‚passen', um eine Chance auf Förderung zu haben" (Hannen in seiner Antwort-Mail vom 31.01.2023).

Dieser auffällig niedrige **Forschungsstand** etwa gegenüber China oder dem benachbarten Frankreich, der leider auf diesem „landwirtschaftlichen" Gebiet so sehr dem beklagten Rückstand im Bereich der „digitalen Revolution" (Industrie 4.0) gleicht, verweist auf einen **Teufelskreis**: Solange der Nutzhanfanbau und -markt marginal ausfallen, werden auch die professionelle Wissenschaft und insbes. die Universitäten wenig daran interessiert sein. Zumal die „höherwertigen" Forschungsförderprogramme – vor allem in der Konkurrenz zu anderen Forschungsinteressenten – eben eine solche professionelle Expertise verlangen („müssen passen"). Es liegt daher nahe, für den dringend notwendigen Aufbau eines einheimischen Nutzhanfmarktes ein bundesweites **eigenes Förderprogramm,** inklusive entsprechender Forschungsmittel bis hin zur Einrichtung entsprechender Stiftungsprofessur(en), etwa im Rahmen der „gekoppelten" Mittel, einzurichten, eine Forderung, die in ähnlicher Weise auch die **Bundesvereinigung Nachhaltigkeit** erhoben hat, wenn sie ein „Kompetenzzentrum Nutzhanf" verlangt „als zentrale Forschungs- und Entwicklungseinheit für Pflanzenzucht, Produktentwicklung, Zertifizierung, Aus- und Weiterbildung sowie die Entwicklung von Konzepten zur nachhaltigen Etablierung hocheffizienter, regional angepasster Wertschöpfungsketten" (Bundesvereinigung Nachhaltigkeit 2021, S. 18).

Literatur

ACM (2023): Arbeitsgemeinschaft Cannabis als Medizin e.V. https://www.arbeitsgemeinschaft-cannabis-medizin.de/

Allin, Steve (5.12.2023): Interview: To expand hemp construction, combine latest materials and quick-build-systems. In: Hemp Today (5.12.2023). https://hemptoday.net/to-expand-hemp-construction-combine-latest-materials-and-quick-build-systems

Aster von, Ernst-Ludwig (31.10.2021): Cannabis Made in Germany: Der schwere Weg zur ersten Ernte. https://www.deutschlandfunkkultur.de/cannabis-made-in-germany-der-schwere-weg-zur-ersten-ernte-100.html, (letzter Aufruf: 21.02.2023, 18:20).

ATB Potsdam (2011) Leibnitz-Institut für Agrartechnik und Bioökonomie: Winterhanf. https://www.atb-potsdam.de/de/forschung/forschungsprojekte/projektsuche/projekt/projekt/winterhanf, (letzter Aufruf: 15.1.2023, 13:58).

Bayerischer Rundfunk (12.3.2014): Video: Rohstoff Hanf, Faszination Wissen, BR, Doku deutsch. https://www.youtube.com/watch?v=pY5o0-G8hN8, (letzter Aufruf 15.1.2023, 17:00).

Beschlussempfehlung (23.6.2021) und Bericht des Ausschusses für Ernährung und Landwirtschaft (10. Ausschuss) – Drucksache 19/31100.

BfArM FAQ (o. J.): Bundesinstitut für Arzneimittel und Medizinprodukte. Bundesopiumstelle: Häufig gestellte Fragen (FAQ): Sind Nutzhanf/CBD-produkte aus betäubungsrechtlicher Sicht verkehrsfähig?, www.bfarm.de/DE/Bundesopiumstelle/_FAQ/Cannabis/faq-liste.html?cms_fid=566334, (Letzter Aufruf: 20.12.2022, 18:09).

Biogas und Energie (2016): Abschlussbericht. https://tlllr.thueringen.de/fileadmin/TLLLR/Service/Publikationen/Berichte_LFE/2016_LFE_0014_Torf_aus_Hanf_ab.pdf, (letzter Aufruf: 21.2.2023, 19:18).

BKA (2022): Bundeskriminalamt:Bund - Falltabellen; T12 Angaben zum aufgeklärten Fall (V1.0): in: Bka.de, 14.02.2023, https://www.bka.de/DE/AktuelleInformationen/StatistikenLagebilder/PolizeilicheKriminalstatistik/PKS2022/PKSTabellen/BundFalltabellen/bundfalltabellen.html?nn=211742, (letzter Aufruf: 06.04.2023, 18:12).

BLE (2017): Bundesanstalt für Landwirtschaft und Ernährung: Anbau von Nutzhanf. https://www.ble.de/DE/Themen/Landwirtschaft/Nutzhanf/nutzhanf_node.html, (letzter Aufruf: 21.2.2023. 21:10).

BLE (2023): Bundesanstalt für Landwirtschaft und Ernährung: Gesunde Agrarökosysteme durch Biodiversität, Impress, https://:www.ble.de/SharedDocs/Meldungen/DE/2023/230118_Impress.html, (letzter Aufruf: 21.2.2023, 21:45).

BMEL (2015): Bundesministerium für Ernährung und Landwirtschaft: Förderprogramm nachwachsende Rohstoffe. http://www.fnr.de/fileadmin/allgemein/pdf/broschueren/foerderprogramm_2015.pdf, (letzter Aufruf: 21.12.2022, 21:30).

BMEL (11.2021): Bundesministerium für Ernährung und Landwirtschaft: Energieeffizienz und CO2-Einsparung in Landwirtschaft und Gartenbau. https://www.bmel.de/SharedDocs/Downloads/DE/Broschueren/energieeffizienz-landwirtschaft-gartenbau.pdf?_blob=publicationFile&v=4, (letzter Aufruf: 21.12.2022, 21:40).

BMEL LEADER (2020): Bundesministerium für Ernährung und Landwirtschaft: LEADER und EIPAgri – Ausgewählte Instrumente der Förderung. https://www.bmel.de/DE/themen/laendliche-regionen/foerderung-des-laendlichen-raumes/eu-foerderung/leader-eip-agri.html, (letzter Aufruf: 5.1.2023, 17:10).

BÖL (2023): Bundesprogramm Ökologischer Landbau. https://www.bundesprogramm.de/wer-wir-sind/ueber-das-bundesprogramm, (letzter Aufruf: 15.2.2023, 17:00).

BÖLN-Programm (2023): BLE, Bundesanstalt für Landwirtschaft und Ernährung: Zwei neue Bekanntmachungen zur Forschungsförderung im Ökologischen Landbau. https://www.ble.de/SharedDocs/Meldungen/DE/2022/220125_boeln.html, (letzter Aufruf: 21.2.2023, 21:15).

BPC (21.07.2023): Der Bundesverband pharmazeutischer Cannabinoidunternehmen. S. Stellungsnahmen.

Brand, Jürgen (20.09.2021): Universität Hohenheim. Mit Hanf die Welt ein bisschen retten. https://www.stuttgarter-nachrichten.de/inhalt.universitaet-hohenheim-mit-hanf-die-welt-ein-bisschen-retten.3933f77e-3776-4b9d-8f16-1d34721e5cef.html, (letzter Aufruf: 15.2.2023, 17:30).

Bundesanstalt für Arzneimittel- und Medizinprodukte (BfArM) (6.7.2022): Abschlussbericht der Begleiterhebung nach § 31 Absatz 6 des Fünften Buches Sozialgesetzbuch zur Verschreibung und Anwendung von Cannabisarzneimitteln. In: https://www.bfarm.de/DE/Bundesopiumstelle/Cannabis-als-Medizin/Begleiterhebung/_node.html, (letzter Aufruf: 10.10.2023, 18:28).

Bundesvereinigung Nachhaltigkeit e.V. (2021): Hrsg., Implementierung einer „Nutzhanfindustrie" in der Lausitz. Machbarkeitsstudie. Berlin 2021, https://nachhaltigkeit.bvng.org/wp-content/uploads/2021/09/BVNG-Implementierung-einer-Nutzhanfindustrie-in-der-Lausitz-Machbarkeitsstudie-Berlin-2021.pdf, (letzter Aufruf: 15.2.2023, 19:20).

BvCW (2023), Branchenverband Cannabiswirtschaft e.V.:Wir sind die Stimme der Cannabiswirtschaft. https://cannabiswirtschaft.de/, (letzter Aufruf: 15.2.2023, 19:30).

BZL (24.10.2022): Bundesinformationszentrum Landwirtschaft: Welches Potenzial hat Hanf als Nutzpflanze? https://www.landwirtschaft.de/landwirtschaft-verstehen/wie-arbeiten-foerster-und-pflanzenbauer/welches-potenzial-hat-hanf-als-nutzpflanze, (letzter Aufruf: 10.10.2023, 18:34).

Canna-B (12.2022): Cannabis is our Business. Der Fachkongress zur Legalisierung von Cannabis. https://www.canna-b.de/, (letzter Aufruf 15.2.2023, 20:30).

CANNAVIGIA (24.05.2022): Cannabis Compliance Software – Cannabis Compliance Software. https://cannavigia.com/de, (letzter Aufruf: 10.09.2023, 18:30).

CDU/CSU (16.2.2022): Pressemitteilung, Hanf-Ankündigungen von Minister Özdemir sind unausgegoren. https://www.cducsu.de/presse/pressemitteilungen/hanf-ankuendigungen-von-minister-oezdemir-sind-unausgegoren, (letzter Aufruf: 15.2.2023, 20:40).

CHTA (o. J.) Canadian Hemp Trade Alliance. https://www.hemptrade.ca/content.aspx?page_id=0&club_id=950211, (letzter Aufruf: 15.2.2023, 20:50).

CSCD (24.7.2023): Dachverband deutscher Cannabis Social Clubs. S. Stellungnahmen (2023).

Dogby, Wisdom; Revoredo-Giha Cesar (2022): Current and Potential Market Opportunitys for Hempseed and Fibre in Scotland. https://sefari.scot/document/potential-market-opportunities-for-hempseed-and-fibre-in-scotland, (letzter Aufruf: 20.1.2023, 13:00).

EIHA (04.2020): European Industrial Hemp Association: Manifest, Das Hanf-Manifest für einen grünen Aufschwung. https://eiha.org/wp-content/uploads/2020/04/The-Hemp-Manifesto_DE.pdf, (letzter Aufruf: 20.1.2023, 13:38).

EIHA (24.7.2023): European Industrial Hemp Association: S. Stellungnahmen (2023).

Ersil, Susanne (20.9.2023): (Kommunikation I Presse) vom Niedersächsisches Ministerium für Ernährung, Landwirtschaft und Verbraucherschutz; Email-Antwort auf meine Anfrage nach Fördermitteln und Unterstützung.

FDFE (28.7.2023): Foundation for Drug Free Europe HomeActuality. Open Letter to the European Commission on Germany's plans to legalise Cannabis, https://fdfe.eu/open-letter-to-the-european-commission-on-germanys-plans-to-legalise-cannabis/, (letzter Aufruf: 10.10.2023, 19:35).

Felde Fibres GmbH (2023): - Elementary Textile Fibres. https://felde-fibres.com/, (letzter Aufruf 03.10.2023, 18:34).

FIHO (2021): Federation of International Hemp Organization (FIHO). https://nationalhempassociation.org/federation-of-international-hemp-organizations-fiho/, (letzter Aufruf: 20.1.2023, 15:57).

FNR (2016): Fachagentur für nachwachsende Rohstoffe: Anbau von Hanf (Cannabis sativa L.) als Winterzwischenfrucht. https://www.fnr.de/index.php?id=11150&fkz=22015811, (letzter Aufruf: 20.1.2023, 16:00).

FNR DuroBast (o. J.): Fachagentur für nachwachsende Rohstoffe: Projektförderung des Projektverbundes DuroBast. https://durobast.de/

FNR Hipster (2023): Projektförderung des Projektverbundes Hipster: Fachagentur Nachwachsende Rohstoffe: Verbundvorhaben: Biogene Hochleistungsverbundwerkstoffe für Strukturbauteile der Automobilindustrie aus schädigungsarm isolierter Hanf-Bastrinde mit Plasmabehandlung, 22007518. https://www.fnr.de/index.php?id=11150&fkz=22007518, 2219NR421. https://www.fnr.de/index.php?id=11150&fkz=2219NR421, (letzter Aufruf: 20.4. 2023, 17:21).

FNR LeichtPr (2022): Fachagentur für nachwachsende Rohstoffe: Projektförderung des Projektverbundes Pultrudierte tragende Leichtbauprofile aus Naturfaserverbundstoffen, Akronym: LeichtPr, 2202701 https://www.fnr.de/index.php?id=11150&fkz=22027018, 2219NR141 https://www.fnr.de/index.php?id=11150&fkz=2219NR141, 2219NR163, https://www.fnr.de/index.php?id=11150&fkz=2219NR163, (letzter Aufruf: 20.1.2023, 17:12).

Fordham Ann/ Haase, Heather (2018): The 2016 UNGASS on Drugs: A Catalyst for the Drug Policy Reform Movement. In Klein/Stothard 2018, S. 21–48.

Förster, Moritz (15.9.2023): Fördergelder für Signature Products: Forschung an Hanfproteinen mit Universität und Unternehmen. In: Krautinvest, Nachrichten, https://krautinvest.de/foerdergelder-fuer-signature-products-forschung-an-hanfproteinen-mit-universitaet-und-unternehmen/, (letzter Aufruf: 10.10.2023, 19:30).

FPNR, BMEL (o. J.): Bundesministerium für Ernährung und Landwirtschaft: Übersicht der Förderschwerpunkte des Förderprogramms „Nachwachsende Rohstoffe" (FPNR) https://www.fnr.de/projektfoerderung/foerderprogramm-nachwachsende-rohstoffe/foerderschwerpunkte, (letzter Aufruf: 5.1.2023, 18:00).

Franke, Sassa (2023): Hanfkalk. Aufbau einer klimapositiven Wertschöpfungskette für einen regionalen Baustoff, https://uploads-ssl.webflow.com/5ff715f809738716619d0c79/63a464d80bd706c05e8d62c6_221221_Projektsteckbrief%20Klimapraxis_Hanfkalk.pdf, (letzter Aufruf: 10.10.2023, 19:38).
FRD (2023): Fibres recherche développement. La plateforme des valorisations applicatives des fibres végétales. https://www.f-r-d.fr/, (letzter Aufruf: 20.1.2023, 15:51).
Geiger, Katharina (25.8.2023), Fachreferentin Ackerbau des Deutschen Bauernverbands: E-Mail-Antwort auf meinen Fragebogen vom 23.8.2023.
Gesetzentwurf der Bundesregierung (16.8.2023): Entwurf eines Gesetzes zum kontrollierten Umgang mit Cannabis und zur Änderung weiterer Vorschriften. (Cannabisgesetz – CanG), https://www.bundesgesundheitsministerium.de/fileadmin/Dateien/3_Downloads/C/Cannabis/Gesetzentwurf_Cannabis_Kabinett.pdf, (letzter Aufruf: 10.10.2023, 19:46)
Global Commission on Drug Policy (2021): in: The Global Commission on Drug Policy, Reports, (letzter Aufruf: 10.10.2023, 19:50) https://www.globalcommissionondrugs.org/reports
Global Commission reports, (2022): , (letzter Aufruf: 20.1.2023, 18:13). https://www.geneve-int.ch/global-commission-drug-policy-gcdp-1
Green Pioneers (22.7.2022): Video: Anklage! Staatsanwaltschaft vs Hanf Start-Up - Unser Statement zur Pressemitteilung, Green pioneers. https://www.youtube.com/watch?v=K_UHgMt5eM8&feature=youtu.be, (letzter Aufruf: 20.1.2023, 18:18).
Grolle, Johann (3.9.2023): Ernährungswende. Wie wir künftig essen müssen, um die Welt zu retten. In: DER SPIEGEL 54/2023, https://www.spiegel.de/wissenschaft/mensch/ernaehrung-und-nachhaltigkeit-wie-wir-kuenftig-essen-muessen-um-die-welt-zu-retten-a-7c45b434-c441-4f5b-9662-dade91abdddc?sara_ref=re-so-app-sh, (letzter Aufruf: 10.10.2023, 19:57).
Großekathöfer, Maik, Thimm, Katja (28.7.2023): Psychiater über Kinder, die töten. Spiegelgespräch mit Psychiater Helmut Remschmidt, https://www.spiegel.de/panorama/jugendliche-gewalttaeter-glauben-haeufig-ihre-mutter-habe-sie-besonders-streng-erzogen-a-610f94d9-3c8d-4e32-b47a-76c46e107e85, (letzter Aufruf: 20.1.2023, 18:20).
Großekemper, Tobias (11.8.2023): Suchtmediziner über Cannabis. „Innerhalb von sechs Monaten können sie abhängig sein", Interview mit dem Psychiater Rainer Thomasius. In: Der SPIEGEL, Die Cannabis-Serie, Panorama.
Grotenhermen, Franjo/Berger, Markus/Gebhardt, Kathrin (2018): Cannabidiol CBD, Ein cannabishaltiges Compendium, Nachtschatten Verlag.
Habich, Irene (30.6.2023): Studie WeedCare: Schweizer Apotheken dürfen Cannabis verkaufen. In: Deutsche Apothekerzeitung. DAZ online, https://www.deutsche-apotheker-zeitung.de/news/artikel/2023/05/30/studie-weedcare-schweizer-apotheken-duerfen-cannabis-verkaufen, (letzter Aufruf: 10.10.2023, 20:09).
Harris Bricken (17.02.2023). A Trusted Guide for Cannabis Businesses: Cannabis Lawyers. https://harris-sliwoski.com/practice-areas/cannabis/, (letzter Aufruf: 23.02.2023, 20:28).
Hassenkamp, Milena (13.08.2023): Modellprojekt in Basel. Die Schweizer kiffen schon. Wie läuft das? In: DER SPIEGEL, Die Cannabis-Serie, Panorama, https://www.spiegel.de/panorama/die-schweizer-kiffen-schon-wie-laeuft-das-a-cfd89a0a-378f-4d55-8fe7-8ce448cea298, (letzter Aufruf: 10.10.2023, 20:24).
Haucap, Justus (17.8.2023): Cannabis-Legalisierung, Bürokratismus und Symbolpolitik In: Rheinische Post, https://rp-online.de/wirtschaft/geld-und-leben/cannabis-legalisierung-im-bundestag-ist-vor-allem-symbolpolitik_aid-95863097, (letzter Aufruf: 10.10.2023, 20:25).
Hemp Today (o. J.): https://hemptoday.net/de/uber-uns/, (letzter Aufruf 20.11.2023: 15.00).
Hemp Today (02.07.2021): Nachrichten: 16.200 Hektar Faserhanf beflügeln Chinas Strategie „ein Land, eine Industrie". https://hemptoday.net/de/16-200-hektar-faserhanf-befluegeln-chinas-strategie-ein-land-eine-industrie/, (letzter Aufruf: 20.1.2023, 20:04).

Hemp Today (17.02.2023): $7.4 million grant backs Canadian hemp composite maker. https://hemp-today.net/7-4-million-grant-backs-canadian-hemp-composite-maker/, (letzter Aufruf: 20.2.2023, 15:57).

HIA (6.1.2023): Hemp Industries Association. Advance U.S. Hemp. https://thehia.org/, (letzter Aufruf: 23.02.2023, 20:18).

IACM (2023): Die Allianz für Cannabinoid-Medikamente. https://cannabis-med.org/de?tpl=page&id=73&lng=de, (letzter Aufruf: 20.1.2023, 20:42).

Interchanvre (2023): erfüllt Aufgaben von allgemeinem Interesse, die auf drei Säulen beruhen: Ökologie, Ökonomie und Öko-Verantwortung. https://www.interchanvre.org/interchanvre, (letzter Aufruf: 20.1.2023, 20:47).

Kaiser, Arvid (2.11.2021): „ Diese Firmen stehen bereit für den deutschen Cannabis-Markt. https://www.manager-magazin.de/unternehmen/cannabis-welche-firmen-von-einer-legalisierung-profitieren-wurden-a-42c34198-0e84-4266-bf42-3490bb4ba0c0, (letzter Aufruf: 20.1.2023, 21:07).

Kajić, Mišel (2023): Die Evolution des Cannabiskonsums. Eine Geschichte von der Steinzeit bis zu den Zukunftsperspektiven. Selbstverlag. (ISBN 979-8377250876)

Knodt, Michael (16.4.2020): 10 YouTube-Kanäle über Cannabis, die man kennen sollte. https://sensiseeds.com/de/blog/10-youtube-kanaele-ueber-cannabis-die-man-kennen-sollte/, (letzter Aufruf: 20.1.2023, 21:20).

LEAP (2023): Law Enforcement Against Prohibition S. Stellungnahmen 2023

LPV (6.9.2023), Hanf-Bus-Tour am 6. September: 2023, https://www.lpv-prignitz-ruppin.de/nachrichten/80.html, (letzter Aufruf: 8.10.2023, 13:40).

Mangold, Karolin (2021): OptiHemp: Verwertung und Anbauoptimierung von Hanf. Anbauperiode 2020. (letzter Aufruf: 20.1.2023, 21:46).

Manthey, J; Hayer, T. Jacobsen, B. et al. (April 2023): Institut für interdisziplinäre Sucht- und Drogenforschung (ISD). Technischer Bericht. Auswirkungen der Legalisierung von Cannabis, https://www.bundesgesundheitsministerium.de/fileadmin/Dateien/5_Publikationen/Drogen_und_Sucht/Abschlussbericht/230623_Technical_Report_de_bf.pdf, (letzter Aufruf: 10.10.2023, 20:42).

Merkur.de (26.12.2021): Özdemir sieht großes Interesse an Cannabis-Legalisierung: „Bäuerinnen und Bauern stehen in den Startlöchern." https://www.merkur.de/politik/oezdemir-interesse-cannabis-legalisierung-baeuerinnen-bauern-anbau-91201759.html, (letzter Aufruf: 20.1.2023, 22:00).

Ökotrend (o. J.): Multitalent Thüringer Bio-Hanföl. https://www.oekotrend-thueringen.de/aktuelles/multitalent-thueringer-bio-hanfoel/

Osthessen-news (21.7.2022): Fulda: Am Amtsgericht, Fahrlässiges Handeltreiben mit Cannabis? Drei Inhaber angeklagt. https://osthessen-news.de/n11696154/fahrlassiges-handeltreiben-mit-cannabis-drei-inhaber-angeklagt.html, (letzter Aufruf: 20.1.2023, 22:40).

Pahren (o. J.): Agrar Kooperation: Projekt „Torf aus Hanf", http://agrar-pahren.de/index.php?option=com_content&view=article&id=237:den-laendlichen-raum-foerdern&catid=2&Itemid=101, (letzter Aufruf: 20.1.2023, 23:01).

Peter (24.10.2022): Newly Launched Federation Of International Hemp Anticipating Exponential Sector Growth. https://businessofcannabis.com/newly-launched-federation-of-international-hemp-anticipating-exponential-sector-growth/, (letzter Aufruf: 20.1.2023, 23:11).

Projekt EIP (2019): Winterhanf, Landwirtschaftskammer Nordrhein-Westfalen: Projekt EIP-Winterhanf. https://www.landwirtschaftskammer.de/duesse/znr/pdfs/2020/poster-winterhanf-2019.pdf, (letzter Aufruf: 20.1.2023, 23:25).

Proplanta (18.9.2022): Projekt ZwiHanf, Nutzhanfanbau gegen hohe Stickstoff- und Methanemissionen. https://www.proplanta.de/agrar-nachrichten/pflanze/nutzhanfanbau-gegen-hohe-stickstoff-und-methanemissionen_article1663473942.html, (letzter Aufruf: 20.1.2023, 23:32).

Referentenentwurf des Bundesministeriums für Gesundheit (2023): Entwurf eines Gesetzes zum kontrollierten Umgang mit Cannabis und zur Änderung weiterer Vorschriften (Cannabisgesetz – CanG), https://www.bundesgesundheitsministerium.de/fileadmin/Dateien/3_Downloads/Gesetze_und_Verordnungen/GuV/C/Cannabisgesetz-CanG_RefE.pdf, (letzter Aufruf: 12.11.2023, 12:20).

Sachsen (1.12.2022): Neue sächsische Rohstoffstrategie, https://publikationen.sachsen.de/bdb/artikel/41292, (letzter Aufruf: 20.1.2023, 22:01).

Savus, Hande (12.1.2023): Die wichtigsten Cannabis-Events 2023. https://krautinvest.de/events-2023/, (letzter Aufruf: 21.1.2023, 08:15).

Schöberl, Veronika; Grieb, Michael, Fritz, Maendy (07.2020): Forschungsbericht: Hanf zur stofflichen Nutzung Stand und Entwicklungen. Berichte aus dem TFZ 68. https://www.tfz.bayern.de/mam/cms08/rohstoffpflanzen/dateien/tfz_bericht_68_hanfstoff_bfrei_ges.pdf, (letzter Aufruf: 21.1.2023, 08:31).

Scott, Cobb J. (2023) Impact of Adolescent Cannabis Use on Neurocognitive and Brain Development. In: Child and Adolescent Psychiatric Clinics of North America. Vol. 32, 1, January 2023: 21–42., https://www.sciencedirect.com/science/article/abs/pii/S1056499322000529?dgcid=author, (letzter Aufruf: 12.10.2023, 22.15)

Sinclair, Sarah (23.08.2023): Report reveals countries leading the way in cannabis-related clinical trials, in: Cannabis Health News. https://cannabishealthnews.co.uk/2023/08/22/report-reveals-countries-leading-cannabis-related-clinical-trials, (letzter Aufruf: 10.10.2023, 20:28).

Stellungnahmen (2023): Stellungnahmen zum Referentenentwurf des Cannabisgesetz (CanG), https://www.bundesgesundheitsministerium.de/service/gesetze-und-verordnungen/detail/cannabisgesetz.html, (letzter Aufruf 11.10.2023, 12:22).

Stevens, Ben (12.6.2023): New hemp research set to increase carbon capture through cropping. In Bussiness of Cannabis Europe, Press releases, https://businessofcannabis.com/new-hemp-research-set-to-increase-carbon-capture-through-cropping/, (letzter Aufruf 11.10.2023, 22:49).

Stevens, Ben (23.8.2023): Traceability &Transparency for Zürich's Cannabis Pilot Project 'Züri-Can'. In: Business of Cannabis Europe, Pressreleases, https://businessofcannabis.com/traceability-transparency-for-zurichs-cannabis-pilot-project-zurican/, (letzter Aufruf 11.10.2023, 22:59).

TFZ (o. J.): Bayerisches Staatsministerium für Ernährung, Landwirtschaft und Forsten - Nutzhanf (Cannabis sativa L.). https://www.tfz.bayern.de/hanf, (letzter Aufruf 02.10.2023 18:23).

Thümmler, Kathrin; Fischer, Johanna; Fischer, Steffen; Kosan, Birgit; Meister, Frank (2022): Lyohemp™ Fibres from Hemp Shive Dissolving Pulp. In: Lenzinger Bericht 97 (2022) 25–31., https://www.lenzing.com/de/?type=88245&tx_filedownloads_file%5bfileName%5d=fileadmin/content/PDF/03_Forschung_u_Entwicklung/EN/Lenzinger_Berichte_97_2022_04.pdf, (letzter Aufruf: 11.10.2023, 00:15).

Thüringen (2021), Landesamt für Landwirtschaft und ländlichen Raum (TLLR): Operationelle Gruppe Multitalent Hanf- vom Tierwohl bis zur Landschaftspflege. https://tlllr.thueringen.de/fileadmin/TLLLR/Service/Publikationen/Berichte_LFE/2018_LFE_0006_Multitalent_Hanf.pdf, (letzter Aufruf: 21.1.2023, 09:49)

Thüringen (26.1.2023): Aufbaubank Thüringen: LFE Förderung der Zusammenarbeit Land, Forst und Ernährung. aufbaubank.de/Foerderprogramme/LFE-Foerderung-der-Zusammenarbeit-Land-Forst-und-Ernaehrung, (letzter Aufruf: 21.2.2023, 09:52).

TITK (2023): Thüringisches Institut für Textil- und Kunststoff-Forschung Rudolstadt e.V Cellulose-Forschung. Lyohemp® - nachhaltige Faser der neuesten Generation, https://www.titk.de/innovationen/lyocell-/-lyohemp/, (letzter Aufruf: 21.10.2023, 01:49).

Torkinmanes (2023): Cannabis Law, https://www.torkinmanes.com/expertise/service/cannabis-law, (letzter Aufruf: 23.02.2023, 20:31).

Türschmann, Svea (20.4.2022): Schweiz genehmigt erstes Cannabis-Pilotprojekt in Basel. https://www.pharmazeutische-zeitung.de/schweiz-genehmigt-erstes-cannabis-pilotprojekt-in-basel-132645/, (letzter Aufruf: 21.1.2023, 10:01).

VCA (2023): Verband der Cannabis versorgenden Apotheken e.V. https://vca-deutschland.de/, (letzter Aufruf: 21.5.2023, 10:11).

Verordnung (EU) 2021/2115 des Europäischen Parlament und des Rates v.2.12.2021 mit Vorschriften für die Unterstützung der von den Mitgliedstaaten im Rahmen der Gemeinsamen Agrarpolitik zu erstellenden und durch den Europäischen Garantiefonds für die Landwirtschaft (EGFL) und den Europäischen Landwirtschaftsfonds für die Entwicklung des ländlichen Raums (ELER) zu finanzierenden Strategiepläne, GAP-Strategiepläne und zur Aufhebung der Verordnung (EU) Nr. 1305/2013 sowie der Verordnung (EU) Nr. 1307/2013, ABl 2021 L 435/1

Vopel, Herwig (1.2.2023): Referent im Referat 33 – Pflanzliche Erzeugnisse, landwirtschaftlicher Ressourcenschutz des Sächsischen Staatsministeriums für Energie, Klimaschutz, Umwelt und Landwirtschaft (SMOKUL). Email-Antwort auf meine Anfrage.

Westphal, Jonas M. W (2022): Die Nachhaltigkeit von Hanf: Ein Überblick über Produkt und Nutzung in der Wirtschaft Springer, (essentials).

Wissenschaftliche Dienste des Deutschen Bundestages (29.3.2023): Legislativer Rahmen für den Hanfanbau in Deutschland. Deutscher Bundestag (WD 5 - 3000 - 020/2), https://www.bundestag.de/resource/blob/946278/a618f4a589ee696b1b79b93a8ee07c49/WD-5-020-23-pdf-data.pdf, (letzter Aufruf: 1.10.2023, 15:11).

Wölk, Max (09.2021): Research Project "TASTINO". https://blog.signature-products.com/research-project-tastino/, (letzter Aufruf: 21.1.2023, 11:00).

5 Vom Nutzen des Hanfs und was ihn behindert. Ein Fazit

Um zu überlegen, welche notwendigen Folgerungen sich aus diesem Missverhältnis zwischen dem – auch offiziell anerkannten – Wissen über den Nutzen des Hanfs und dessen – zudem noch schwindender – Nischenexistenz ergeben, spreche ich **drei Ebenen** an, und zwar zunächst die hohe „offizielle" Übereinstimmung in der positiven Bewertung des Nutzhanfpotenzials. Eine Übereinstimmung, die eine Analyse der wesentlichen Hinderungsgründe umso dringlicher werden ließ, um daraus Forderungen für einen ernsthaften wirtschaftlichen Neubeginn abzuleiten. Ein Neubeginn, der nach der Entscheidung, den zunächst 1962 verbotenen Nutzhanf seit 1996 wieder zuzulassen, nur sehr zögerlich begann, um in den letzten Jahren – im Vergleich zum Ausland – nur langsam wieder an Fahrt zu gewinnen.

5.1 Das offizielle Wissen kennt den Nutzen des Hanfs

Vergleicht man den bisher im Buch beschriebenen THC-lastigen *Common Sense* mit den positiven Aussagen der dafür zuständigen **politischen Wissenden**, fällt auf, wie wenig diese Diskrepanz bisher praktisch angegangen wurde. Ich will den Umfang dieses „offiziellen" Wissens zunächst an vier **Beispielen** aus dem Bauernverband, aus dem Bundesinformationszentrum Landwirtschaft und aus dem Kreis der politischen Parteien verdeutlichen.

- Aus dem Kreis der zunächst Betroffenen beantwortete Katharina Geiger, Fachreferentin Ackerbau des Deutschen **Bauernverbands**, dankenswerterweise schon am 25.08.2023 meinen E-Mail-Fragebogen vom 23.08.2023:

J. M. W. Westphal, *Einsatz von Nutzhanf in Deutschland*,
https://doi.org/10.1007/978-3-658-44413-6_5

Fachreferentin Ackerbau des Deutschen Bauernverbands

„Nutzhanf hat eine große Chance in vielen Bereichen als nachhaltiger Rohstoff zu dienen. Nutzhanf weist neben einem sehr hohen ackerbaulichen Potential eine ausgesprochen gute Vorfruchtwirkung auf. Er durchwurzelt den Boden und sorgt für eine starke Bodenbeschattung durch die großen Blätter, wodurch die Feuchtigkeit im Boden behalten wird. Außerdem ist der Einsatz von Pflanzenschutzmitteln nicht notwendig. Er kann auch auf schwachen Standorten gut wachsen und gedeihen. Besonders sind zugleich auch seine überaus vielfältigen, nachhaltigen Verwendungsmöglichkeiten, wie beispielsweise als Nahrungsmittel, für Textilien, Baustoffe, Papiere, Bioplastik, Kosmetika & Hautpflege" (Geiger 2023). ◄

- Dementsprechend schwärmt die Bundesregierung in ihrem **Bundesinformationszentrum** Landwirtschaft (BZL 2022) regelrecht von den Nachhaltigkeitschancen des Nutzhanfs:

> „Grundsätzlich ist der Anbau an fast allen Standorten in Deutschland möglich, denn die Pflanze stellt keine hohen Ansprüche an den Boden und hat einen relativ geringen Wasserbedarf. Zudem produziert die Pflanze sehr viel Biomasse und hinterlässt dadurch einen weitgehend unkrautfreien Acker. Nennenswerte Krankheiten oder Schädlinge gibt es derzeit nicht, sodass der Aufwand für den Pflanzenschutz gering ist. Das macht die Kultur auch für den Ökolandbau attraktiv."

Um sodann unter dem Titel „Hanf als Basis für nachhaltige Produkte" zunächst auf dessen Nährwert einzugehen:

> „Aus Hanfsamen lässt sich zum Beispiel Hanföl herstellen, das für die menschliche Ernährung geeignet ist, aber auch als Bestandteil hautschonender Kosmetika oder für medizinische Zwecke. Zudem gilt Hanf als ‚Superfood', weil die Körner reich an Proteinen, Vitaminen und ungesättigten Fettsäuern sind. Deshalb wird Hanf inzwischen zum Beispiel als Ergänzung in Brot, Müsli, Schokolade und Aufstrichen verwendet."

Wobei das Bundesinformationszentrum dessen Vorzüge bei der Papierherstellung – im Verhältnis zum Holzverbrauch – oder in der Textilverarbeitung – im Verhältnis zur Baumwolle – anpreist:

> „Besonders interessant sind die Hanfstängel, die aus Fasern und einem holzigen Innenkern bestehen, den sogenannten Schäben. Die darin enthaltene Zellulose eignet sich sehr gut für eine umweltfreundliche Papierherstellung. Denn mit dem Ertrag von einem Hektar Hanf lässt sich deutlich mehr Papier herstellen als aus dem Holz von einem Hektar Wald. Dennoch überwiegt aktuell noch die Herstellung aus Holz, da weltweit zu wenig Hanf angebaut wird, um eine ausreichende Rohstoffversorgung sicherzustellen."

> „Auch für die Textilherstellung ist Hanf als Rohstoff eine sehr nachhaltige Lösung. Die Fasern sind dafür ebenso gut geeignet wie Baumwolle und lassen sich problemlos mit anderen

Naturfasern mischen. Im Gegensatz zu Baumwolle werden beim Herstellungsprozess nur ein Bruchteil oder gar keine Chemikalien benötigt. Dennoch basiert die weltweite Textilproduktion derzeit zu 85 Prozent auf Baumwolle. Hanf kommt lediglich zu 0,5 Prozent zum Einsatz, weil die Kosten für die Herstellungstechnik bei Hanf höher liegen."

Vor allem jedoch betont das Bundesinformationszentrum die Chancen, Nutzhanf als klimaschonendes Baumaterial und recyclebaren Verbundstoff einzusetzen:

„Weiteres Potenzial ergibt sich für Hanf als klimaschonendes Baumaterial. Hanffasern und Schäben sind sehr leicht, haben eine enorme Zugfestigkeit und sehr gute Isoliereigenschaften. Zudem sind sie langlebig und recyclebar. Deshalb wird Hanf zum Beispiel zur Wärmedämmung sowie zum Schall- und Brandschutz eingesetzt. In Kombination mit Naturkalk lassen sich aus Hanfschäben auch zu umweltfreundlichen Ziegeln für den Hausbau verarbeiten. Die Herstellung ist allerdings zurzeit noch sehr teuer."

„Durch ihre vielen positiven Eigenschaften werden Hanffasern häufig für die Herstellung von Verbundwerkstoffen genutzt. Im Gegensatz zu anderen Stoffen wie Glas- oder Carbonfasern sind sie deutlich günstiger und lassen sich rückstandsfrei verbrennen. Deshalb kommen sie zum Beispiel in der Automobilindustrie zum Einsatz, wo sie als Naturfaserverbundstoff für die Innenverkleidung bei Türen oder Instrumententafeln verbaut werden" (BZL 2022).

- Selbst die **politischen Parteien haben** – gelegentlich auch als Regierungspartei – den Nutzen des Nutzhanfs erkannt. So beantragten die Fraktionen SPD, CDU, Bündnis 90/ Die Grünen des Landtags Brandenburg am 16.03.2021 „Die wirtschaftlichen und ökologischen Potenziale des Nutzhanfanbaus in Brandenburg ausschöpfen" mit der Begründung:

„Seit Mitte der 90er-Jahre erfährt der Nutzhanfanbau eine stärkere Beachtung, weil das Interesse an Rohstoffen aus natürlichen Fasern – zum Beispiel an Faserverbundwerkstoffen für den Fahrzeugbau, für Verpackungsmaterialien oder für Baumaterialien – stetig steigt. Seither ist der Anbau von Hanf in Praxis und Forschung fester Bestandteil bioökonomischer Überlegungen. Zunehmend gewinnt auch die Verwendung in Nahrungsmitteln an Bedeutung."

Um zugleich auch auf dessen Hemmnisse hinzuweisen:

„Durch das jahrzehntelange Nutzhanfverbot und die vielschichtigen Beschränkungen ist der Anbau, die Verarbeitung und angewandte Forschung auf dem Gebiet des Nutzhanfs hinter den Möglichkeiten und Potenzialen deutlich zurückgeblieben. Mehrere Gunstfaktoren sprechen jedoch klar für eine Intensivierung der Anstrengungen" (Antrag der Fraktionen SPD, CDU, Die Grünen des Landtags Brandenburg – Drucksache 7/3198 v. 2021).

Und für die gegenwärtige **Opposition** meinte MdB (CDU) Hans-Jürgen Thies:

„Die Ampel [Regierungsbündnis aus SPD, FDP und Die Grünen] denkt eben nur bis zur ‚Tüte'. Mit ihrem Gesetzentwurf zur Legalisierung von Cannabis fördert die Ampel den Anbau von Haschisch und behindert den Anbau von Nutzhanf. Dabei ist Nutz- oder Faserhanf ein ökologisches Powerpaket: der proteinhaltige Hanfsamen ist ein Superfood, die Fasern sind ein ökologischer Baustoff als Faserverbundstoff und Dämmmaterial, sie ersetzen auch Baumwolle und Holzpapier. Dazu ist die Pflanze genügsam, braucht keine Pestizide, eignet sich als Biomasse und verbessert sogar die Bodenqualität. All das erfuhr ich auf dem Hanftag auf Haus Düsse in Bad Sassendorf. Jetzt besuchten mich Vertreter des Branchenverbands Cannabiswirtschaft (BvCW) und eines Herstellers von Medizinalcannabis. Sie warnten, dass das geplante Cannabisgesetz den Handel von Nutzhanf in Deutschland kriminalisiert, während es den Anbau von Cannabis legalisiert. Ein neuer Fall von Ampel-Irrsinn, den es zu verhindern gilt"

(BvCW-Newsletter vom 19.09.2023).

Interessanterweise wird in diesen Stellungnahmen die oben (1.2) angeführte, klimatisch so wichtige Chance einer **negativen CO_2-Bilanz** eher inzidenter, nicht jedoch offen angesprochen. Ein Problem, das u. a. wegen der bisher noch unzureichend untersuchten Möglichkeit, für den Nutzhanfanbau CO_2-Zertifikate auszugeben, „politisch" verständlich ist – so sehr es natürlich „indirekt" durch die „2. GAP-Säule" gelöst werden könnte. Doch hält man sich auf der verwaltenden Regierungsebene – Ministerien etc. – in diesen Fragen ohnehin zurück, solange sie nicht zuvor „politisch" entschieden wurden.

5.2 Warum dieses Wissen nicht realisiert werden kann

Wie also kommt es, dass dieses positive „Wissen" in Politik und Praxis nicht zureichend umgesetzt wird? Wie meine bisherige Analyse deutlich machte, ist dafür zunächst der **rechtliche Hintergrund** verantwortlich.

5.2.1 Hindernisse im rechtlichen Bereich

Das gesamte komplex gestaltete **Drogenrecht** definiert die natürliche Pflanze Cannabis als „gefährliche Droge", den Nutzhanf dagegen als riskante Ausnahme, die einen „Drogenmissbrauch" ermöglichen könnte. Anstatt umgekehrt, von der natürlichen Pflanze ausgehend, zunächst den Nutzhanf – in einem eigenen „Nutzhanfgesetz" – als legal und dessen „Drogen"-spezifischen THC-Wert – in einem anderen THC-Gesetz – als Ausnahme zu regeln. Etwa derart, wie dies für seine „legale" Schwester, die Tabakpflanze, geregelt ist:

„Tabakpflanze selbst anbauen – ist das erlaubt? Die Antwort ist: ja. Der heimische Anbau von Rauchtabak für den Eigenbedarf ist in Deutschland vollkommen legal und außerdem steuerfrei. ‚Tabakwaren oder Tabakwaren gleichgestellte Erzeugnisse, die aus selbst angebautem Rohtabak oder Tabakersatzstoffen hergestellt und für den eigenen Bedarf verwendet werden,' sind laut dem Tabaksteuergesetz (TabStG) von 2009 von der Tabaksteuer befreit. … Dieser sollte sich natürlich in einem Kleinpflanzen-Rahmen halten und nicht mehr als 100 Tabakpflanzen umfassen. Außerdem darf mit den Produkten kein Handel betrieben werden" (Monning 2018).

Obwohl dieses Drogenrecht einen – im Strafrecht relativ seltenen – **dreifachen Schutzschirm** entwickelt hat, konnten etwa Kanada und Uruguay wie aber auch die Schweiz, die nicht zur EU gehört, in der Legalisierung durchaus eigene Wege gehen, der EuGH in der CBD-Frage die *Single Convention* eigensinnig auslegen und zunächst seit 1972 die Niederlande, dann Portugal, Spanien, die tschechische Republik, die Schweiz und jüngst noch einmal die Niederlande[1] diese internationalen Begrenzungen bei Cannabis sehr „weit" auslegen.

Vor allem jedoch konnte **Frankreich** auch innerhalb dieser internationalen Grenzen ganz legal im Nutzhanfanbau – ohne irgendwelche „rechtlichen Finessen" – weltweit 42 % des Faserhanfs und damit viermal so viel Nutzhanf anbauen wie Deutschland und mit *Interchanvre org* eine zentrale Organisation aufbauen, von der Deutschland nur träumen kann.

Deutschland übernimmt dagegen – insbesondere in der gegenwärtigen Legalisierungsdebatte – willig diesen Schutzschirm, denn sonst, so der Deutsche Richterbund in seiner Stellungnahme zum Referentenentwurf (CanG 2023), „würde sich Deutschland aus dem Geflecht internationaler Rechtshilfebeziehungen zurückziehen":

> „Die angestrebte Gesetzesänderung würde ferner dazu führen, dass Rechtshilfeersuchen auswärtiger Strafverfolgungsbehörden zur Durchführung entsprechender, in Deutschland dann nicht mehr zulässiger Ermittlungsmaßnahmen nicht mehr nachgekommen werden kann. Insoweit bestehen Zweifel, ob Deutschland ‚als verlässlicher Partner bei der internationalen Zusammenarbeit weiterhin seinen internationalen Verpflichtungen zur Bekämpfung der grenzüberschreitenden Kriminalität' nachkommen wird. Im Gegenteil müsste die Überwachung und Verfolgung der grenzüberschreitend und international agierenden Tätergruppierungen mit den genannten Ermittlungsmaßnahmen an der Staatsgrenze beendet werden" (Deutscher Richterbund Juli 2023).

Dementsprechend berufen sich in der gegenwärtigen **Entkriminalisierungsdebatte** deren Gegner auf eben diesen Schutzschirm, sei dies der UN-Apparat oder die „fehlende Zustimmung der EU-Kommission". Weswegen es so nahelag, dass die Deutsche Gesellschaft für Suchtforschung und Suchttherapie (DG-Sucht) ihre ablehnende Stellungnahme zum Referentenentwurf (CanG 2023) mit dem Report des – überaus konservativen – *International Narcotic Control Board* (INCB) begründet:

> „Der International Narcotics Control Board (INCB) Report der Vereinten Nationen (UN) fasst zusammen: ‚ … the most important effect of cannabis legalization is the likelihood of increased use, particularly among younger people.' … Unerwünschte Folgen des INCB-Reports

[1] „Die Vorbereitungsphase für das Experiment mit geschlossenen Coffeeshop-Ketten in Breda und Tilburg, Niederlande, startet am 15. Dezember 2023. Dabei werden voraussichtlich zwei legale Cannabisproduzenten im vierten Quartal 2023 bereit sein, Cannabis an Coffeeshops zu liefern. Während dieser Phase dürfen teilnehmende Coffeeshops sowohl legal angebaute als auch geduldete Produkte anbieten. Die nächste Phase wird voraussichtlich im Februar 2024 beginnen. In dieser Übergangsphase können Coffeeshops in den teilnehmenden Gemeinden regulierte Produkte neben geduldeten Produkten anbieten. Die Möglichkeit einer elften Gemeinde, Amsterdam-Oost, am Experiment teilzunehmen, wird derzeit geprüft und erfordert Änderungen in den Gesetzen und Verordnungen, die im Parlament behandelt werden" (BvWC Newsletter 26.09.2023).

seien darüber hinaus: eine verminderte Risikowahrnehmung in der Bevölkerung, eine Zunahme der cannabisassoziierten Gesundheitsprobleme und eine Zunahme der cannabisassoziierten Verkehrsunfälle“ (DG-Sucht 2023).

Eine internationale rechtliche Ausgangssituation, die nun intern bei uns nicht nur in den Strafvorschriften des BtMG (und des CanG 2024) festgeschrieben wird, sondern die – nun auch **praktisch** – in zweifacher Form die **Ausnahmesituation des Nutzhanfs** (i. w. S.) in ein mit Sanktionen bestücktes Regelsystem einfügt. Und zwar durch ein allzu folgsames *Law in Action* von der höchstrichterlichen Entscheidung bis zur polizeilichen Beschlagnahme einerseits und durch ein überbordendes bürokratisches Regelsystem andererseits. Hürden, die bei sämtlichen Formen des Nutzhanfs beklagt werden: bei der Einfuhr und im Umgang mit Samen und Stecklingen, bei der Vermarktung von CBD sowie im Einsatz von medizinischem Hanf.

So beklagt der Bundesverband der Arzneimittelhersteller (BAH) in seiner Stellungnahme zum MedCanG (2023):

> „Bei der Einfuhr und Ausfuhr von BtM muss derzeit für jedes einzelne Produkt eine Erweiterung der Erlaubnis nach § 3 Betäubungsmittelgesetz (BtMG) beim BfArM beantragt werden. Dies dauert ca. 2–3 Monate und ist ein Nachteil gegenüber anderen EU-Mitgliedsstaaten hinsichtlich des Imports“ (BAH 2023).

Was der Verband der Cannabis versorgenden Apotheken e. V. (VCA) aus der Sicht cannabisversorgender Apotheken im Hinblick auf die Zustimmung der Krankenkassen ergänzen konnte:

> „Die Erstattung von Medizinalcannabis gemäß § 31 Abs. 6 Satz 2 SGB V erfordert die Zustimmung der gesetzlichen Krankenkassen. Dieser Prozess ist äußerst bürokratisch. Die Entscheidungskriterien für die Genehmigung sind unklar, einschließlich der Definition von ‚schwerwiegenden Erkrankungen‘ und des Status der Patientinnen und Patienten als ‚austherapiert‘. Dies führt zu Unsicherheiten, behindert den Zugang zu medizinischem Cannabis und erhöht den bürokratischen Mehraufwand durch Widerspruchs- und Gerichtsverfahren“ (VCA 2023, S. 6).[2]

Weshalb auch der Bundesverband pharmazeutischer Cannabinoidunternehmen (BPC) am 01.07.2023 das MedCanG begrüßt und dazu u. a. anmerkt:

---

[2] Berechtigte Klagen, die am 04.01.2024 in einem gemeinsamen Aufruf von acht einschlägigen Verbänden an den G-BA vor allem die Revision des „Genehmigungsvorbehalts“ der Krankenkassen verlangen: „Das dafür etablierte Verfahren ist insbesondere für Ärztinnen und Ärzte sowie für Patientinnen und Patienten abschreckend, langwierig und bürokratisch. Darüber hinaus werden 30–40 % der Ärztinnen und Ärzte gestellten Anträge auf Kostenübernahme von den gesetzlichen Krankenkassen abgelehnt. Daraus resultiert, dass Medizinalcannabis – trotz der erwiesenen Vorteile – immer noch nicht flächendeckend angeboten wird. Erkrankte werden daher aktuell oft in die Illegalität gedrängt.“ Eine Klage, der der G-BA inzwischen durch Beschluss vom 18.7.2024 entgegenkam (s. o. 3.2.1).

> „Zugleich können bürokratische Hürden im Praxisalltag von Ärzt:innen und Apotheker:innen sowie auf Herstellerseite abgebaut werden. Durch die Änderungen des BtMG entfällt die Vorgabe der Verschreibung von medizinischem Cannabis auf einem Betäubungsmittelrezept. Darüber hinaus wird die Pflicht zur halbjährlichen Meldung nach § 18 BtMG durch eine jährliche Meldepflicht ersetzt. Der Wegfall des Abgabebelegverfahrens nach der Betäubungsmittel-Binnenhandelsverordnung (BtMBinHV) und des gesonderten Nachweises der Sicherung stellen weitere Vereinfachungen dar“ (BPC 01.07.2023).

Kein Wunder, dass das **internationale Gesundheitsportal** *mediorbis* (Apotheke adhoc 2023) als Ergebnis einer Umfrage bei 300 Apothekern und Ärzten festhält:

> „Bürokratie, fehlende Aufklärung und kein funktionierendes Customer Relation Management (CRM). Das sind die wichtigsten Erkenntnisse aus den ersten interdisziplinären Ärzte-Interviews, die mediorbis im Rahmen des Cansearch-Projekts (04.10.2023) gemeinsam mit Apothekern zum Thema Medizinalcannabis führt“ (Grünwald 2023).

Vor allem aber behindert dieses bürokratische System die Entwicklung des **Nutzhanfanbaus,** ein System, das Katharina Geiger, Fachreferentin Ackerbau des Deutschen Bauernverbands, als eines der drei größten Anbauhemmnisse ansieht:

> „Außerdem stehen die Landwirte im Moment zusätzlich vor großen bürokratischen Hürden, wenn sie Nutzhanf in Deutschland anbauen wollen. Derzeit sind sowohl Anbau als auch Ernte genehmigungspflichtig, das Blühen der Pflanze ist meldepflichtig, obwohl es ohnehin reguläre Kontrollen gibt und nur EU-zertifiziertes Saatgut verwendet werden darf. Es ist höchste Zeit, die bürokratischen Hürden abzubauen, damit die Potentiale des Nutzhanf entfaltet werden können“ (Geiger in ihrer Email-Antwort vom 2023).

Ein Kontroll- und Überwachungssystem, in dem das *Law in Action* die entstehenden rechtlichen Lücken „systemkonform“ ausfüllt und die Bürokratie versucht, bisher noch ungeregelte Sachverhalte derart zu ergänzen, dass sie „behördlich überwacht“ und zumindest als Ordnungswidrigkeit mit Bußgeldern sanktioniert werden können. Wofür etwa das KCanG (2023) 36 Tatbestände in § 36 und das MedCanG in § 27 weitere 9 Verstöße vorsieht. Weshalb der **Deutsche Städtetag** in seiner Stellungnahme zum Referentenentwurf (CanG 2023) mit Recht monieren kann:

> „Bei den vorgesehenen Regelungen ist die kommunale Ebene essenziell. Sie wird aber zu wenig adäquat berücksichtigt. … Auch wenn das je nach Aufgabe sinnvoll ist, muss dann aber auch die Finanzierung und Beachtung der Ressourcenfrage – es gibt die nötigen Fachkräfte kaum – mitgeregelt werden. … Ohne diese gleichzeitig zufriedenstellend und praxisgerecht zu regeln, sehen wir die Umsetzungsrealitäten und -möglichkeiten des neuen Gesetzes kritisch. Auch einen Verschiebebahnhof zwischen Aufgaben der Justiz und der Polizei einerseits und den Kommunen andererseits gilt es im Vorfeld zu vermeiden“ (Deutscher Städtetag 2023).

5.2.2 Hindernisse im wirtschaftlichen Bereich

Während der Genusscannabismarkt grundsätzlich und der (deutsche) CBD-Markt bisher vor allem „rechtlich" – also durch Strafvorschriften – geregelt und verboten wird, leiden der Samenmarkt und der Markt für das medizinische Cannabis eher auf der bürokratischen Ebene.

Dagegen muss der **Nutzhanf** (*Industrial Hemp*), der ebenfalls auch auf diesen beiden Ebenen behindert wird – strafbar ab 0,3 % THC-Grenze und Bürokratie vom EU-Sortenkatalog bis hinein in die deutsche Anbaubürokratie –, wegen seiner „Nischenposition" vor allem im **wirtschaftlichen** Bereich bestehende Hindernisse bekämpfen, eine Aufgabe, mit der er zurzeit bei uns noch nahezu allein gelassen wird.

Und zwar in einer **Gesamtmarktsituation**, für die im Gegensatz zum Medizinalmarkt bei uns bisher ein „Nutzhanfmarkt" faktisch nicht vorhanden ist. Wie meine Analyse (3.3) gezeigt hat, sind hierfür – neben den genannten rechtlichen und bürokratischen Schranken – vor allem vier ineinandergreifende Bereiche verantwortlich: die fehlende Erfahrung im Nutzhanfanbau, ein kaum zureichendes Angebot an Landmaschinen, eine gering entwickelte Fertigungskette und lediglich sporadisch vorhandene „höhere" Hanfveredelungsbetriebe.

Eine Ausgangssituation, die „auf der Regierungsebene" benannt, jedoch bisher eher stiefmütterlich behandelt wird. So betont das unter dem Dach der BLE und damit bei dem BMEL angesiedelte **Bundesinformationszentrum Landwirtschaft** (BZL):

> „Dass Hanf trotz seines großen Potenzials als vielfältiger Rohstoff noch eine Nischenkultur ist, liegt unter anderem an den fehlenden Strukturen für die Verarbeitung der Pflanze. So gibt es zurzeit nur acht Anlagen bundesweit, die Faserstroh aus Hanf aufarbeiten. Die Hanferzeugung ist für landwirtschaftliche Betriebe nur interessant, wenn eine Anlage in der näheren Umgebung liegt. Denn längere Transportwege machen den Anbau schnell unwirtschaftlich. Im Bereich der Hanfölgewinnung gibt es meist nur kleine, spezialisierte Mühlen, die überwiegend Bio-Hanf aus der Region verarbeiten" (BZL 2022).[3]

In einer Nischenposition, die **marktwirtschaftlich** durch **zwei fatale Bedingungen** derart festgeschrieben wird, dass der Nutzhanfanbau ohne „äußere Hilfen" weiterhin in dieser Position verharren muss, worauf ich abschließend noch näher eingehen werde.

Das **erste Moment** ergibt sich aus einer **dreifachen Konkurrenzsituation,** und zwar zunächst „extern" im Verhältnis zur europäischen und sonstigen internationalen Nutzhanfkonkurrenz: Frankreich und China, die sich dementsprechend dann auch im Import-Export-Defizit niederschlägt. Konkreter noch zeigt es sich etwa im **Samenhandel**, auf dem Deutschland auf das niederländische *Sensi Seeds*, das italienische *Hempati* oder das französische *Hemp It* angewiesen ist. Und erschreckend deutlich auf dem Markt für **Medizinalhanf**, der nicht nur mit den kanadischen Firmen *Tilray*, *Canopy Growth* und

[3] Die Firma *Felde Fibres* GmbH errichtet zurzeit mit Mitteln eines Großsponsors in Brandenburg Dabergotz eine größere Verarbeitungsanlage, die ab Frühjahr 2024 Winterhanffasern zu verspinnbaren Textilfasern verarbeiten soll. S. auch Felde Fibres (2023).

Aurora Cannabis den internationalen Markt beherrscht, sondern der inzwischen zwei der drei – spärlich bedachten – Anbaulizenzen in Deutschland wahrnimmt und auf diese Weise mit der jungen deutschen Firma *Demecan* konkurriert. „Konkurrenzen", die, nebenbei bemerkt, bisher durch die deutschen rechtlichen Restriktionen – kein Samenhandel, nur 2,6 t jährliche Anbaumenge jeweils noch für die nächsten 3 Jahre – weiter verstärkt wurden.

So beantwortete das Niedersächsische Ministerium am 20.09.2023 per E-Mail meine Frage nach Fördermitteln und Unterstützung:

> „Haupterkenntnis ist, dass die Produkte, wie bspw. Hanfdämmstoffe auch nennenswert nachgefragt werden müssen. Haupthindernis sind hohe Produktpreise im Vergleich zu den Konkurrenten wie z. B. Steinwolle, Glaswolle. Vergleichbare Hanfprodukte (gilt auch für andere heimische Fasern) sind hier deutlich teurer. Daneben sind aber auch Pflanzenfasern vom Weltmarkt bspw. Sisal deutlich günstiger als ‚heimische' Fasern.
>
> An diesem Ende der Kette müsste also der Ansatz einer Förderung (etwa durch CO_2-Bepreisung) oder eine Unterstützung der Faserverarbeitung (z. B. durch vergünstigte Mehrwertsteuer) ansetzen."

Eine Konkurrenzsituation, die sodann, extern wie intern, direkt von den erdölbasierten Kunstfasern und der wasserliebenden Baumwolle[4] wie von anderen etablierten Agrarfrüchten bestimmt wird. Hier dominieren die ausländischen Fasern, wie Jute und Kenaf aus Indien, Bangladesch oder China, Sisal aus Afrika und Südamerika, Abaca von den Philippinen und Kokosfasern. Doch steht der Nutzhanf auch bei uns in direkter Konkurrenz zum Faserflachs/Leinen oder zur in jüngster Zeit ebenfalls als Alternative propagierten Brennnessel/Rami (Jauk 2022).[5] Auch als Samenhanf konkurriert er bei uns mit der einheimischen Ölproduktion: Sonnenblumen und Raps.[6] Schließlich stößt seine Ausweitung bei uns – vor allem flächenmäßig – sowohl auf den Mais für Futterzwecke und Biogas[7] wie auf die Waldwirtschaft im Rahmen der Zellulosegewinnung (Carus 2007).

---

[4] S. die Ergebnisse eines Feldversuchs des Leibnitz-Instituts für Agrartechnik und Bioökonomie in Potsdam im Jahr 2017 und 2018: „[D]ie Faserpflanzen benötigen deutlich weniger Dünger, Pestizide und Wasser als beispielsweise Baumwolle, wie nun ein Feldversuch belegt. Demnach verwerten gängige rauschmittelfreie Hanfsorten das verfügbare Wasser sechsmal effizienter als Baumwolle und produzieren auch bei Trockenheit ausreichend Biomasse und Fasern" (Podbregar 2020).

[5] Der Faserbetrieb *Felde Fibres* cottonisiert z. B. alle drei Faserpflanzen: Hanf, Flachs und Brennnessel, will sich aber in Dabergotz auf Winterhanf konzentrieren.

[6] So beklagte während der erwähnten Hanf-Bus-Tour am 06.09.2023 der Inhaber des Betriebs Rüdiger Pöhl/Gottberg/Brandenburg, dass gegenwärtig die Biosamenhanfkonjunktur derart eingebrochen sei, dass er den – gequetschten – Samenhanf an seine Kühe verfüttern müsse.

[7] „Es besteht allerdings die Problematik, dass besonders seit der Einführung der Förderung des Energiepflanzenanbaus das Preisniveau für landwirtschaftliche Produkte stark ansteigt, so dass hierdurch die relative Vorzüglichkeit des Anbaus von Faserpflanzen sinkt. In diesem Zusammenhang wird auf die Ungleichheit der Förderung des Anbaus nachwachsender Rohstoffe zur energetischen und zur stofflichen Nutzung hingewiesen", fasste Grundmann (2007, S. 68) als wesentliches Ergebnis einer einschlägigen Diskussion zusammen.

Neben diesen „agrarwirtschaftlichen" Konkurrenzen „beteiligt" sich auch die jeweils betroffene **traditionelle Industrie**: offensichtlich die Pharmaindustrie, doch naheliegend etwa auch die Bau- und die Autozulieferungsindustrie oder gar die Papierindustrie – wie zu Anslingers Zeiten – oder die Biokomposit-[8] Plastik-Industrie im Rahmen des bei uns so erfolgreichen Lobbyismus vor allem an der „rechtlichen" Eingrenzung des konkurrierenden Nutzhanferfolgs, da sie sämtlich gefährdet wären, würde man das Nutzhanfpotenzial voll ausschöpfen.

Das **zweite Moment** ergibt sich **systemisch** aus den bisher beschriebenen diversen, ineinander verschlungenen **Teufelskreisen**. Diese erfassen, von dieser Nischenposition ausgehend, sowohl die Beratung, das Landmaschinenangebot, die Einrichtung einer Fertigungskette oder spezialisierter Veredelung wie aber auch, worauf ich noch zurückkomme, die Forschung und das „politische" Interesse, die dieses „Feld" als „nicht interessant" genug bewerten. Womit sie diese Nischenposition weiterhin so fixieren, dass aus dieser heraus keine Veränderung zu erwarten ist, da sie gegenwärtig noch immer weder finanziell erträglich konkurrieren noch „politisch aktiv" werden kann – so sehr man sich auch „kooperativ" zusammenschließt.

In diesem Sinne sah auch Florian Pröbstle (Bayerisches Staatsministerium) in seiner E-Mail-Antwort auf meine Frage nach den drei größten Hindernissen (2023) neben den regulatorischen Unsicherheiten und der mangelnden Infrastruktur vor allem die **Marktunsicherheiten** als entscheidende Hindernisse für den gegenwärtigen Nutzhanfanbau:

Die drei größten wirtschaftlichen Hindernisse

- „**Regulatorische Unsicherheiten**: Die komplexen rechtlichen Rahmenbedingungen für den Anbau von Nutzhanf sind durchaus komplex und können zu einer entsprechenden Unsicherheit bei Landwirten führen.
- **Mangelnde Infrastruktur**: Nicht flächig verbreitete spezialisierte Verarbeitungsanlagen für Nutzhanf und der damit verbundene hohe Logistikaufwand kann derzeit die wirtschaftliche Rentabilität beeinträchtigten.
- **Marktunsicherheiten**: Unsicherheiten über die Nachfrage nach verschiedenen Hanfprodukten können die Anbauplanung erschweren" (Pröbstle 18.08.2023).

5.2.3 Hindernisse im ideologisch-kulturellen Bereich

Was unterscheidet eigentlich die Agrarfrüchte Tabak, Nutzhanf, Brennnessel und Baumwolle? Keine dieser Nutzpflanzen ist als solche mit Strafen bewehrt. Während Tabak Dank

[8] S. etwa Partanen und Carus (2022) mit einer „aktualisierten Liste aller europäischen Hersteller von Biokomposit-Granulaten für das Jahr 2021. Die Liste umfasst inzwischen fast 40 Hersteller aus mehr als zehn verschiedenen Ländern", wobei Hanf – als einer von drei natürlichen Fasertypen – 2021 lediglich 8 % erreichte gegenüber 56 % Kork und 27 % Holz.

seines Nikotins als Droge gilt, Baumwolle ökologisch zu viel Pestizide und Wasser verbraucht, erbringt die als 10-jährige Dauerkultur anbaubare Brennnessel, die ökologisch mit dem Nutzhanf gleichziehen kann, bei einem hohen Produktionsaufwand einen relativ geringeren Ertrag (Jauk 2022). Zwar werden Tabak wie Nutzhanf in ähnlicher Weise „bürokratisch“ mitsamt den entsprechenden Ordnungssanktionen eingehegt, doch nur der Nutzhanf bezieht sein gefährliches Risikorenommee aus einem international abgesicherten Kontrollregime. In einem Regime, das heute noch immer den Nutzhanf **in demselben gesetzlichen Rahmen** der „eigentlichen“ THC-Droge (BtMG) als Ausnahme derart verankert, dass ein Überschreiten der bürokratischen Grenzen – 0,3 % THC, falsche Samenwahl – automatisch den verbotenen „Drogen“-Charakter wieder aufleben lässt. Wovon selbst dasKCanG 2024 nicht lassen konnte.

Diese THC-lastige Negativperspektive ist nun derart im **Common Sense** festgeschrieben, dass es offensichtlich Mühe bereitet, den Nutzhanf i. w. S. – Samenhanf, CBD-Hanf, Industriehanf – vom „gefährlichen“ THC-Hanf zu **unterscheiden**. Was pflanzenphysiologisch stimmt, inhaltlich dagegen das **entscheidende Hindernis** für die Entfaltung seiner „Produktivkraft“ stellt.

Ein höchst wirksamer ideologisch-kultureller Mechanismus, der nun, wie oben (4.1) beschrieben, durch Politik, Verbände und Medien zumeist als selbstverständlich kaum jemals hinterfragt aufrechterhalten und festgeschrieben wird. In einem **Teufelskreis**, der zunächst gleichsam von außen durch „Justiz und Psychiatrie“ befeuert wird und in dem sich alle Beteiligten aufeinander berufen und wechselseitig zitieren können, um auf diese Weise die **Faktenbasis** der Negativbeispiele, der berechtigten Sorgen und der umlaufenden *Fake News* zu liefern. „Fakten“, die dann ihrerseits wiederum sowohl die Gesetzgebung, die Bürokratie und das *Law in Action* umtreiben, wie auch die Psychiatrie- und Suchtambulanzen füllen.

Ein keineswegs immer effektiver Teufelskreis, der, ebenso wie bei den „Tabakgefahren“, in nicht geringem Maße **gegenkulturell** – etwa in manchen sogenannten Jugendkulturen – unterlaufen werden kann, obwohl hier das Negativbild in Prävention und auf Zigarettenschachteln eindringlich propagiert wird, der gleichwohl bei denen, „die das Sagen haben“, gerade auch deswegen die Sorgen schürt, dass nicht nur das „Cannabis“, sondern eben auch der Nutzhanf die Jugend gefährde bzw. von ihr zu Genusszwecken umgearbeitet und verwendet werden könnte.

Ein dauerhafter, aber keineswegs notwendiger Teufelskreis, wie das parallele **Beispiel** des **Schlafmohns** zeigt. Als Opiumproduzent lieferte er das Urbild der internationalen Drogenpolitik. Gleichwohl kann man ihn auch heute noch in manchen bürgerlichen Ziergärten oder sogar wildwachsend finden. Obwohl er – ebenso wenig als Ziermohn vom Opiummohn unterscheidbar – an sich verboten ist:

> „In Deutschland unterstehen die Pflanzen und Pflanzenteile von Papaver somniferum den betäubungsmittelrechtlichen Vorschriften. Dies ist vor allem auf das im Milchsaft der Pflanze enthaltene Morphin zurückzuführen. Der Anbau ist daher, unabhängig von der Zahl der Pflanzen, erlaubnispflichtig und zwar sowohl bei gewerblicher als auch bei privater Nutzung.

Angebaut werden dürfen ausschließlich morphinarme Sorten. Hierzu zählen die beiden Sommermohnsorten ‚Mieszko' und ‚VIOLA' sowie die Wintermohnsorte ‚ZENO MORPHEX' mit einem Morphingehalt von jeweils unter 0,02 %" (BFARM 2022).

Doch verrät die *Hausgarten*-Redaktion dazu passend:

„Tatsächlich findet man den Schlafmohn nicht nur überall in Samentütchen im Handel (der Verkauf der Samen ist legal, nur der Anbau nicht), sondern auch in vielen Ziergärten bundesweit. Immer wieder kann man die illegale Drogenpflanze sogar verwildert am Ostseeufer oder an Böschungen der Autobahn finden. … **Anscheinend ist sich kaum jemand bewusst, wie streng das Schlafmohnverbot geahndet wird**. Sie sollen sich jedoch darüber im Klaren sein: Auch Unwissenheit schützt nicht vor Strafe" (fett J.M.W. Westphal; Hausgarten 2022).

5.2.4 Wie könnte die Forschung helfen?

Die Nutzhanfforschung muss gegenüber der internationalen wie gegenüber der nationalen Produktkonkurrenz das zwischenzeitlich verlorene Wissen nachholen sowie vor allem ein **neues Wissen** bereitstellen, das nicht nur wirtschaftlich-ökonomischen Zwecken, sondern ebenso den brennenden **ökologischen** Aufgaben dienen kann: Bodenverbesserung, Nitratabbau, Diversität, CO_2-Abbau, Kreislaufwirtschaft. Aufgaben, die zunächst nur den Nutzhanf betreffen, die aber ebenso für dessen – gesetzlich bessergestellten – medizinischen Hanf im THC- und im CBD-Bereich gelten.

Von der Samenzüchtung über die Art der Bodenbearbeitung, vom Erntebetrieb über die primäre Faseraufbereitung bis hin zur Herstellung der endgültigen „Alternativ"-Produkte, vom notwendigen Maschinenpark und dem Aufbau der Fertigungsketten bis hin zur Ausgestaltung der nationalen und internationalen Rechtsmaterie erstreckt sich ein bisher für unsere Verhältnisse noch höchst **unzureichendes Wissen**, und zwar in **doppelter** Hinsicht: einmal **direkt** auf die darin angesprochene Frage: Welcher Samen eignet sich für den sandigen Boden, wie schließe ich am besten die Fasern auf? Und zum anderen als **Nachweis** für den ernsthaften und notwendigen **Nutzen** des Hanfs – welche Vorteile hat der Hanfkalk, wie viel CO_2 wurde per Hektar eingespart? Um auf diese Weise nicht nur die „externe" Konkurrenz etwa zu Zement oder Baumwolle aufzuzeigen, sondern der „internen" Konkurrenz zu begegnen, die heute im *Common Sense* einseitig sowohl die THC-„Drogen"-Gefahr wahrnimmt und sich um die Liberalisierung des Genusshanfs kümmert, während doch eigentlich die wesentlich wichtigeren positiven **Zukunftschancen** des Nutzhanfs nahezu völlig übersehen werden.

Hier könnte eine – zureichend „publizierte" – Nutzhanfforschung neben ihren produktspezifischen Qualitäten die notwendige **Bresche** schlagen, eine Aufgabe, die heute – seit nur wenigen Jahren (2017!) – bereits das medizinische Cannabis übernommen hat.

Doch präsentierte meine Analyse der Forschungssituation (s.o. 4.2) fast nur **inselhaft vereinzelte** Forschungsprojekte aus „versteckten" Quellen, die, weithin ohne den forschungsüblichen Diskussionszusammenhang, eher dem „gehüteten“ Privatwissen dienen.[9] Projekte, die auf der Bundesebene, kaum spezifisch gefördert, eher „untergehen“, so sehr man auf der Länderebene – vereinzelt – durchaus **interessante** Zwischenergebnisse finden kann.

Weshalb ich im folgenden abschließenden Abschnitt eben hier einen Schwerpunkt setzen möchte.

5.3 Zehn Forderungen für eine künftige Nutzhanfpolitik

Die von mir mehrfach angesprochenen negativen „Teufelskreise“ bekräftigen nicht nur die gegenwärtige „Nischenkultur“ des Nutzhanfs; als dynamisch wechselseitig voneinander abhängige Komponenten bieten sie aber auch die Chance, gezielt bei einer dieser Komponenten einzugreifen – etwa durch Förderung regionaler Maschinenringe oder mobiler Faserverarbeitung[10] bzw. durch Anbauprämien und finanzierte Forschungsberichte.

Solche Knotenpunkte, die einen „positiven“ Teufelskreis einleiten können, ergeben sich, folgt man den diversen, auch im Buch bisher schon benannten Forderungen zunächst auf der rechtlichen Ebene, um sodann, verständlicherweise, auf die finanziell-wirtschaftlichen Knotenpunkte zurückzugreifen, die insgesamt eine eigenständige Organisationsstruktur verlangen.[11]

Da der **rechtliche Bereich** mit seiner drogenspezifischen Kontroll- und Sanktionsfunktion den entscheidenden Hintergrund und das Gerüst für die perspektivische Einschätzung des Nutzhanfs bereitstellt, indem er sowohl „direkt“ dessen zulässige Grenzen kontrolliert und durchsetzt wie auch „indirekt“ dessen THC-riskantes Image bereitstellt, liegt hier das zentrale Hindernis, das in fünffacher Weise aufzuheben oder zumindest erheblich einzugrenzen ist:

[9] So blieb während der erwähnten Hanf-Bus-Tour vom 06.09.2023 (LPV 2023) unsere Frage nach den eigens entwickelten Fasermaschinen mit dem – wohl nicht unberechtigten – Hinweis auf die Konkurrenz unbeantwortet.

[10] So die Forderungen des BvCW (2023) in den Elementen Bd. 31: „3. Zuschuss zum Kauf von Erntemaschinen für regionale Maschinenringe; 4. Förderung von dezentralen Hanfaufbereitungsanlagen (auch mobil) mit nachgelagertem Faseraufschluss, um hochqualitative Rohstoffe für die industrielle Weiterverarbeitung zur Verfügung stellen zu können“.

[11] Nach Abschluss meiner Korrekturen erreicht mich noch die Nachricht (Hemp Today 2023), dass die australische Abgeordnete MP Rachel Payne der Legalise Cannabis Victoria Party analog argumentiert: „When it comes to hemp investment, reducing the stigma of hemp through meaningful legislative reform is key to improving the attitudes of both local government and investors“, wobei sie sich auf die annähernd gleichen, ausführlichen und lesenswerten Forderungen eines Reports des Victorian Government's Economy and Infrastructure Committee bezieht, „which follows a parliamentary inquiry that examined the issues and opportunities facing the sector.“

(1) Der Nutzhanf ist deshalb – einschließlich Samen- und CBD-Hanf – und ebenso wie der Medizinalhanf, in einem **eigenen Gesetz** zu regeln, um ihn aus dieser THC-Drogenperspektive zu lösen, wofür der Hemp Industry Act 2008 No 58[12] in New South Wales/Australien als Vorbild dienen könnte.

(2) Die gegenwärtige 0,3 %-THC-Grenze ist – ggf. schrittweise – auf mindestens **1,0 % THC** anzuheben, wie dies etwa in der Schweiz oder in der Tschechischen Republik bereits der Fall ist. Damit wird dem Anbau, der Verwertung und der Nutzhanfforschung, die derzeit noch unkalkulierbaren Risiken ausgesetzt sind, der notwendige Freiraum geschaffen. Angesichts der jeweils zu Beginn des Anbaus eingesetzten Kontrollen ist ein „Missbrauch" nicht zu befürchten.

Zur **Begründung** betont der European Industrial Hemp Association (EIHA), dass „ein höherer THC-Gehalt die Sortenvielfalt erhöhen sowie leistungsfähige und robuste Genetiken garantieren könne": „Insbesondere auch beim Anbau von Faserhanf" (EIHA 2023).[13]

(3) In diesem Rahmen sind grundsätzlich sämtliche **bürokratischen Regeln**, die auf einem Misstrauen über einen möglichen „Missbrauch" beruhen, aufzuheben. Sei dies im neu geplanten KCanG oder seien dies die dazu passenden unzähligen Kontrollregeln und -befugnisse.

Zur **Begründung** konkretisiert der Landschaftspflegeverband Prignitz (LPV):
„Sobald ein Landwirt zertifiziertes Nutzhanf-Saatgut erwirbt und zum Anbau nutzt, kann er damit nichts Illegales mehr machen. Damit sind auch weniger Kontrollen nötig. Diese Rechtssicherheit ist essenziell wichtig, um eine wirtschaftliche Sicherheit im Anbau zu erreichen" (LPV 2023).

(4) Politisch ist die gegenwärtig stockende **Entkriminalisierung des THC-Hanfs** voranzutreiben. Zwar berührt sie den Nutzhanf nicht „direkt", da er ja als solcher nicht „kriminalisiert" ist, jedoch kann sie diesen „entmythologisieren", ähnlich wie dies nach der Liberalisierung des medizinischen Hanfs (2017) zu beobachten war. Im Übrigen sollte, gesellschaftlich gesehen, die Propagierung des heute noch weithin

---

[12] Part 1 No. 2 (Definitions): „low-THC hemp means any plant of the genus Cannabis, by whatever name that plant may be called, that has a concentration of THC in its leaves and flowering heads of no more than 1 %, and includes the seed of any such plant and any product (such as oil, fibre or resin) derived from any such plant" (NSW 2008).

[13] Was die Bundesvereinigung Nachhaltigkeit in ihrer Stellungnahme zum Referentenentwurf (CanG 2023) vom 24.07.2023 näher konkretisiert: „Nutzhanfgenetiken wurden systematisch auf einen niedrigen THC-Gehalt heruntergezüchtet, immer in der Sorge vor einem möglichen Missbrauchspotenzial. Der geringe THC-Gehalt verhindert, dass Nutzhanf sein volles Potenzial entfalten kann, in dem ein wichtiger Bestandteil der Pflanze künstlich heruntergezüchtet und so die Ausbildung wertvoller Eigenschaften verhindert wird. Es gibt zum Beispiel viele Nutzhanfsorten mit höherem THC-Gehalt, deren Fasern eine besonders gute Qualität für die Textilindustrie aufweisen."

übersehenen Nutzhanfs zumindest den gleichen Stellenwert besitzen, wie die aktuelle „Legalisierungs"-Diskussion.

(5) **International** kann und muss die Bundesrepublik schließlich sowohl auf der EU- wie auf der UN-Ebene diese Reformpolitik vorantreiben, indem sie innerhalb der EU ihr Stimmengewicht wahrnimmt und auf der UN-Ebene den Forderungen der *WHO* wie denen der renommierten *Global Commission* (2021), des jüngst publizierten, gut begründeten Aufrufs des United Nations High Commissioner for Human Rights[14] und der darin erwähnten, 2015 verabschiedeten *Agenda 2030* der UN[15] nicht nur ihre Stimme verleiht (Deutsche Nachhaltigkeitsstrategie 2021), sondern sie auch praktisch politisch umsetzt. Dies gilt insbesondere auch für die EU-Ebene. Hier sollte Deutschland „die Initiative ergreifen und versuchen, den Industriehanfanbau langfristig zu fördern und in der EU zu harmonisieren. Industriehanf ist für den ‚European Green Deal' unverzichtbar" (Bundesvereinigung für Nachhaltigkeit 2023).

Nutzhanf ist heute sowohl ökonomisch wie ökologisch ein hochwertiges Nischenprodukt, dessen bisher noch kaum realisiertes Marktpotenzial in doppelter Hinsicht auch „von oben" zu entwickeln wäre: durch **finanzielle Förderung** und einschlägige Forschungsanstrengungen auf der Ebene des Bundes und der Länder. Zumal man sich angesichts der nischenbedingten Teufelskreise und der besser situierten Konkurrenzen nicht darauf verlassen kann, dass dies allein „von unten" oder vonseiten der Wirtschaft erfolgen wird:

(6) Die notwendige **finanzielle Förderung** muss auf dem Gebiet der Landwirtschaft die Möglichkeiten der europäischen GAP-Förderung im Rahmen beider Säulen, inkl. der für freiwillige Ökoregelungen (*Eco Schemes*) vorgesehenen Mittel, voll ausreizen und die in Deutschland bisher noch nicht, wohl aber in Frankreich wahrgenommenen „gekoppelten Zahlungen" realisieren. Diese finanzielle Förderung – steuerlich, durch Prämien, Darlehen oder Zuschüsse – muss darüber hinaus sämtliche Stufen der Verarbeitung, Fertigung und Veredelung erfassen, wobei insbesondere einschlägige Start-ups, die heute in hohem Maße durch die Vielzahl der Teufelskreishindernisse gefährdet sind, zu bedenken sind.

(7) Ein solches, noch wenig entwickeltes, doch potenziell höchst marktrelevantes Feld benötigt – insbesondere unter den aufgezeigten Konkurrenzbedingungen– innovativ angelegte **Forschungsergebnisse**, um nicht nur „mitzuhalten", sondern – durch traditionelle „eingefahrene Kreise" weniger behindert – ökologisch progressiv voranzugehen.

[14] United Nations (2023): „The present report outlines human rights challenges in addressing and countering key aspects of the world drug problem. It also offers an overview of recent positive developments to shift towards more human rights-centred drug policies, and provides recommendations on the way forward in view of the upcoming midterm review of the 2019 Ministerial Declaration and to contribute to the implementation of the 2030 Agenda for Sustainable Development."

[15] The Sustainable Development (2023); vgl. dazu Westphal (2022).

Zur **Begründung:** Forschungsaufgaben, die sich – inhaltlich – von der Züchtung bisher noch fehlender Winterhanfsorten und der Berechnung der zertifikatrelevanten CO_2-Speicherung, von landwirtschaftlichen Anbau- und Erntemethoden über die primäre Faserverarbeitung und -veredelung samt des dafür notwendigen Know-hows und Maschinenparks bis hin zum Aufbau von Fertigungsketten und speziellen Marktorganisationen erstrecken und die – formal – sowohl die privatwirtschaftliche, durch Patente[16] und Geschäftsgeheimnisse zu schützende Forschung wie aber auch die allgemein zugänglichen, **öffentlich finanzierten** Forschungsprogramme erfassen. Denn hier können die Befunde, relativ frei von privatwirtschaftlicher Konkurrenz, allen Beteiligten zugänglich sein, wie dies etwa im „wissenschaftlichen" Bereich üblich ist. Eine konzeptionell wie finanziell dringlich zu lösende Aufgabe, die nicht nur in BLE-Programmen – bzw. in Bundes-Länder-Konkurrenzen – anfällt, sondern die ebenso an öffentlichen Institutionen, Hochschulen, Instituten, Professuren, Stiftungsprofessuren dauerhafter angesiedelt werden muss, um zugleich auch junge Forscher auszubilden und allgemeine Fortbildungsprogramme zu entwerfen und zu begleiten.

Solche Forderungen bleiben weithin Programm – sofern sie nicht eindeutig gesetzlich verankert werden, was eher selten geschieht, um erwünschte Interpretationsspielräume (etwa für ein *Law in Action*) offenzuhalten, weshalb sie ebenso **organisatorisch** verankert werden müssen,[17] wie dies heute für die geschilderten „bürokratischen" Kontrollmechanismen geschieht, ansonsten aber dem vereinzelten Engagement privater Start-ups oder interessierter Abteilungen auf der Landesebene überlassen bleibt. Stattdessen:

(8) Sämtliche „offiziellen" Aufgaben und Befugnisse, die den Nutzhanf betreffen, sind bei den **Landwirtschaftsministerien** des Bundes (BLE) oder der Länder zu konzentrieren. Dies gilt insbesondere auch für die Ein- und Ausfuhr- und die Handelslizenzen sowie die Forschungserlaubnis und die Finanzierung des Nutzhanfs – einschließlich Samen- und CBD-Hanf –, sofern er innerhalb der (1 %-THC-Grenze) verbleibt, sodass sich die Aufgaben der BfArM und der dort angesiedelten Bundesopiumstelle ausschließlich auf den THC-Medizinal- und Genusshanf beschränken (Bundesvereinigung für Nachhaltigkeit 2023).

(9) In diesem Zuständigkeitsbereich ist auf der Bundesebene – mit entsprechenden Fachabteilungen oder zumindest Fachreferenten – ein **Nutzhanfkompetenzzentrum** einzurichten, das die bisher verstreuten Nutzhanfaufgaben – Anbau, Finanzierung, Förderung privatwirtschaftlicher Initiativen, Verbünde und Verbände sowie insbesondere Forschung – bündelt und organisiert, um dieser bisherigen Nischenpflanze im Rahmen des vorgeschlagenen Nutzhanfgesetzes ein eigenständiges Gewicht zu verleihen.[18]

---

[16] Wie etwa die Firma *Jazz Pharma* für das pharmazeutische CBD (3.2.3).

[17] Vgl. dazu etwa die Forderungen des ACM (2023, S. 12) für den Medizinalhanf.

[18] Überlegenswert wäre auch die Einrichtung einer beratenden Taskforce der an Nutzhanfanbau und -verwertung Beteiligten nach dem Vorbild aus New-South-Wales (NSW 2024): „The task-

(10) Schließlich wird es angesichts des mehrfach geschilderten einseitig ausgerichteten *Common Sense* entscheidend darauf ankommen, die an sich vorhandenen wie die künftig einlaufenden **Nutzhanfinformationen** – aus der Praxis wie aus der Forschung – sowohl zu bündeln und publikumswirksam aufzubereiten wie aber auch in die – heute auf allen Ebenen dringend notwendige – Beratung, Ausbildung und Fortbildung einzubringen und effizient zu organisieren.

Zehn Forderungen, die dem Nutzhanf den Weg in eine nachhaltige Zukunft öffnen sollen. Eine Aufgabe, die auch **verbandspolitisch** für die gegenwärtigen Pioniervereine **EIHA** und **BvCW** etwa derjenigen Strecke vergleichbar wäre, auf der die *Deutsche Gesellschaft für Nachhaltiges Bauen* (DGNB) seit ihrer Gründung im Jahr 2007 vorangekommen ist, um heute „mit mehr als 2300 Mitgliedsorganisationen als größtes Netzwerk seiner Art in Europa, nicht nur durch seine digitale Netzwerkplattform, Newsroom und Ausbildungsgänge in einer ‚DGNB-Akademie' Wissen auszutauschen und zu erhalten", sondern auch praktisch die Nachhaltigkeit von Gebäuden zu zertifizieren: „In rund 30 Ländern wurden bereits mehr als 10.000 Projekte von der DGNB ausgezeichnet" (DGNB 2023). Eine Entwicklung, die dort für das Suchwort „Hanf" jedoch bisher als einzigen Eintrag die ***Naturgetreu Gesellschaft*** (o. J.) für „die Lieferung und den Einbau von Hanfkalksteinen für Neubau und Sanierung" ausweisen kann.

5.4 Ein persönliches Schlusswort

Erst eine breite Betrachtung der rechtlichen, wirtschaftlichen, kulturellen, politischen und medialen Schranken des Marktes kann die umfassende Tragweite des Problems verdeutlichen, das nicht nur darin liegt, dass das Recht teilweise willkürlich durch **Richterrecht** entschieden wird, ohne die Entscheidung des EuGH oder den Rat der Experten zu beachten. Man muss nicht nach China, Kanada oder in das benachbarte Frankreich blicken, um zu sehen, welche **wirtschaftlichen und forschenden Chancen** vergeben werden. Weit abgeschlagen vom Weltmarkt sehe ich – auch angesichts der hohen Transport- und Samenkosten – nur eine geringe Chance für eine einheimische Wirtschaft, solange dieser Wirtschaftszweig, wie bisher, allein dem Bemühen wenig organisierter Verbände und engagierter, doch vereinzelter Landwirte überlassen bleibt. So praxisfern die Legislative, Judikative und Exekutive bisher entscheiden, so verstört doch vor allem, wie wenig die im

force will include 12 representatives from growers and industry associations and will consider options to support the continual growth of the NSW industrial hemp industry, supporting jobs in rural and regional NSW. [...] The taskforce will identify the short, medium and long term objectives of the NSW industrial hemp industry, including: The role industrial hemp could play in the transition to a net zero, circular economy in NSW. The supply and value chains required to support increased crop production, or other barriers to production and development in NSW. Identifying legislative barriers to and opportunities for expanding industrial hemp production in NSW. Consider opportunities to harmonise industrial hemp regulation nationally."

Nutzhanf liegenden Chancen einer **nachhaltigen, klimaschonenden Alternative** begriffen werden, zumal nicht einmal die erheblichen „kapitalistischen" Chancen, die eine gut organisierte Nutzhanfwirtschaft verspricht, wahrgenommen werden.

Tatsächlich sind es weniger einzeln zu behebende Schranken, die bei uns das Potenzial des Nutzhanfs verspielen, sondern das **gesamte Setting**, das ihn umgibt. Um insofern das Fazit meines Buches *Die Nachhaltigkeit von Hanf: Ein Überblick über Produkt und Nutzung in der Wirtschaft* (J.M.W. Westphal 2022) anhand der 17 Nachhaltigkeitsziele der UN zu ergänzen: Diese Schranken bestehen darin, dass der Mensch, der davon weiß, aber nicht darf, also im deutschen Recht. Der Landwirt, der kann, aber nicht soll, durch die Behörden. Die Umwelt, die es braucht, aber nicht bekommt, durch das Unwissen der Menschen. Wo liegen also die primären Schranken des Nutzhanfmarktes? Meine Antwort: im **falschen Denken** und Handeln der Menschen, die, gleich ob als Berliner Richter, als kontrollierende Bürokraten, als renommierte Banker oder als besorgte Wähler, in überzogener Sorge vor den „Gefahren" der THC-Droge aus ihrem Gedankengefängnis heraus auch den Nutzhanf nur als gefährliche „Ausnahme" begreifen – und entsprechend handeln können. Eine Lösung wird die Zeit bringen, in der gut informierte Richter, Politiker und Wissenschaftler an der Reihe sind, in einer anderen Generation, um vielleicht doch noch als vereintes Europa gegen den chinesischen Markt und die Zerstörung der Umwelt zu dominieren.

Literatur

ACM (2023): Arbeitsgemeinschaft Cannabis als Medizin e.V. https://www.arbeitsgemeinschaft-cannabis-medizin.de/

Antrag der Fraktionen SPD, CDU, DIE GRÜNEN des Landtags Brandenburg – Drucksache 7/3198 v., 16.3.2021 – Die wirtschaftlichen und ökologischen Potenziale des Nutzhanfanbaus in Branden-burg ausschöpfen. In: https://gruene-fraktion-brandenburg.de/uploads/documents/Antraege/7_Wahlperiode/3198-A-Die-wirtschaftlichen-und-oekologischen-Potenziale-des-Nutzhanfanbaus-in-Brandenburg-ausschoepfen.pdf, (letzter Aufruf: 21.9.2022, 08:19).

Apotheke adhoc (09.09.2023): Ärzte: Studienlage zur Cannabis-Wirksamkeit ist ausreichend. https://www.apotheke-adhoc.de/branchennews/alle-branchennews/branchennews-detail/aerzte-studienlage-zur-cannabis-wirksamkeit-ist-ausreichend/, (letzter Aufruf: 25.09.2023, 20:53).

BAH (24.7.2023): Bundesverband der Arzneimittel Hersteller: S. Stellungnahmen (2023) BFARM (10.05.2022) - Bundesopiumstelle - Anbau von Schlafmohn in Deutschland. https://www.bfarm.de/DE/Bundesopiumstelle/News/Betaeubungsmittel/Betaeubungsmittel-Anbau-Schlafmohn.html, (letzter Aufruf: 08.09.2023, 18:51).

Bundesvereinigung Nachhaltigkeit e.V. (24.7.2023): S. Stellungnahmen 2023.

BvCW (2023), Branchenverband Cannabiswirtschaft e.V.:Wir sind die Stimme der Cannabiswirtschaft. https://cannabiswirtschaft.de/, (letzter Aufruf: 15.2.2023, 19:30).

BZL (24.10.2022): Bundesinformationszentrum Landwirtschaft: Welches Potenzial hat Hanf als Nutzpflanze? https://www.landwirtschaft.de/landwirtschaft-verstehen/wie-arbeiten-foerster-und-pflanzenbauer/welches-potenzial-hat-hanf-als-nutzpflanze, (letzter Aufruf: 10.10.2023, 18:34).

Cansearch (4.10.2023): About us, in: CanSearCH | Centre d'excellence sur la recherche contre le cancer de l'enfant à Genève. https://cansearch.ch/en/, (letzter Aufruf: 10.10.2023, 20:40).

Carus, Michael (2007): Markt- und Preisentwicklungen bei Naturfasern und Naturfaserverbundwerkstoffen. In: Faserpflanzen aus ökologischem Anbau. Tagungsband Kassel (19.Juni 2007) Schriftenreihe IBDF Bd. 20, S. 7–22.

Deutsche Nachhaltigkeitsstrategie (2021): Weiterentwicklung in: Bundesregierung, 2021, https://www.bundesregierung.de, (letzter Aufruf: 06.09.2023, 00:04).

Deutscher Städtetag (21.7.2023). S. Stellungnahmen (2023).

Deutscher Richterbund (Juli 2023). S. Stellungnahmen (2023).

DG-Sucht (24.7.2023): Deutsche Gesellschaft für Suchtforschung und Suchttherapie. S. Stellungnahmen (2023).

DGNB (20.04.2023): Deutsche Gesellschaft für nachhaltiges Bauen., (letzter Aufruf 07.10.2023, 23:59). https://www.dgnb.de/de

EIHA (24.7.2023): European Industrial Hemp Association: S. Stellungnahmen (2023).

Ersil, Susanne (20.9.2023): (Kommunikation I Presse) vom Niedersächsisches Ministerium für Ernährung, Landwirtschaft und Verbraucherschutz; Email-Antwort auf meine Anfrage nach Fördermitteln und Unterstützung.

Felde Fibres GmbH (2023): - Elementary Textile Fibres. https://felde-fibres.com/, (letzter Aufruf 03.10.2023, 18:34).

Geiger, Katharina (25.8.2023), Fachreferentin Ackerbau des Deutschen Bauernverbands: E-Mail-Antwort auf meinen Fragebogen vom 23.8.2023.

Grundmann, Eckart (19.6.2007): Diskussion. In: Tagungsband Kassel: Pflanzen aus ökologischem Anbau Schriftenreihe IBDF Bd. 20.

Grünwald (22.9.2023): Pressenews: Ärzte: Studienlage zur Cannabis-Wirksamkeit ist ausreichend, https://www.apotheke-adhoc.de/branchennews/alle-branchennews/branchennews-detail/aerzte-studienlage-zur-cannabis-wirksamkeit-ist-ausreichend/, (letzter Aufruf: 10.10.2023, 20:07).

Hahner, Astrid (08.09.2022): Familie Thomassek wehrt sich gegen Staatsanwaltschaft: „Das ist schizophren." https://krautinvest.de/familie-thomassek-wehrt-sich-gegen-staatsanwaltschaft-das-ist-schizophren/, (letzter Aufruf: 20.1.2023, 18:37).

Hausgarten Redaktion (8.9.2022): Schlafmohn, Papaver somniferum – Darf man den Drogen-Mohn anbauen?, (letzter Aufruf: 10.10.2023, 20:30). https://www.hausgarten.net/schlafmohn/

Hemp Today (13.12.2023): Overcoming stigma is key to advancing hemp in Australian state, lawmaker says. https://hemptoday.net/overcoming-stigma-is-key-to-advancing-hemp-in-australian-state-lawmaker-says/ (letzter Aufruf: 15.12.2023 15.00).

Human Rights Council (2023): United Nations. General Assembly (15.8.2023): A/HRC/54/53. Human Rights Council Fifty-fourth session. Human rights challenges in addressing and countering all aspects of the world drug problem. Report of the Office of the United Nations High Commissioner for Human Rights 11 September–6 October 2023 Agenda item 3. In: https://documents-dds-ny.un.org/doc/UNDOC/GEN/G23/156/03/pdf/G2315603.pdf?OpenElement, Übersetzt in: https://mybrainmychoice.de/un-menschenrechtsbeauftragter-zivilgesellschaftliche-erklaerung/, (letzter Aufruf: 11.10.2023, 22:39).

Jauk, Florian (21. 8.2022): Die weiche Seite der Brennnessel, https://www.biorama.eu/die-weiche-seite-der-brennnessel/, (letzter Aufruf: 10.10.2023, 20:49).

LPV (24.7.2023): Landschaftspflegeverband Prignitz – Ruppiner Land e. V. S. Stellungnahmen 2023, (letzter Aufruf: 8.10.2023, 13:34).

LPV (6.9.2023), Hanf-Bus-Tour am 6. September: 2023, https://www.lpv-prignitz-ruppin.de/nachrichten/80.html, (letzter Aufruf: 8.10.2023, 13:40).

Monning Eva (6.4.2018): Tabakpflanze: Anbau, Pflege, Ernte und Verwendung, https://www.mein-schoener-garten.de/gartenpraxis/nutzgaerten/tabakpflanze-34476, (letzter Aufruf: 20.10.2023, 20:00).

Naturgetreu (o. J.): Hanfkalksteine, Hanfsteine, nachhaltiges Bauen., (letzter Aufruf: 8.09.2023, 15:00). https://www.naturgetreu.de/überuns

NSW (2008): New South Wales: Hemp Industry Act 2008 No 58. Current version for 14 July 2023 to date (accessed 11 February 2024 at 19:54). https://legislation.nsw.gov.au/view/html/inforce/current/act-2008-058#sec.3

NSW (8.2.24): New South Wales Minister of Agriculture, Press Release: NSW Government establishes Hemp Industry Taskforce. https://www.nsw.gov.au/media-releases/nsw-government-establishes-hemp-industry-taskforce, (letzter Aufruf 9.2.2024).

Partanen, Asta; Carus, Michael (2022): Biokomposite bieten Alternativen aus erneuerbaren Materialien. Nova-Institut, https://renewable-carbon.eu/publications/product/biokomposite-bieten-alternativen-aus-erneuerbaren-materialien-pdf/, (letzter Aufruf: 12.10.2023, 21:44).

Podbregar, Nadja (2020): Hanf, eine wassersparende Alternative zur Baumwolle?, in: Wissenschaft, 06.11.2020, https://www.wissenschaft.de/erde-umwelt/hanf-eine-wassersparende-alternative-zur-baumwolle/, (letzter Aufruf: 10.10.2023, 22:00).

Pröbstle, Florian (18.8.2023): Referat G2-Forschung Bayerisches Staatsministerium für Ernährung, Landwirtschaft und Forsten. E-Mail-Antwort auf meine Anfrage vom 16.8.2023 nach den „drei größten Hindernissen, die deutsche Landwirte derzeit beim Einstieg in den Hanfanbau (Verarbeitung, Herstellung usw.) überwinden müssen?"

The Sustainable Development (2023): Goals Report Special edition: in: unstats, 2023, https://unstats.un.org/sdgs/report/2023/The-Sustainable-Development-Goals-Report-2023.pdf, (letzter Aufruf: 03.10.2023, 00:15).

VCA (24.07.2023): Verband der Cannabisversorgenden Apotheken. S. Stellungnahmen.

Westphal, Jonas M. W (2022): Die Nachhaltigkeit von Hanf: Ein Überblick über Produkt und Nutzung in der Wirtschaft Springer, (essentials).

Literatur

Agriculture and Rural Development (2023): Hemp production in the EU https://agriculture.ec.europa.eu/farming/crop-productions-and-plant-based-products/hemp_en. (letzter Aufruf: 20.1.2023, 17:00).

2220NR090A, 2021, https://www.fnr.de/index.php?id=11150&fkz=2220NR090A,

2220NR090B, 2021, https://www.fnr.de/index.php?id=11150&fkz=2220NR090B,

2220NR090C, 2021, https://www.fnr.de/index.php?id=11150&fkz=2220NR090C,

2220NR090D, 2021, https://www.fnr.de/index.php?id=11150&fkz=2220NR090D,

2220NR090E, 2021, https://www.fnr.de/index.php?id=11150&fkz=2220NR090E,

2220NR090F, 2021, https://www.fnr.de/index.php?id=11150&fkz=2220NR090F,

Ambos, Kai (25.7.2022): Nochmals: Cannabis-Entkriminalisierung und Europarecht, VerfBlog 25.07.2022, https://verfassungsblog.de/nochmals-cannabis-entkriminalisierung-und-europarecht/, (letzter Aufruf: 20.2.2023, 20:00).

Ambos, Kai (13.9.2022): Neun Seiten Substanzlosigkeit: Die Stellungnahme des „Fachbereich Europa" des Bundestags zu EU-Recht und Cannabis-Legalisierung, VerfBlog, 13.09.2022, https://verfassungsblog.de/neun-seiten-substanzlosigkeit/, (letzter Aufruf: 18.2.2023, 19:50).

Anbau-Allianz für Deutschland: Erfolg Kultivieren: in: Anbau-Allianz, o. D., https://26686106.fs1.hubspotusercontent-eu1.net/hubfs/26686106/Cannovum%20Annbau%20Allianz.pdf, (letzter Aufruf 01.10.2023, 17:00).

Anfrage der Fraktion der CDU/CSU (11.2.2022): Antwort der Bundesregiereung auf die Kleine Anfrage der Fraktion der CDU/CSU – Drucksache 20/653: Hanfanbau in Deutschland.

Anfrage der Fraktion DIE LINKE (4.7.2019): Antwort der Bundesregierung auf die Kleine Anfrage der Fraktion, Die Linke – Drucksache 19/11377: Nutzhanf – Agrarstoff mit Potential.

Anfrage der Fraktion DIE LINKE (29.11.2022): Antwort der Bundesregierung auf die Kleine Anfrage der Fraktion Die Linke – Drucksache 20/4755: Anbau und Import von medizinischem Cannabis in Deutschland, (letzter Aufruf 21.2.2023, 15:09).

Antrag der Fraktionen DIE LINKE und BÜNDNIS 90/DIE GRÜNEN (14.1.2021) – Drucksache 19/25883: Potenziale des Nutzhanfanbaus voll ausschöpfen.

Aulehla, Isabel (16.4.2019): Kaum Verkehrsunfälle durch THC. In: Medical Tribune. https://www.medical-tribune.de/meinung-und-dialog/artikel/kaum-verkehrsunfaelle-durch-thc, (letzter Aufruf: 10.10.2023, 17:45).

BAFA Neu GmbH (o.J.b): Unsere Leistungen in der Übersicht. https://bafa-gmbh.de/Produkte-CBD.asp, (letzter Aufruf: 23.02.2023, 13:01).

BfArM (2023): Bundesinstitut für Arzneimittel und Medizinprodukte. Bundesopiumstelle: Häufig gestellte Fragen (FAQ): Aus welchen Ländern wurden im Jahr 2021 welche Mengen Cannabis

J. M. W. Westphal, *Einsatz von Nutzhanf in Deutschland*,
https://doi.org/10.1007/978-3-658-44413-6

zu medizinischen und wissenschaftlichen Zwecken nach Deutschland importiert? www.bfarm.de/DE/Bundesopiumstelle/News/Betaeubungsmittel/Cannabis-Einfuhren.html, (letzter Aufruf 20.12.2022, 18:20).

BfArM (4.3.2023): Bundesinstitut für Arzneimittel und Medizinprodukte. Bundesopiumstelle: Medizinalcannabis: Importmengen steigen weiter an. www.bfarm.de/DE/Bundesopiumstelle/News/Cannabis/medizinalcannabis-importmengen.html, (letzter Aufruf: 21.02.2023, 18:31).

BLE (2023): Bundesanstalt für Landwirtschaft und Ernährung. https://www.ble.de/DE/BLE/ble_node.html, (letzter Aufruf: 21.2.2023, 21:00).

BMEL (10.2022): Bundesministerium für Ernährung und Landwirtschaft: Statistischer Monatsbericht des BMEL. https://www.bmel-statistik.de/archiv/nachrichtenarchiv/startseite-news-details?tx_news_pi1%5baction%5d=detail&tx_news_pi1%5bcontroller%5d=News&tx_news_pi1%5bnews%5d=314&cHash=da103e274be0d8726df41e481e1d2a71>, (letzter Aufruf: 5.1.2023, 17:00).

BMEL (3.2.2022): Bundesministerium für Ernährung und Landwirtschaft: Der Mehrjährige Finanzrahmen (MFR) 2021 - 2027 der Europäischen Union. https://www.bmel.de/DE/themen/landwirtschaft/eu-agrarpolitik-und-foerderung/gap/mfr2021-2027.html (letzter Aufruf: 21.12.2022, 21:45).

BMEL-Statistischer Monatsbericht (2022) - Kapitel A. Landwirtschaft - Flächen MBT-0104340-0000-Anbaufläche von Nutzhanf in Deutschland,: in: BMEL-Statistik. https://www.bmel-statistik.de/landwirtschaft/tabellen-zur-landwirtschaft#:~:text=MBT%2D0101270%2D0000%20Betriebe%20mit%20Hanfanbau%20in%20Deutschland (letzter Aufruf: 04.11.2023, 16:43).

Bund Deutscher Kriminalbeamter (BDK) (21.7.2023): S. Stellungnahmen (2023)

Bundesopiumstelle (2023): https://www.bfarm.de/DE/Bundesopiumstelle/_node.html, (letzter Aufruf: 15.2.2023. 19:00).

BvCW (3.1.2024): Branchenverband Cannabiswirtschaft e.V.: Raus aus der Cannabis-Unterversorgung! Cannabis-Fachverbände fordern einfachen Zugang für Erkrankte, Therapiehoheit für die Ärzteschaft und Bürokratieabbau für alle. https://cannabiswirtschaft.de/raus-aus-der-cannabis-unterversorgung/ (letzter Aufruf: 5.1.2024 17:30).

BVL (15.12.2020): Bundesamt für Verbraucherschutz und Lebensmittelsicherheit: Bundesamt dämpft Hanf-Hype: CBD-haltige Produkte weiterhin nicht als Lebensmittel zugelassen. https://www.bvl.bund.de/SharedDocs/Pressemitteilungen/01_lebensmittel/2020/2020_12_15_PI_CBD.html, (letzter Aufruf: 15.2.2023, 20:00).

Canatura (23.05.2022): Ist THC in CBD-Öl enthalten? https://www.canatura.com/de/a/ist-thc-in-cbd-ol-enthalten, (letzter Aufruf: 15.2.2023, 20:25).

Cannabisagentur, (o.J.). https://www.bfarm.de/DE/Bundesopiumstelle/Cannabis-als-Medizin/Cannabisagentur/_node.html, (letzter Aufruf 15.2.2023, 20:35).

Commission Services Nonpapers (19.2.2021): Overview of the EU acquis applicable to cannabis in its different forms and components. https://data.consilium.europa.eu/doc/document/ST-10189-2021-INIT/en/pdf, (letzter Aufruf: 19.1.2023, 22:22).

Cyris, Martin (24.8.2011): Österreichisches Hanf-Dorf Cannabis-Dschungel im Waldviertel. https://www.spiegel.de/reise/europa/oesterreichisches-hanf-dorf-cannabis-dschungel-im-waldviertel-a-781939.html, (letzter Aufruf: 19.1.2023, 22:37).

DBDD (03.2023): Deutsche Beobachtungsstelle für Drogen und Drogensucht. Factsheet: Drogenmärkte. https://www.dbdd.de/fileadmin/user_upload_dbdd/05_Publikationen/PDFs/REITOX_BERICHT_2023/Cannabis_Fact_Sheet_15.03.2023.pdf

Delegierte Verordnung (EU) Nr. 907/2014 der Kommission vom 11.3.2014 zur Ergänzung der Verordnung (EU) Nr. 1306/2013 des Europäischen Parlaments und des Rates im Hinblick auf die Zahlstellen und anderen Einrichtungen, die finanzielle Verwaltung, den Rechnungsabschluss, Sicherheiten und die Verwendung des Euro, ABl 2014, L 255/18

Deutscher Bauernverband (24.7.2023): S. Stellungnahmen (2023)

Deutscher Bundestag (2024): Nach langem Ringen: Bundestag verabschiedet Cannabis-Legalisierung. https://www.bundestag.de/dokumente/textarchiv/2024/kw08-de-cannabis-990684, (letzter Aufruf: 07.08.2024,16:20).

Deutsche Hanfakademie (2022): Nachwachsende Rohstoffe. In: https://www.hanffaser.de/uckermark/index.php/dha-netzwerk, (letzter Aufruf: 10.10.2023, 18:52)

Deutscher Nachhaltigkeitspreis (1.12.2021): Design. https://www.nachhaltigkhttps://www.nachhaltigkeitspreis.de/en/design-en/top-field-design/2022/#contentWrap, (letzter Aufruf: 23.02.2023, 18:10).

DGPPN (19.7.2023): Deutsche Gesellschaft für Psychiatrie und Psychotherapie, Psychosomatik und Nervenheilkunde. S. Stellungnahmen (2023)

DHV (24.7.2023): Deutscher Hanfverband (S. Stellungnahmen (2023)

Doll, Nikolaus; Dinger Alexander (6.8.2024): CDU-Chef Merz will Cannabis-Freigabe nach Wahlsieg schnell rückgängig machen. In: https://www.welt.de/politik/deutschland/article252721450/Cannabis-CDU-Chef-Merz-will-Freigabe-nach-Wahlsieg-schnell-rueckgaengig-machen.html, (letzter Aufruf: 07.08.2024,16:25).

Eckpunktepapier der Bundesregierung (04.2022): https://www.bundesgesundheitsministerium.de/fileadmin/Dateien/3_Downloads/Gesetze_und_Verordnungen/GuV/C/Kabinettvorlage_Eckpunktepapier_Abgabe_Cannabis.pdf, (letzter Aufruf: 20.1.2023, 13:18).

EIHA (o.J.): European Industrial Hemp Association: History, Mission & Vision. http://eiha.org/history-mission-vision/, (letzter Aufruf: 23.02.2023, 20:15).

Elemente Bd.13, Anwälte für die Cannabiswirtschaft Rechtsanwälte als Fördermitglieder im BvCW (öffentliche Liste), 2023, https://start.cannabiswirtschaft.de/wp-content/uploads/2023/01/ELEMENTE-13-Anwaltsliste-oeffentlich-Foerdermitglieder-BvCW_V1.5.pdf, (letzter Aufruf: 20.1.2023, 14:08).

Elemente Bd.17, Branchenverband Cannabiswirtschaft e.V. (BvCW): Benachteiligung von Hanfunternehmen durch Zahlungsdienste und Banken. Zusammenfassung der BvCW-Umfrageergebnisse, 2021, https://start.cannabiswirtschaft.de/wp-content/uploads/2021/10/ELEMENTE_17_Umfrage_Zahlungsdienste_Zusammenfassung_BvCW.pdf,(letzterAufruf:20.1.2023,14:11).

Elemente Bd.18, Branchenverband Cannabiswirtschaft e.V. (BvCW): Aufbruch Cannabis 2021: Die wichtigsten politischen Forderungen der Cannabiswirtschaft für Deutschland 6-Punkte-Plan des Branchenverband Cannabiswirtschaft e.V. (BvCW) für die neue Legislaturperiode, 2021, http://start.cannabiswirtschaft.de/wp-content/uploads/2021/10/ELEMENTE_18_6-Punkte-Plan_Aufbruch_Cannabis_BvCW.pdf, (letzter Aufruf: 20.1.2023, 14:13).

EMCDDA (2023): European Monitoring Centre for Drugs and Drug Addiction (European Drug Report 2023: Trends and Developments, https://www.emcdda.europa.eu/publications/european-drug-report/2023_en, (letzter Aufruf: 10.10.2023, 19:10).

Evers, Marco (3.11.2023): Verpasst Deutschland den Boom der Wunderpflanze?. In:Der Spiegel 45/2023; Art. 48/72)

Europäische Kommission (15.7.2022): Vertragsverletzungsverfahren, https://commission.europa.eu/law/application-eu-law/implementing-eu-law/infringement-procedure_de, (letzter Aufruf: 20.1.2023, 15:14).

Europäische Kommission (2023): Arten von EU Rechtsvorschriften, https://commission.europa.eu/law/law-making-process/types-eu-law_de, (letzter Aufruf: 10.10.2023, 19:06)

Europäische Kommission (15.2.2023): Pressemitteilung, Die Europäische Kommission will UNGARN vor dem Gerichtshof der Europäischen Union verklagen. https://ec.europa.eu/commission/presscorner/detail/de/ip_23_742, (letzter Aufruf: 20.3.2023, 15:17).

Eurostat. (o. D.): Anbaufläche von Hanf in der Europäischen Union in den Jahren 2015 bis 2022 (in Hektar) [Graph]. Agriculture and rural development, Hemp production in the EU. https://agriculture.ec.europa.eu/farming/crop-productions-and-plant-based-products/hemp_de, (letzter Aufruf 13.08.2023, 11:55).

FAZ.NET (27.7.2023): Drogenpolitik: Kinder- und Jugendmediziner warnen vor Cannabis-Legalisierung. https://www.faz.net/aktuell/politik/inland/kinder-und-jugendmediziner-warnen-vor-cannabis-legalisierung-19059136.html, (letzter Aufruf 29.07.2023, 19:00).

Förster, Moritz (17.07.2023): Umfrage: Großteil der Cannabis-Firmen verschwindet im nächsten Jahr. Bewertungen sind rückläufig. In: Krautinvest. https://krautinvest.de/umfrage-grossteil-der-cannabis-firmen-verschwindet-im-naechsten-jahr/, (letzter Aufruf: 10.10.2023, 19:32).

GAPDZG (16.7.2021): GAP-Direktzahlungen-Gesetz: Gesetz zur Durchführung der im Rahmen der Gemeinsamen Agrarpolitik finanzierten Direktzahlungen. BGBl. I S. 3003; 2022 I S. 2262. https://www.gesetze-im-internet.de/gapdzg/GAPDZG.pdf, (letzter Aufruf: 20.1.2023, 17:40).

GAPDZV (21.11.2022): Verordnung zur Durchführung der GAP-Direktzahlungen,. https://www.gesetze-im-internet.de/gapdzv/, (letzter Aufruf: 20.1.2023, 17:47).

GAPInVeKoSV (19.12.2022): Verordnung zur Durchführung des Integrierten Verwaltungs- und Kontrollsystems. https://www.gesetze-im-internet.de/gapinvekosv/_1.html, (letzter Aufruf: 20.1.2023, 17:53).

Gewerkschaft der Polizei (GdP) (28.7.2023): S. Stellungnahmen (2023)

GMUND (o.J.): Büttenpapierfabrik. https://www.gmund.com/search?search=hanf, (letzter Aufruf: 23.02.2023, 17:30).

Grotenhermen, Franjo/Berger, Markus/Gebhardt, Kathrin (2018): Cannabidiol CBD, Ein cannabishaltiges Compendium, Nachtschatten Verlag: ISBN:978-3-03788-369-3.

Hanffaser Uckermark (2022): Unser Weg zur Hanf-Genossenschaft, 2022, <hanffaser.de/uckermark/index.php/hanf-genossenschaft/ueber-uns>, (letzter Aufruf: 20.1.2023, 18:42).

Hanffaser Uckermark (2023): Geschichtliche Details. https://www.hanffaser.de/uckermark/index.php/hanf-genossenschaft/ueber-uns, (letzter Aufruf: 20.1.2023, 19:02).

Hannen, Martin (30.1.2023): Leiter des Referates II/2, Pflanzenproduktion, Gartenbau, Tierhaltung, Agrartechnik, Landgestüt. Email-Anwort auf meine Anfrage

Hemp Today (18.7.2023): News, Posturing at Congressional CBD hearing adds nothing new to sector's outlook. https://hemptoday.net/posturing-at-congressional-cbd-hearing-adds-nothing-new-to-sectors-outlook/ (letzter Aufruf: 08.10.2023, 21:57).

Hemp Today (24.1.2024): Will investors make a $1 billion bet on this hemp carbon battery company? https://hemptoday.net/will-investors-make-a-1-billion-bet-on-this-hemp-carbon-battery-company/ (Letzter Aufruf 23.1.2024)

Hessisches Fernsehen (11.9.2021): Video, Drei Jungunternehmer starten durch: Mit Hanf in die Zukunft. https://www.youtube.com/watch?v=pY5o0-G8hN8, (letzter Aufruf: 20.1.2023, 20:23).

Hessisches Fernsehen (24.4.2022): Video, Hochwertige Produkte aus Nutzhanf: Grüne Gründer (05/05) Die Ratgeber. https://www.youtube.com/watch?app=desktop&v=TEbZuLwc398, (letzter Aufruf: 20.1.2023, 20:36).

KanaturiaSeeds (2022): Medizinische Hanfsamen. CBD-Sorten zur therapeutischen Anwen-dung. https://www.kannabia.com/, (letzter Aufruf: 20.1.2023, 21:09).

Mayer, Fabienne (13.8.2021): „Cannabis-Cookies" und „Hash-Brownies": Ganz legal bei Lidl im Sortiment. https://www.tz.de/welt/lidl-cannabis-hashbrownies-the-green-dealers-thc-cbd-cannabiscookies-sortiment-90916605.html, (letzter Aufruf: 20.1.2023, 21:49).

Meier, Lutz (05.10.2018): Entspannt euch: Der Spiegel 41/2018. https://www.spiegel.de/politik/entspannt-euch-a-37869e23-0002-0001-0000-000159790174 (letzter Aufruf: 20.1.2023, 21:55).

Nutzhanfliberalisierungsgesetz (08.07.2024): Entwurf eines Gesetzes zur Liberalisierung des Anbaus und des Umgangs mit Nutzhanf. https://www.bundestag.de/dokumente/textarchiv/2024/kw08-de-cannabis-990684, (letzter Aufruf 07.08.2024, 16:30).

Osthessen-Zeitung (9.2.2023): Prozess um Hanf- und Cannabis-Produkte: Angeklagte freigesprochen.https://www.osthessen-zeitung.de/einzelansicht/news/2023/februar/prozess-um-hanf-und-cannabis-produkte-angeklagte-freigesprochen.html, (letzter Aufruf: 20.4.2023, 23:00).

Pharmawiki (18.9.2022): Medikamente und Gesundheit, Hanfsamen, https://www.pharmawiki.ch/wiki/index.php?wiki=Hanfsamen, (letzter Aufruf: 20.1.2023, 23:13).

Polizeipräsidium Oberhausen, Presseportal (21.5.2021), Illegale Hanfprodukte an Tankstelle gehandelt - Verfahren eingeleitet, https://www.presseportal.de/blaulicht/pm/62138/4921122, (letzter Aufruf: 20.1.2023, 23:19).

Raddatz, Birgit (7.9.2022): Europäische Drogenpolitik: Liberal, halblegal, strikt. Tagesschau, https://www.tagesschau.de/ausland/europa/eu-cannabis-debatte-101.html, (letzter Aufruf: 12.10.2023, 12:16).

Rheinische Post (10.8.2023): Entwurf zur Entkriminalisierung Kritik an Cannabis-Plänen der Regierung hält an, https://rp-online.de/politik/deutschland/cannabis-kritik-an-plaenen-der-regierung-zur-legalisierung-haelt-an_aid-95348417, (letzter Aufruf: 12.10.2023, 22:05).

Rocafort (2022): Cannabis and Novel Food Authorizations in the EU: Q&A. https://harris-sliwoski.com/cannalawblog/novel-food-authorizations-in-the-eu-q-a/, (letzter Aufruf: 20.1.2023, 23:47).

Sächsischer Landtag (2.11.2022): Antrag der Fraktion die Linke: Industrielle Textiltradition und Landwirtschaft über faserpflanzenbasierte Wertschöpfungsketten in Sachsen stärken – Innovations- und Transferfähigkeiten von Wirtschaft und Wissenschaft gezielt fördern! Drucksache 7/11253. https://edas.landtag.sachsen.de/viewer.aspx?dok_nr=11253&dok_art=Drs&leg_per=7

Sachverständigenausschuss (15.3.2021): für Betäubungsmittel nach § 1 Abs. 2 BtMG und Neue-psychoaktive-Stoffe nach § 7 NpSG., 54. Sitzung v. 15.3.2021, https://www.bfarm.de/DE/Bundesopiumstelle/Betaeubungsmittel/Sachverstaendigenausschuss/Sitzungen/Ergebnisse_54.html?nn=595366, (letzter Aufruf: 20.1.2023, 23:57).

Schildower Kreis (24.7.2023): S. Stellungnahmen (2023)

Sensiseeds (2022): Eine große Auswahl an hochwertigen Hanfsamen. https://sensiseeds.com/de/hanfsamen, (letzter Aufruf: 21.1.2023, 09:09).

Slub Katalog Dresden (2023): Sächsische Landesbibliothek, Staats- und Universitätsbibliothek Dresden. https://www.slub-dresden.de/, (letzter Aufruf: 20.2.2023, 15:58).

Statistisches Bundesamt; Strafverfolgung - Fachserie 10 Reihe 3 2021: 29.11.2022, https://www.destatis.de/DE/Themen/Staat/Justiz-Rechtspflege/Publikationen/_publikationen-innen-strafverfolgung.html, (letzter Aufruf: am 06.04.2023, 21:01).

Statistisches Bundesamt (13.12.2022): Verkehrsunfälle: Unfälle unter dem Einfluss von Alkohol oder anderen berauschenden Mitteln im Straßenverkehr 2021: Destatis. https://www.destatis.de/DE/Themen/Gesellschaft-Umwelt/Verkehrsunfaelle/Publikationen/Downloads-Verkehrsunfaelle/unfaelle-alkohol-5462404217004-1_2021449.pdf?_blob=publicationFile, (letzter Aufruf 06.06.2023, 15:23).

Stiftung Warentest (2021): Test Produkte mit Hanf: Kapseln und Öle mit CBD. Ernüchternde Ergebnisse, Test 2/2021: S. 86–91., 2021, https://www.test.de/Produkte-mit-Hanf-Was-taugen-Kapseln-und-Oele-mit-CBD-5706119-0/?mc=spiegel.2021.hanfprodukte, (letzter Aufruf: 21.1.2023, 09:35).

Suliak, Hasso (25.07.2023): Bundestagsgutachten gibt der Ampel Rückenwind. In: Legal Tribune Online (LTO), https://www.lto.de/recht/hintergruende/h/cannabis-gesetz-legalisierung-entkriminalisierung-referentenentwurf-gutachten-bundestag-wissenschaftlicher-dienst-csu-union-pilsinger/, (letzter Aufruf 11.11.2023, 23:01).

TFz Bayern (2021): Technologie- und Förderzentrum im Kompetenzzentrum für nachwachsende Rohstoffe: Zwischenbericht: Verwertung und Anbauoptimierung von Hanf als Nachwachsender Rohstoff, 2021, https://www.tfz.bayern.de/rohstoffpflanzen/projekte/235863/index.php, (letzter Aufruf: 21.1.2023, 09:53).

TFZ Bayern (2023): Technologie- und Förderzentrum im Kompetenzzentrum für nachwachsende Rohstoffe (2023): Forschungs- und Innovationsprojekt OptiHemp. Verwertung und Anbauoptimierung von Hanf als Nachwachsender Rohstoff, https://www.tfz.bayern.de/rohstoffpflanzen/projekte/235863/index.php, (letzter Aufruf 11.10.2023, 23:10).

Tilasto (2020), Hanfwerkanfälle, Produktionsmenge (Tonnen) für China. https://www.tilasto.com/thema/geographie-und-landwirtschaft/ernte/hanfwerkanfaelle/hanfwerkanfaelle-produktionsmenge/china (letzter Aufruf: 23.02.2023 12:21).

Verordnung (EG) Nr. 1920/2006 des Europäischen Parlaments und des Rates über die Europäische Beobachtungsstelle für Drogen und Drogensucht (Neufassung).

Wissenschaftliche Dienste Deutscher Bundestag (5.11.2009): Das Notifizierungsverfahren der Europäischen Kommission, (https://www.bundestag.de/resource/blob/190866/d372b187d0228b27956769ab67d5c8ef/notifizierungsverfahren-data.pdf (letzter Aufruf: 21.1.2023, 10:50).

GPSR Compliance

The European Union's (EU) General Product Safety Regulation (GPSR) is a set of rules that requires consumer products to be safe and our obligations to ensure this.

If you have any concerns about our products, you can contact us on ProductSafety@springernature.com

In case Publisher is established outside the EU, the EU authorized representative is:

Springer Nature Customer Service Center GmbH
Europaplatz 3
69115 Heidelberg, Germany

Batch number: 08575590

Printed by Printforce, the Netherlands